ヘルマン・ゲーリング
戦車師団史 上

フランツ・クロウスキー［著］　高橋慶史［訳］

FRANZ KUROWSKI

VON DER POLIZEIGRUPPE z.b.V "Wecke" ZUM
FALLSCHIRMPANZERKORPS
"HERMANN GÖRING"

大日本絵画 dainippon kaiga

ヘルマン・ゲーリング戦車師団史㊤

フランツ・クロヴスキー［著］　高橋慶史［訳］

FRANZ KUROWSKI

VON DER POLIZEIGRUPPE z.b.V "Wecke" ZUM
FALLSCHIRMPANZERKORPS
"HERMANN GÖRING"

大日本絵画 dainippon kaiga

VON DER POLIZEIGRUPPE z.b.V "WECKE" ZUM
FALLSCHIRMPANZERCORPS "HERMANN GÖRING"
by Franz Kurowski

Japanese Edition Published by Dainippon Kaiga Co.ltd
Kanda Nishikicho 1-7,Chiyoda-ku, Tokyo,Japan
http://www.kaiga.co.jp

Printed in Japan

序文

降下戦車軍団〝ヘルマン・ゲーリング〟の兵士達がその武器を置いてから、もう半世紀以上の時が経過した。東部ドイツを救うために行われた、この部隊の最期の驚くべき犠牲的献身は、ドイツ国防軍の無条件降伏により無に帰する結果となった。そして指揮官達は、その後の何年にも渡る捕虜生活においても部隊を統率し、その間に彼等の多くは帰らぬ人となった。

野戦病院から、捕虜収容所から、そして強制収容所から生還した兵士達は、戦後、戦友同志で団結し、今日に至ってもなお堅い絆で結ばれている。

本書は彼等に関係する一連の報告書、メモ、公式の作戦日誌、非公式の個人日記などから構成されており、ドイツ国立公文書館所蔵の資料によって関係づけがなされている。

そのほとんどが志願兵で、大部分がドイツ降下猟兵部隊、一部は警察部隊や森林警備隊の出身であるこれら兵士の勇気に対し、私は著者として深く感動したことを申し述べずにはいられない。

本書にはドイツ兵士の勇気、献身と不屈の精神のすべてが描かれている。

チュニジア、シシリー島やイタリア本土、そしてポーランドやロシアでの戦闘になると、もはや勝利の希望は失われ、ただできる限りのドイツ人を救命するために努力するという、他の部隊のための自己犠牲的な作戦が彼等の任務となっていった。

すなわち、彼等は戦争指導者によって利用された犠牲者であり、ドイツのために戦い、そして死ぬという堅い信念の下で命を賭けたという事実は、いささかも変わるものではない。戦史を研究した誰もが、降下戦車軍団〝ヘルマン・ゲーリング〟の自己犠牲と戦意は、世界に類を見ないものだということを知っており、その犠牲者数と叙勲数の多さがこれを証明している。

これは将軍から一兵卒に至るまでを描いた彼等の戦史であり、祖国のために身命を捧げた彼等の12年間の物語である。

彼らは我らの心の中で永遠に生きぬ！

フランツ・クロウスキー

謝辞

この本をより優れたものにするため、写真や原典の提供という形で貢献してくれたすべての研究機関と協力いただいた皆様に対し、著者として感謝の意をここに表する。

フリッツ・アウゲンシュタイン、ヴィルヘルム・クノッヘ、ヴォルフガング・バッハ、エーリヒ・レプコヴスキー、ベアン・フォン・ベーア、ハッソー・フォン・マントイフェル、バート中佐、ハインリヒ・ノイマン博士、ルドルフ・ベーマー、アルフレート・オッテ、H・デッカート、ハンス・パストフスキー、ハインツ・ドイッチ、ヘルマン・ベアンハート・ラムケ、ハインツ・デイットリヒ、ローター・レンドゥリク、ヴェアナー・エーベル、ディーター・ルッディース、ギュンター・フリードリヒスマイアー、ハインリヒ・シェーファー、ヴァルター・フリーツ、ゲアハート・シルマー、アルフレート・ゲンツ、ヴィルヘルム・シュマルツ、ハンス＝ヨアヒム・グラウ、エーリヒ・シューベアト、J・グライリング、カール＝ローター・シュルツ、ハインツ・グライナー、ヴァルター・シュティーヴィング、フランツ・ギースバッハ、クアト・シュトゥーデント、ルートヴィヒ・ハイルマン、エーリヒ・フォン・マンシュタイン、フルードリヒ・アウグスト・フライヘア・フォン・デア・ハイデ、ヘルマン・テスケ、エルンスト・ヘルマン、ハンス・トイゼン、トラウゴット・ヘーア、ハインツ・トレットナー、ゲオルク・ヤゴルスキー、ゴットフリート・トアナウ、アルトゥーア・ユットナー、マルティン・ウンライン、ブルーノ・カナート、ヴァルター・ヴェンク、ヘルムート・ケルット、ジークフリート・ヴェストファル、ハインツ・ケアシュテン、ルドルフ・ヴィーツィッヒ。

以上の皆様と、ここでは挙げられない写真、地図、スケッチ、兵員配置一覧、その他すべての写真や原典を提供して下さった皆様へ、著者として深く感謝する次第である。

１９９４年７月、ドルトムント

フランツ・クロヴスキー

目次

第1章

戦前の〝ヘルマン・ゲーリング〟

警察大隊〝ヴェッケ〟から連隊〝ゲネラール・ゲーリング〟へ

国務大臣ヘルマン・ゲーリングによりプロイセン州内務省令が発布され、１９３３年2月23日、下記のような編成のz.b.V(特別編成)警察大隊〝ヴェッケ〟が編成された。（＊1）

警察大隊本部：
・3個警察隊
・1個オートバイ小隊
・1個通信小隊
・2個特殊車両隊

各3個警察隊は将校4名、警察官１０６名、オートバイ小隊は将校1名と警察官25名で構成されており、警察大隊本部は将校6名、行政官3名と警察官12名の兵力であった。

すべての将校と兵卒は、極少数の例外を除いて大ベルリン地区の保安警察部隊出身であり、大隊長はヴェッケ警察少佐だった。

注（＊1）：ヘルマン・ゲーリングは、１９３３年1月30日に発足したヒットラーの初内閣で無任所大臣として入閣し、プロイセン州内務相となって強大なプロイセン州警察の指揮権を有していた。

2月になって大隊は、ベルリン-クロイツベルク地区のフリーゼン通りにあるアウグスタナー兵舎に集合し、ここで来るべき任務のための特殊訓練が施された。

時を置かずして彼等の特別高い士気と厳しい軍紀が評判となり、さらに公式行事や式典における儀仗任務も追加されたため、本来の警察訓練は不十分となり、とりわけ軍事教練を充実させる必要に迫られた。

任務の多さに比べてこの大隊の員数は少なすぎたため、１９３３年3月末には2番目の警察大隊、同年4月には迫撃砲とMG（機関銃）部隊が追加編成された。

任務はもっぱら警戒および儀仗任務となり、これらの増強された部隊はまとめられて一つの警察部隊となった。

この新しい警察部隊の兵員配置計画は次の通りである：

司令部、2個大隊本部、8個警官隊、さらに1個騎馬警官小隊、1個オートバイ小隊、1個車両輸送小隊、1個通信小隊と1個軍楽小隊。

１９３３年7月17日には、一般保安警察から警察部隊を編入して上記の新編成へ移行し、プロイセン州内務省へ直接配属されると同時に、部隊は最終的に「z.b.V（特別編成）国家警察集団〝ヴェッケ〟」という名称が付与された。

この警察部隊はドイツにおける最初の国家警察部隊であり、すべての将校には乗馬教育がなされ、当初、騎馬警官小隊は25頭の馬を有していた。

１９３３年5月2日、旧陸軍中央士官学校があったベルリン-リヒターフェルデに国家警察部隊用の専門兵舎が設けられ、公式任務やゲーリングの指令による任務の他に純粋な軍事教練がここに開始された。

この一連の改革により、部隊の将校と警官は今までと違って陸軍に所属することとなり、自分の部隊の練度を確認するためゲーリングがしばしば兵舎に滞在した。

１９３３年９月13日、国家警察集団〝ヴェッケ〟は最初の軍旗を奉じることとなり、全体教練カリキュラムは軍務規定に則った歩兵連隊のものが採用された。１９３３年12月22日にゲーリングは、ヴェッケ国家警察大佐宛ての書簡を通じて、所属するすべての隊員の左袖に〝L.P.G.General Göring（国家警察集団ゲネラール・ゲーリング）〟という署名が入ったアームバンド（腕章）をつけるよう命令した。

これ以降、青色の保安警察の制服に替わって、国家警察部隊用の〝緑色の生地〟で陸軍の制服型に裁断された制服が採用され、１９３４年５月15日には配属命令が出されて部隊は国家警察長官の指揮下へ入った。

従来の大隊は猟兵大隊と名称変更され、階級は陸軍のものが採用されたため、兵員は猟兵、猟兵隊長などの呼称となった。

１９３４年６月23日（著者の調査では１９３４年６月６日）に、ヴェッケ国家警察大佐は新たな任務のために転任し、ゲーリングの副官であるヤコビー国家警察中佐が、国家警察集団〝ゲネラール・ゲーリング（ＧＧ）〟の新しい指揮官となり、部隊はブランデンブルクの国家警察総監の指揮下となった。

１９３４年10月１日には兵舎を替わることとなり、３個大隊となった部隊（１９３４年10月１日以降発効による命令で更に１個大隊が追加された）はベルリン-ライニッケンドルフ、ベルリン-シャーロッテンブルクとベルリン-シュパンダウにある各兵舎に分散配置されることとなった。

１９３５年３月16日に、ドイツ国防軍の組織に関する法律が発布され、国家警察集団ＧＧは再び独立した部隊となり、プロイセン州総監となったゲーリング個人の指揮下に入った。

そして、部隊は急激に完全自動車化されることとなり、教練規定は陸軍自動車化狙撃部隊のものに準じるようになったほか、組織改編の過程で、１個対戦車砲部隊と１個オートバイ小隊と新編成の１個工兵小隊からなる１個特別編成（z.b.V.）部隊が創設された。

これ以降、国家警察集団ＧＧは、ゲーリングが１９３３年から利用しているベルリンのプロイセン州総監の執務先と官邸本部の警備に配置された。また、空軍大臣と空軍司令官としての執務先と官邸、ショルフハイデにあった彼の狩猟別荘〝カリンハル〟もまた、同じように国家警察集団ＧＧが配置されており、すでにこの当時、部隊の将校と兵士の間では、連隊〝ゲネラール・ゲーリング〟と自ら呼称していた。

１９３５年９月８日に始まった大規模な秋季演習では、連隊はベルリンからニュールンベルクまで行き、ザクセンを経由してまたベルリンへ帰還するというものであり、９月11日には連隊はニュールンベルクにて当時の空軍参謀長ヴェファー中将によって念入りな検閲を受けた。これはすべての連隊兵士にとって、早晩、〝我が家への帰還〟、すなわち部隊が空軍へ編入されるという確かな前兆であると思えた。

　果たして９月23日、ゲーリングは連隊を空軍の指揮下に置くことを言い渡し、１９３５年10月19日に正式に、空軍へ連隊を編入する旨の空軍省告示が発せられた。

　当時、戦時における連隊の用兵について定めるという任務を与えられたゲーリング直近の参謀本部将校は、任務の内容をこう述べている。

「戦時と平時における航空省司令部の警備と敵の攻撃に対する防御、および帝国首都における空軍の通常任務」

　１９３５年秋に国家警察集団〝ゲネラール・ゲーリング〟／第Ⅰ大隊は、パラシュート降下を見学するためユターボクへ移動し（第１中隊レスナー中佐の証言による）、シャーロッテンブルクにあるエリザベート女王通りの兵舎へ帰還した後の１９３５年11月９日に、義務宣誓の署名が行われた。

　１９３５年10月29日、国家警察集団〝ゲネラール・ゲーリング〟への入隊時における最初の新兵宣誓式が、ベルリン-シャーロッテンブルクのエリザベート女王通りにある兵舎で執り行なわれた。

当時の部隊には、見慣れた名前がいくつも見受けられる。

　後の空軍少将で、１９４４／45年に第17高射砲師団長を勤めたヴィルヘルム・ケッペンは、第２警察隊を指揮していたが、これは後の第８機関銃（ＭＧ）中隊となり、１９３３年５月に編成された第Ⅱ大隊（指揮官：シュレップファー少佐、ゲオルゲン通りの第１警察管区の元署長）の所属となった。その後、ケッペンは１９３５年８月２日に連隊ＧＧの大隊長となり、１９３５年11月15日からは空軍連隊〝ゲネラール・ゲーリング〟／第Ⅲ大隊の指揮官となっていた。（＊２）

　注（＊２）：その後、ケッペンは１９４０年３月から第12高射砲連隊長、１９４３年７月から第14高射砲旅団長などを歴任し、１９４４年６月７日から終戦まで第17高射砲師団長として最前線で高射砲部隊の指揮を執った。なお、第17高射砲師団は１９４４年８月に再編成後、ルブリン、クラカウ、ブレスラウ、ライタースドルフなどで防空任務に就き、１９４５年３月１日より第Ⅰ高射砲軍団に所属し、１９４５年４月には第４戦車軍に配属されてゲアリッツ方面で地上戦闘に投入された。

　後の少将で１９４４年に第２降下猟兵師団長となり、次いで１９５７／62年に共和国軍の第１空挺師団長を勤めたハンス・クローは、１９３５年10月１日から空軍連隊〝ゲネラール・ゲーリング〟／第２中隊の指揮官となった。（＊３）

注（＊３）：ハンス・クローは１９０７年５月13日、ハイデルベルク

に生まれた。１９２６年４月にブランデンベルク‐ハーフェル警察学校に入学し、その後、空軍連隊〝ゲネラール・ゲーリング〟／第２中隊の指揮官となった。１９３６年４月に降下猟兵部隊に転じ、クレタ戦では第２降下猟兵連隊／第I大隊を指揮し、１９４１年８月21日付で騎士十字章を授章。１９４４年のキロヴォグラード冬季戦では第２降下猟兵連隊長として過酷な防衛戦を戦い抜き、１９４４年４月６日付で柏葉付騎士十字章、さらに１９４４年５月に行われたキシネフ付近での反撃作戦で第２降下猟兵師団戦闘団を率いて傑出した戦闘を行い、１９４４年９月12日付で全軍96番目の剣付柏葉付騎士十字章を授与されたが、１９４４年９月18日、西部戦線のブレスト要塞にてアメリカ軍の捕虜となった。戦後は１９５７年９月から１９６２年10月まで、ドイツ共和国軍第１空挺師団長を勤めた。

最終階級は少将で、１９４４／45年に第１降下猟兵師団長となるカール＝ローター・シュルツは、１９３５年４月１日より指揮官となり、同年10月１日より空軍連隊〝ゲネラール・ゲーリング〟／第15（工兵）中隊の指揮官となった。（＊４）

注（＊４）：カール＝ローター・シュルツは１９０７年４月30日、ケーニヒスベルクに生まれた。当初、工兵として第１砲兵連隊に入隊したが、１９２５年１月に警察部隊に転じて１９３３年２月25日付でz.b.V（特別編成）警察大隊〝ヴェッケ〟に配属された。１９３６年４月に降下猟兵部隊に転じ、オランダ降下作戦では第１降下猟兵連隊／第III大隊の先鋒部隊としてヴァールハーフェン飛行場を奪取し、１９４０年５月24日付で騎士十字章を授章。その後、一貫して第１降下猟兵連隊にあってクレタ、ヴィテブスク、オリョールなどを転戦。１９４３年７月よりイタリア戦線に投入されてシシリー、モンテ・カッシーノにおいて奮戦し、１９４４年11月18日付で第１降下猟兵師団長に昇進、同時に柏葉付騎士十字章を授与された。

最終階級は中佐で、特別編成降下猟兵連隊ロルシェヴスキーの指揮官となるロルシェヴスキーは、第８機関銃（ＭＧ）中隊の新任将校の少尉として配属されており、同じく最終階級は大佐で、第１降下軍司令部付設営担当将校となるヘルマン・ゲッツェルは、第８中隊の中尉として配属された。

１９３５年中頃に国家警察集団〝ゲネラール・ゲーリング〟は、その部隊名称も含めて陸軍の自動車化歩兵連隊に対応した組織を取り入れており、連隊〝ゲネラール・ゲーリング〟として空軍へ編入される際には次のように改編される計画であった。

■国家警察集団〝ゲネラール・ゲーリング〟（ＬＰＧ ＧＧ）の改編（１９３５年11月１日から）

連隊〝ゲネラール・ゲーリング〟（ＲＧＧ）連隊本部→連隊本部

軍楽隊→軍楽隊

通信小隊↓通信小隊
第Ⅰ大隊↓第Ⅰ猟兵大隊（降下猟兵大隊の秘匿名称《コードネーム》）
通信小隊↓通信小隊（降下猟兵）
新編成（１９３６年10月１日） 工兵小隊（降下猟兵）
第１～３狙撃兵中隊↓第１～３猟兵中隊（降下猟兵）
第４機関銃(ＭＧ)中隊↓第４機関銃(ＭＧ)中隊(降下猟兵)
第Ⅱ大隊↓第Ⅱ猟兵大隊
通信小隊↓通信小隊
新編成（１９３６年10月１日） 工兵小隊
第５～７狙撃兵中隊↓第５～７猟兵中隊
第８機関銃（ＭＧ）中隊↓第８機関銃（ＭＧ）中隊
第Ⅲ大隊（旧国家警察大隊〝デアフリーガー〟）↓第Ⅲ軽高射砲大隊
新編成 本部中隊
新編成（１９３６年10月１日） 第10中隊（２cm高射砲９門）
第13迫撃砲中隊（迫撃砲６門）↓第11中隊（３・７cm高射砲９門）
第14対戦車砲中隊（３・７cm対戦車砲９門）↓第９中隊（２cm高射砲12門）
第15特別編成中隊
戦車３両を装備するオートバイ小隊↓第13オートバイ狙撃兵中隊（戦車３両含む）
工兵小隊 第14工兵中隊（降下猟兵）
騎馬小隊↓騎馬小隊（連隊直属部隊）
新編成（１９３６年11月７日） 第15警備中隊
新編成（１９３７年４月１日） 第16警備中隊

原注：第12探照灯中隊（60cm探照灯12門）の編成は、空軍への編入後である（出典：BA-MA, RL2III/334）。

軍楽隊は差し当たって38名の兵員であり、騎兵小隊は軍馬83頭と将校用軍馬18頭を有しており、後者は連隊長、副官、本部付き少尉、機関銃（ＭＧ）担当将校、（武器および兵装）担当将校と通信担当将校からなる連隊本部と、各猟兵大隊の指揮官、副官と８人の中隊長の専用馬であった。最初の兵員配置リストから主要な人物名を紹介する。

連隊指揮官：フォン・アクストヘルム中佐
軍楽隊長：ハーゼ本部付軍楽隊長
通信小隊：リューデッケ中尉
騎馬小隊：パウル中尉
第Ⅰ（猟兵）大隊：ブロイアー少佐

第Ⅱ（猟兵）大隊：シュレップファー中佐
第Ⅲ高射砲大隊：コンラート少佐
第13オートバイ狙撃兵中隊：ヴェーバー少佐
第14工兵中隊：シュルツ（カール＝ローター）中尉

国家警察時代の旧制服を用いた過渡期の後、連隊GGは1936年4月1日に白い襟章と〝GENERAL GÖRING〟の署名入りアームバンド（腕章）が縫い付けられた空軍の制服が付与された。なお、猟兵大隊の襟章は緑色であり、高射砲兵は赤い縁飾りであり、1936年4月21日には、第Ⅱ（猟兵）大隊と第Ⅲ（高射砲）大隊へ軍旗が交付された。

また、警備任務を充実する必要性から、1936年7月11日に連隊GGの中に1個独立警備中隊が編成され、1937年4月に同じ理由により2番目が、そしてすぐ後で3番目の警備中隊が編成された。

警備中隊から警備大隊へ

1936年8月21日に連隊長ヤコビー中佐は、帝国政府閣僚（大臣）および空軍司令官直属の特別任務担当将校を拝命して転出し、彼の後任にはフォン・アクストヘルム少佐が就任し、その後すぐに中佐に昇進した。

1937年10月1日には第Ⅱ猟兵大隊を重高射砲大隊へ改編する命令が出され、同時に3個警備中隊は1個警備大隊GGとして統合され、以下のような編成となった。

すなわち、連隊本部は旧本部の他に3個8・8cm高射砲中隊、1個3・7cm高射砲中隊からなる1個高射砲大隊を有し、その他に3個2cm高射砲中隊からなる1個軽高射砲大隊、本部警備中隊、騎兵小隊とオートバイ狙撃兵中隊が配属された。

降下狙撃兵大隊は1938年4月1日付で連隊GGより分離され、第1降下猟兵連隊／第Ⅰ大隊としてシュテンダールへ移動となった。また、ゲーリングや他の要人が旅行する際の対空護衛のため、同年7月1日には護衛中隊として1個2cm高射砲中隊が編成された。

連隊は最終的に、すでに1937年9月に取得していたベルリン-ライニッケンドルフの改築された兵舎や、連隊が属していた部隊演習場周辺に設置されたバラック兵舎などに宿営することとなった。この兵舎は色々な意味で、空軍が将来設置することになる多数の兵舎のひな型となるものであり、兵士達にとって〝真の兵士の理想郷〟として、特別な存在として認められていた。兵舎は120（！）以上もある建物からなっており、体育館、屋内プール場、浴場、競技場、いくつかの郵便局とその他の設備などが付属していた。

ドイツ降下兵部隊の編成に関する最初の命令

空軍大臣および空軍総司令官
空軍指令No.262/36 軍事機密Ⅲ, 1A

1936年1月29日ベルリン

ベルリン第Ⅱ航空管区司令部宛て

ドイツ降下兵部隊の編成準備のため、連隊“ゲネラール・ゲーリング”に降下訓練を施すことを命じる。

将来の教官として連隊の将校15名、下士官、副指揮官ほかを志願によって募集し、出動準備を行うこと。なお、志願した各人については、体重が85kg以下（着衣の状態)、健康で鍛え抜かれた身体、医学的見地からのパイロット適性の有無などを調査しなければならない。

訓練開始時期：1936年4月1日目途

訓練期間：8週間、うち4週間は降下兵としての空軍器材の取扱い方法習得。
その後の4週間は飛行機からのパラシュート降下の実地教程。
飛行場はノイブランデンブルク飛行場を予定。

帝国航空省（L.C.）によってJu52（ユンカース52型輸送機）が用意され、適当な教官が帝国航空省（L.A.III）に配属される予定である。

訓練の方針は帝国航空省（L.A.III）によって、適宜、作成され、1936年3月15日までに、L.K.K.IIへ報告する。

1.志願兵の階級および名前

2.医学的見地からのパイロット適性調査の実施証明

3.定められた飛行場での適性試験。必要ならばその他の方法を具申すること。

これに係わる軍費の超過申請については、A2章第34項第4b節によって請求すること。これらは特別割り当てとなる予定。

飛行機からのパラシュート降下の実地教程に当てられる4週間については、例外的にD.R.d.L.L.P.4010/35A.g.v.3.5.35号Ivb（前線部隊用の給与支給規定）を適用して飛行手当て支給を許可する。

立案
代理
署名　ミルヒ

■兵員配置リスト（1937年10月1日現在）

1937年10月初めに連隊GGは、国防軍で唯一の独立連隊に拡張された。この時の兵員配置計画を下記に示す。

連隊〝ゲネラール・ゲーリング〟
・指揮官：フォン・アクストヘルム中佐
・本部付き少佐：フォン・オッペルン＝ブロニコフスキー大尉
・副官：ベアトラム大尉
・機関銃（MG）担当将校：ゲーツェル大尉
・車両技術担当将校：マイアー尉
・特別任務（z.b.V）担当将校：クルーゲ中尉本部中隊
・指揮官：リューデッケ大尉
・通信担当将校：上級士官候補生1名

第I（重）高射砲大隊
・指揮官：フルマン大尉（m.W.d.G.b）
・本部付き大尉：シュムートラッハ中尉
・副官：エッティング少尉
・事務担当将校：ローレンツ大尉（E）
・兵器及び器材管理担当：ボブロフスキー中尉（1938年より）

本部中隊
・指揮官：フォン・ヤブロノフスキー中尉
・通信担当将校：ミュンヒェンハーゲン中尉

第1中隊
・中隊長：レスナー大尉
・中隊付き将校：ゼーヴァルト中尉
・中隊付き将校：ブランデンブルク少尉
・中隊付き将校：アーノルト上級士官候補生

第2中隊
・中隊長：ガイケ中尉
・中隊付き将校：シュタウノ中尉（兼空軍最高司令部における副官）
・中隊付き将校：グストマン少尉
・中隊付き将校：ベッカー（カール＝ハインツ）少尉

第3中隊
・中隊長：シュレーダー中尉
・中隊付き将校：ヴィルトハーゲン少尉
・中隊付き将校：グラーフ上級士官候補生

第4中隊
・中隊長：ティム大尉
・中隊付き将校：フンク中尉
・中隊付き将校：シュライパー中尉
・中隊付き将校：上級士官候補生1名

第Ⅱ（軽）高射砲大隊
・指揮官：コンラート少佐
・副官：ゲッテ（リヒャルト）少尉
・本部付き大尉：当時未着任
・事務担当将校：キュール大尉（Ｅ）
・武器及び器材管理担当：コモロフスキー中尉（ＷＥ）（連隊本部要員と兼任）

本部中隊
・指揮官：シュルツ（ロベアト）中尉
・通信担当将校：ヴァルター（エルヴィン）中尉

第５中隊
・中隊長：バルク大尉
・中隊付き将校：ヤコビー中尉
・中隊付き将校：エーメ少尉
・臨時配属将校：ロスマン上級士官候補生

第６中隊
・中隊長：ミュラー大尉
・中隊付き将校：ヴァイデマン中尉
・中隊付き将校：ホフマン中尉

第７中隊
・中隊長：ノイバウアー中尉
・中隊付き将校：ヴィッテ中尉
・中隊付き将校：上級士官候補生１名（イクスキュール？）

第Ⅲ（警備）大隊
・指揮官：フォン・ザイドウ少佐
・副官：モラヴェッツ中尉
・車両技術担当将校：未着任
・運転担当将校：プロイス中尉

第８中隊（オートバイ狙撃兵）
・中隊長：ヴェーバー大尉
・中隊付き将校：シュミット中尉
・中隊付き将校：シュペヒト士官候補生

第９中隊（警備中隊）
・中隊長：ゼーガー大尉
・中隊付き将校：クロジンスキー中尉
・中隊付き将校：プラーテ少尉
・中隊付き将校：ゲスナー少尉

第10中隊（警備中隊）
・中隊長：ツォアン中尉
・中隊付き将校：イルグナー少尉
・中隊付き将校：バラノフスキー少尉
・中隊付き将校：ベアクマン少尉
・中隊付き将校：リュープケ少尉

第Ⅳ（降下狙撃兵）大隊
・指揮官：ブロイアー少佐

・副官：ヘルマン少尉
・本部付き大尉：ヴァルター（エーリヒ）大尉
・Ｉ／Ｆ降下担当将校：コッホ中尉
・車両技術担当将校：当時未着任
・通信担当将校：当時未着任
・工兵担当将校：当時未着任

第11中隊
・中隊長：ゲリッケ中尉
・中隊付き将校：パウル少尉
・中隊付き将校：ユング少尉
・中隊付き将校：キース少尉

第12中隊
・中隊長：フォーゲル中尉
・中隊付き将校：グレーシュケ中尉
・中隊付き将校：上級士官候補生1名

第13中隊
・中隊長：メアテン中尉
・中隊付き将校：ゲッテ（ヴィルヘルム）少尉
・中隊付き将校：上級士官候補生1名

第14中隊（機関銃（ＭＧ）中隊）
・中隊長：ノスター中尉
・中隊付き将校：シュミット（ヘアベアト）少尉
・中隊付き将校：上級士官候補生1名

第15中隊（工兵中隊）
・中隊長：シュルツ（カール＝ローター）大尉
・中隊付き将校：ドゥンツ中尉
・中隊付き将校：シュペヒト少尉

この司令部兵員配置はまだ空席が多く、士官候補生により穴埋めされていることを示しているが、少なくとも次の月には第1降下猟兵連隊発足のために改編された。宿営地は下記のような兵舎施設であった。

・ベルリン-シャーロッテンブルク／エリザベート兵舎
　連隊本部、通信小隊、軍楽隊
　第13（オートバイ狙撃兵）中隊
　第14警備中隊
・ベルリン-シュパンダウ／モーリッツ兵舎
　第Ⅱ（猟兵）大隊
・ベルリン-ライニッケンドルフ／テーゲル飛行船操縦手兵舎
　第Ⅲ高射砲大隊、騎馬小隊
・フェルテン／マルク　演習場
　第15（工兵）中隊

第15中隊長のハインツ・ベアンハート・ツォルン中尉は、物凄いスピードで昇進し、終戦時は空軍参謀本部付きの大佐であった。ソ連の虜留から帰還後には旧ＤＤＲ(旧東ドイツ)国民警察の警察空軍参謀長となり、１９５６年にはＤＤＲ空軍少将に昇進し、ドレスデンの〝フリードリヒ・エンゲルス〟軍事学校の校長代理に就任した。１９７７年に彼は公式には引退し、この時から１９８０年９月に逮捕されるまでＤＤＲの秘密諜報機関のスパイとしてパリで活動していた。逮捕後の捜索の結果、戦車と対戦車ロケット弾に関するフランス側の秘密資料が見つかり、彼はリールのフランス国家保安裁判所によって数年の懲役刑に処せられた。

１９３８年11月１日に連隊ＧＧは新たに改編され、まず最初に高射砲の戦力充実が計られた。第Ⅰ高射砲大隊と第Ⅱ高射砲大隊の他に第Ⅲ探照灯大隊と第Ⅳ軽高射砲大隊が配属され、連隊ＧＧは次のような編成となった。

第Ⅰ重高射砲大隊：フルマン大尉
第Ⅱ軽高射砲大隊：リューデル少佐
第Ⅲ探照灯大隊：フォン・オッペルン・ブロニコフスキー少佐
第Ⅳ軽高射砲大隊：フォン・ヒッペル中佐
警備大隊：ヴェーバー少佐

南十字星

国家警察部隊ＧＧの編成が行われた頃、部隊の第１中隊において、左袖のアームバンドに南十字星のエンブレムが使用され始めた。同じ図柄は連隊旗中央の月桂樹の冠の下にも使われているが、これはドイツ領東アフリカの警察部隊の記章である（そこにはドイツ軍部隊は駐屯しておらず、しばしば誤って解説される）。

こうして〝南十字星〟のワッペンシールドが付いた部隊旗が、１９３４年５月29日にベルリン-リヒターヴェルデの旧陸軍幼年学校において、伝統を守る部隊旗として初めて第１中隊へ交付された。連隊ＧＧ／第Ⅰ大隊が名称変更されて連隊ＧＧ／第Ⅳ（降下狙撃兵）大隊となった後の１９３７年においても、大隊の部隊記章として南十字星が引き続き使用された。

１９３８年に入って第Ⅳ大隊が分離し、第１降下猟兵連隊／第Ⅰ大隊となった時点でワッペンシールドは連隊旗から削除され、連隊ＧＧの騎馬小隊に引き継がれた。その後、警察機構の新体制が適用され、１９３８年11月８日に〝ベルリン保安警察の騎馬中隊が儀典任務を行う〟という内務大臣発令が出されたため、〝南十字星〟のワッペンシールドの交付式が、連隊ＧＧの練兵場であるベルリン-ライニッケンドルフで厳粛に執り行なわれた。正方形に形作った列の一方に連隊ＧＧの代表が並び、もう一方の列にベルリン保安警察の騎馬中隊が整列した。

フォン・アクステルム中佐が騎馬小隊からワッペンシールドを受領し、ベルリン保安警察司令官のフォン・カンプツ保安警察少将へ交付され、再びベルリン保安警察の騎馬中隊代表の手に委ねられた。

ベルリンおよびカリンハルにおける連隊の警備任務

連隊GGによって警備される場所は次の通りであった。
1．ライニッケンドルフの兵舎。その正面ゲート左脇にある衛兵詰め所とその後方の軍事刑務所の小さな建物。
2．テーゲルの練兵場入口の兵舎第7ゲート前。そこには常時歩哨を立てていた。
3．内務大臣であり航空大臣兼空軍総司令官であるヘルマン・ゲーリングの住居を含めた本部前。

ゲーリングの官邸は旧プロイセン州議事堂と旧プロイセン陸軍省の間にあったが、ここの警備は驚かせるような出来事ばかりで見ものであった。ちなみに官邸は、ライプツィガー通りとプリンツ-アルブレヒト通りの交差点にある航空省へ直接行き来できるよう建てられており、旧プロイセン陸軍省は後に〝航空兵会館〟となった。

警備部隊はまず宿営所から御狩り場の並木道までトラック輸送され、そこから軍楽隊に合わせて乗馬した警備指揮官を先頭に、ブランデンブルク門、ライプツィガー通りとプリンツ-アルブレヒト通りを越えて後の国家元帥官邸までパレードした。

毎週水曜には忠魂碑（Schrkels Alter Wache）の前で、連隊GGによる大パレードが義務付けられており、警備部隊は大学通りに面した警察官舎までトラック輸送され、そこで警備指揮官の馬が準備され、ウンター・デン・リンデン通りを経て衛兵交替が行われる忠魂碑までパレードした。

毎週日曜にはライプシュタンダーテSS（親衛連隊）〝アドルフ・ヒットラー（AH）〟もまた、忠魂碑の前でパレードが催されており、その他の曜日には、陸軍の警備連隊（後の警備連隊〝グロースドイッチュラント〟）、毎年5月30日のスカゲラク記念日（ユトラント沖海戦記念日）には、海軍警備隊によるパレードが催された。（＊5）

注（＊5）：1916年5月30日から31日において、ユトラント沖のスカゲラク（北海）でドイツ艦隊（シェーア提督）とイギリス艦隊（ジェリコー提督）の間で繰り広げられた海戦。ドイツ艦隊は巡洋戦艦1隻、旧式戦艦1隻、巡洋艦4隻と駆逐艦5隻ほかを失ったが、イギリス艦隊の巡洋戦艦3隻と装甲巡洋艦3隻と駆逐艦8隻ほかを撃沈し、大英帝国海軍に対して伝説的勝利を収めた。

また、毎年3月1日の空軍記念日と赤い戦闘機で有名なマ

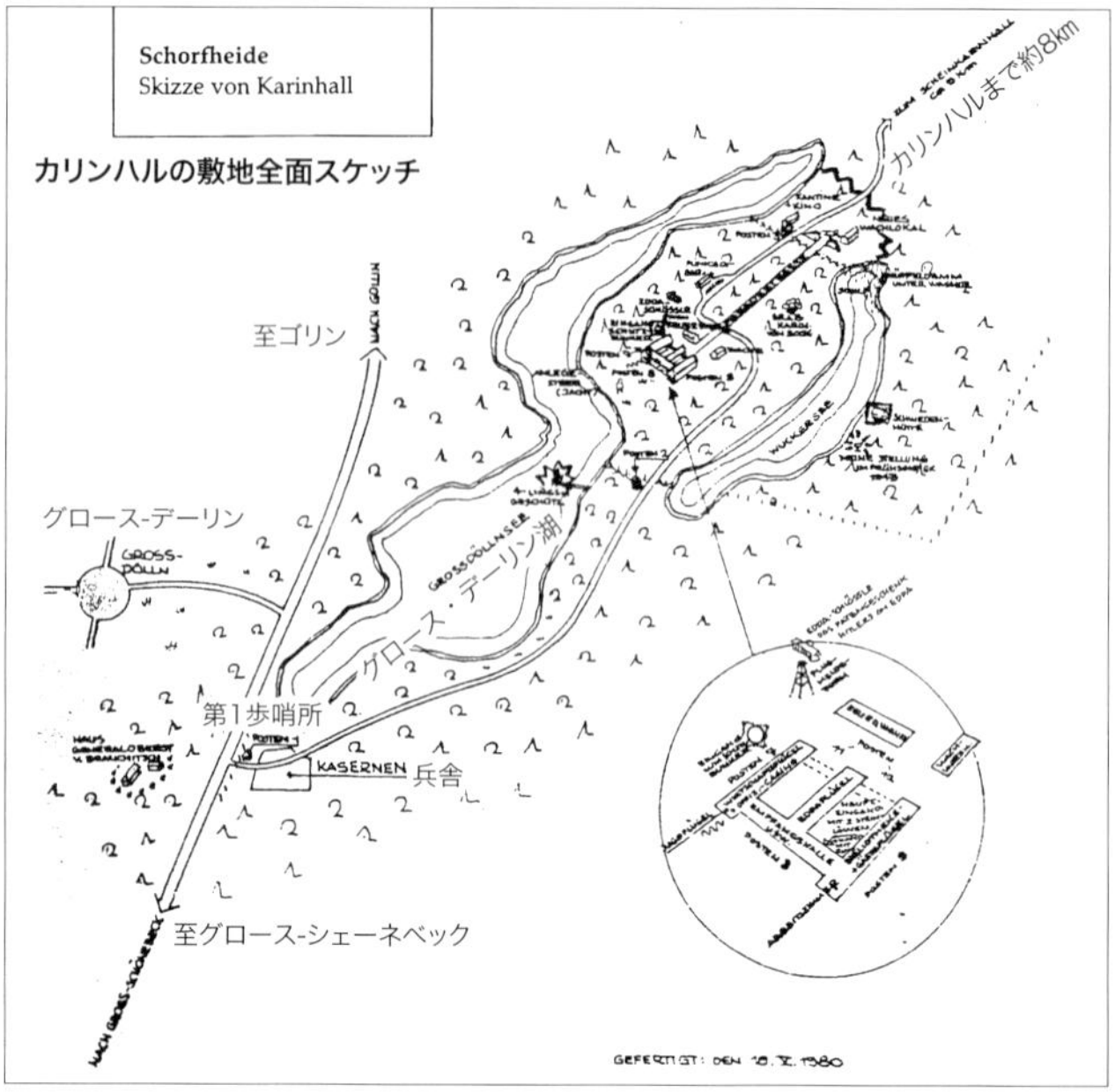

Schorfheide
Skizze von Karinhall
カリンハルの敷地全面スケッチ
カリンハルまで約8km
至ゴリン
NACH GÖLLIN
グロース-デーリン
GROSS-DÖLLN
グロース・デーリン湖
GROSSDÖLLNER SEE
第1歩哨所
KASERNEN
兵舎
至グロース-シェーネベック
GEFERTIGT: DEN 18.X.1980

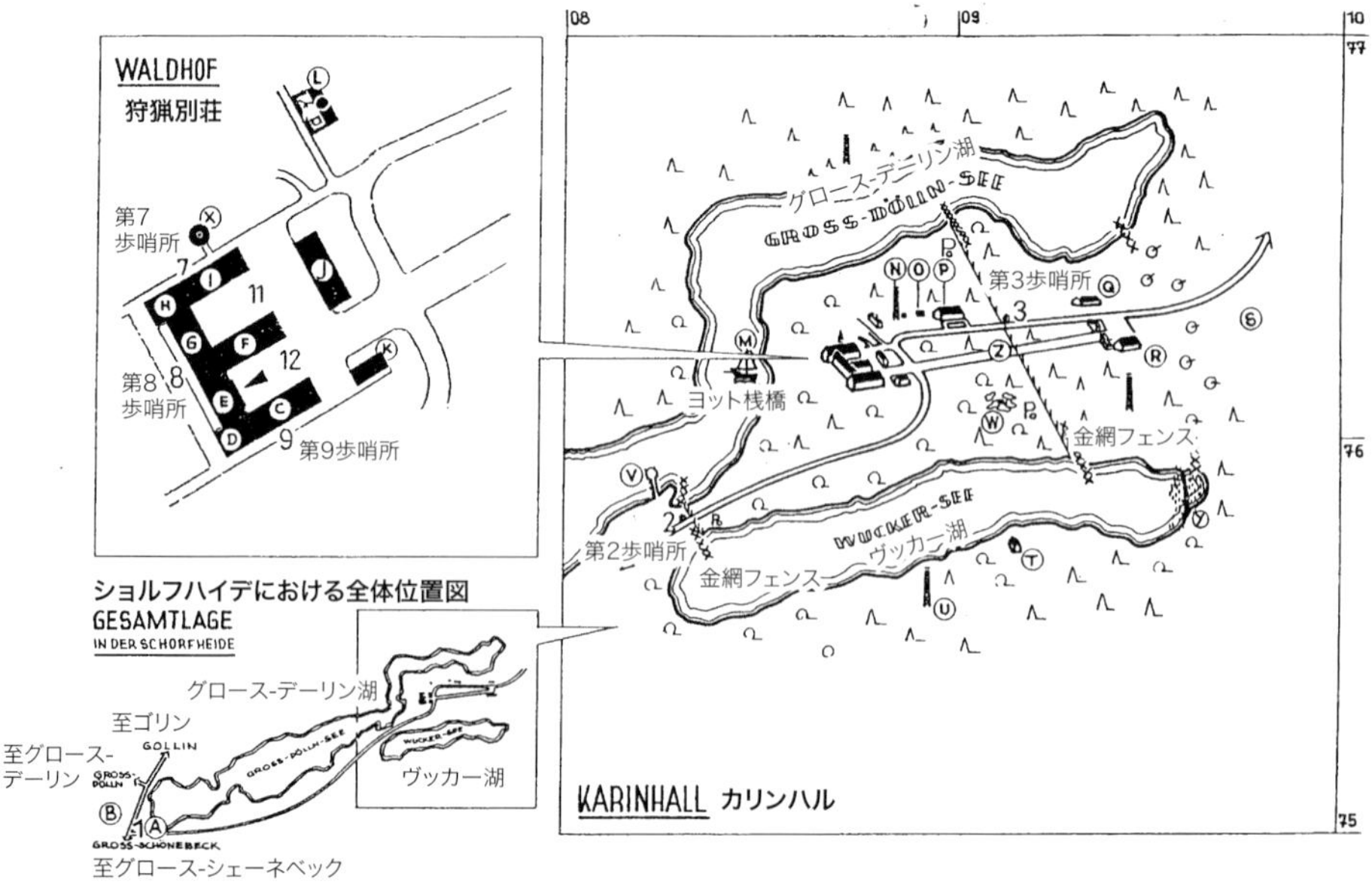

WALDHOF
狩猟別荘
第7歩哨所
第8歩哨所
第9歩哨所
ショルフハイデにおける全体位置図
GESAMTLAGE
IN DER SCHORFHEIDE
グロース-デーリン湖
至ゴリン
GÖLLIN
至グロース-デーリン
GROSS-DÖLLN
GROSS-DÖLLN-SEE
WUCKER-SEE
ヴッカー湖
至グロース-シェーネベック
GROSS-SCHÖNEBECK
グロース-デーリン湖
GROSS-DÖLLN-SEE
第3歩哨所
ヨット桟橋
金網フェンス
第2歩哨所
金網フェンス
WUCKER-SEE
ヴッカー湖
KARINHALL カリンハル

ンフレート・フライヘア・フォン・リヒトホーフェンが死去した日、すなわち4月21日には、閲兵する空軍総司令官の前で分列行進が航空省に面する通りで催され、この分列行進の先頭には、空軍の警備大隊と伴に常に連隊ＧＧの1個中隊が配置されて一緒に行進した。

重要かつ警備部隊の兵士にとって感銘深い任務の一つは、狩猟別荘カリンハルの警備だった。カリンハルという呼称は、ゲーリングが亡妻のカリンに因んで自分の官邸に付けた名前であり、ベルリンから北方約50㎞のショルフハイデに位置し、別荘と空軍総司令官の官邸があった。（＊6）

注（＊6）：第一次大戦後、ゲーリングは民間飛行士としてスウエーデンで曲芸飛行ショーの興行や民間旅客機のパイロットなどで生計を得ていたが、この時、スチュワーデスをしていた人妻のカリン・フォン・カンツォフと恋愛関係となり、ドイツに帰国した後の1922年に結婚した。結婚生活は非常に円満であったが1931年10月にカリンは癌により病死し、ゲーリングのその後の精神不安定の遠因とされている。

この別荘は執務室や迎賓館としての機能を有しており、もちろん家族や大臣の賓客のための住居としても使われた。

敷地全体は帝国国道１０９号線からやや離れており、グロース・デーリン湖とヴッカー湖の中間にあった。別荘の警備任務は連隊ＧＧに委ねられており、戦前においては常に連隊ＧＧの中隊の1個小隊、すなわち40名から80名が駐屯していた。

当初、小隊の交替は毎日2名の将校の指揮によりベルリンからのトラック輸送で行われていたが、最初の冬において道路が危険な状況になり度々交替が不可能となったことから、警備小隊は警備バラックを有することとなり、後になって3つの避難小屋を有する守衛所、本部建物、管理棟、馬小屋と倉庫が設けられた。

また、ここには第1歩哨所（チェックポイント）も設置されており、石造りの建物の中には警備事務所、将校室、調理場と上級曹長用事務室を有する中隊執務室があった。その並びには、騎兵小隊用の馬のために、内部に馬囲いがある防弾を考慮した石造りの建物があり、隣にある警備中隊の宿泊用木造バラック4棟と区分けされていた。

警備勤務の周期は、内勤（机上勤務）が3日間、警備勤務が3間、非番が2日間であり、狭い意味での警備勤務は、毎回、カリンハルの警備事務所へのトラック輸送から始まった。国家元帥がカリンハルに不在の時は第2種軍装で警備がなされ、国家元帥滞在中には第1種軍装を着用することとされていた。

〝赤い〟パス（身分証明証）

カリンハルへの入域と施設全域の通行許可は、〝赤い〟パスを携行する6名に限って認められていた。このパスの持ち主は、国家元帥のすべての所有物と邸宅、例えばオストプロイセンのロミンテンにある国有狩猟地、ニュールンベルクの居城、ベアヒテスガーデンの館とベルリンとミュンヒェンにある住居などに自由に立ち入ることができた。

その他に、カリンハルへの入域のみ許可されている12の製本されたパスがあった。これ以外のすべての人物は通行証明が必要となり、その有効期限は厳格に運用されていて、連隊GGの将校といえども、警備部隊の将校でなければ同様の通行証明が必要であった。

歩哨所の位置

カリンハルの全施設は、二方面をグロース・デーリン湖とヴッカー湖とで囲まれており、施設に通じる道は1本しかなく、施設の中では2本に別れて建物群の中間を走り、再び1本の道路となって施設外へ通じていた。

入域地点には歩哨所があり、有刺鉄線の障害物と境界を区分する金網フェンスを管理下に置いていた。

第1歩哨所は、グロース・デーリン湖の南のグロースシェーネベック～ゴリン街道からのカリンハルへの入域を監視取締する任務を持っており、監視所は石造りの兵舎内に置かれていて、そこでパスの管理や通行証明の発行を行っていた。

第2歩哨所は、小さな警備詰め所の前にあるカリンハルの入口に位置しており、ピストルで武装していた。その任務は、事前に電話連絡を受けた第1歩哨所方面からの訪問者を管理することにあった。

警備詰め所の横には良く繁茂した樹木があり、監視小屋の後ろにある第二の歩哨所を覆い隠していたが、ここにはMP38（短機関銃38型）が備えられており、〝聴音歩哨所〟と称されていた。

第3歩哨所は、カリンハルへの出入口後方に位置し、秘匿のために造った偽カリンハル施設や自家用飛行場から到着する訪問者を管理しており、第2歩哨所と同様な任務を担っていた。

第7歩哨所は、管理棟張出部から狩猟棟張出部までの地域を管理しており、管理棟張出部には将校専用カジノが設けられていた。この建物の反対側には塔のような形状をした防空壕の入り口がそびえたっており、この空調装置付き防空壕の中には、第二次大戦中に国家元帥によって収集されたすべての美術・芸術作品が収納された。また、第7歩哨所からは、カリンハルの公園からゲーリングのヨットが繋留してある桟橋まで見渡すことができ、夜間には詰め所2個分にあたる警備兵士が臨時に増強され、警備範囲を狭くして警戒に当たっていた。

第8歩哨所は、狩猟棟張出部からプライベートルーム、受付けホールに沿ってゲーリングの執務室までの警備を受け持っており、夜間は2倍の兵力となった。

ゲーリングは日頃から窓を開け放して寝る習慣があり、この区域の夜間警備を受け持つ第８ａ歩哨所の兵士は、巡回路に細長い絨毯を敷いて砂利道のため大きくなる足音を消していた。

第9歩哨所の受け持ち区域は、執務室から客室棟張出部の廊下に沿った区域であり、そこの一階はトランプルームにも利用されている図書館があった。その次の歩哨所の受け持ち区域は警備室までであり、やはり夜間は2倍の兵力となった。

カリンハルの構外では騎馬パトロール隊による巡回が行われており、湖の周辺は駐屯している軽高射砲大隊の歩哨所が取り囲んでいた。

消防隊待機棟の2階には一般警察官10名から12名の官舎があり、消防員は24時間待機であった。また、警報が鳴ってから1分以内に出動準備が完了できるように訓練されていた。

連隊ＧＧとドイツ降下兵部隊

連隊ＧＧはドイツ降下兵部隊の母体でもあった。

ＵｄＳＳＲ（ソ連邦）において降下兵部隊の創設と組織が公表されたが、赤軍はすでに１９２８年から輸送手段の一つとして、パラシュートを使用した飛行機からの部隊降下が始められていた。これが最初に公になったのは１９３０年代の赤軍総合演習の時であり、ドイツ空軍においても（真剣に取り組んだのは１９３５年から）ゲーリングの指令により、最初の降下部隊の研究に取り掛かかり、１９３６年1月29日に連隊ＧＧはこれに関する任務を与えられたのである。

設立命令においては演習場としてノイブランデンブルク飛行場が指定されていたが、実際には、最初の教練課程はシュテンダール飛行場で行われ、そのパラシュート降下課程の最初の卒業生によってドイツ降下兵学校が設立された。

しかしながらこれは公の編成時期であり、かなり前から、すなわち１９３５年10月1日に空軍へ連隊ＧＧを移管した際に、将来のドイツ降下猟兵部隊の核として、連隊の志願兵から1個降下猟兵大隊を編成する計画が論議された。

その後１９３５年10月に、連隊ＧＧはマクデブルクにあるアルテングラボウ演習場へ輸送され、そこでは「ドイツ降下兵部隊の育成」が任務として明確に与えられた。

ベルリンへ帰還した後、連隊はデーベリッツ部隊演習場において最初のパラシュート降下を観覧する機会が与えられたが、このパラシュート降下は失敗して降下兵が負傷してしまったにもかかわらず、降下訓練への連隊兵士による志願は引きも切らず、６００名以上となった。

１９３６年1月29日に編成命令が出され、まず最初に将来の教練課程の教官を促成させるため、最初の志願兵15名の選抜が行われた。

最初のパラシュート降下課程の期間（１９３６年5月4日

から7月3日までの認定課程）の１９３６年５月11日に、新しい降下猟兵部隊の一兵士によるパラシュート降下が行われた。この兵士は連隊ＧＧ／第Ｉ大隊指揮官であるブルーノ・ブロイアー少佐であり、この日、ＫＬ35（クレムスポーツ用飛行機）の翼面から初めて降下した。このため、ブロイアー少佐は降下狙撃兵認定証番号№１を受領することとなり、彼が降下猟兵第１号であると一般には認められている。なお、１９３６年11月５日にヘルマン・ゲーリングは降下狙撃兵記章を制定し、降下狙撃兵認定証の保持者のみへ授与した。（＊７）

注（＊7）：ブルーノ・オスヴァルト・ブロイアーは1893年2月4日、ヴィルマンスドルフに生まれた。第一次大戦時には第7西プロイセン歩兵連隊に所属して一級鉄十字章を授与され、1919年8月には少尉に任官。戦後の1920年1月から警察に所属し、1933年2月25日に警察大隊〝ヴェッケ〟の第1警察隊指揮官、1938年1月に連隊ＧＧ／第Ｉ大隊指揮官、同年11月には第1降下猟兵連隊長となった。第二次大戦勃発後、オランダ降下作戦に投入されマース運河架橋、飛行場などを奇襲攻撃により奪取し、この戦功により1940年5月24日付で騎士十字章を授章。クレタ戦の後、1943年2月から1944年5月までクレタ島要塞司令官を務め、1945年3月には第9降下猟兵師団長を拝命したが、病気療養のため実現しなかった。終戦後、クレタ島占領統治時代における住民虐殺の罪に問われ、ギリシャの軍事裁判により有罪となり、1947年5月20日5時に銃殺刑に処せられた。

第二次教練課程（１９３６年８月10日から９月26日／第１パラシュート降下学生教練課程）が、当時の空軍参謀長、アルベアト・ケッセルリング少将の命により、シュテンダール飛行場で実施され、連隊ＧＧからは再び60名の隊長クラスが参加した。教練課程の指導のため、教官にはキュトリンブルク-リューベック飛行補充大隊のインマース大尉ほか、特殊任務担当将校として連隊ＧＧのラインベアガー大尉、副官として連隊ＧＧのヴァルター・コッホ中尉が配属となった。

最初のパラシュート降下課程で演習した将校達は、第二次大戦中に高位に昇進しただけでなく、偉大な功績を残している。ここに掲げるほんの数人の名前は、戦史を研究するすべての専門家に激戦と降下兵部隊の出撃の記憶を呼び起こさせる。

ブロイアー少佐、ラインベアガー大尉、フォーゲル中尉、ヴァルター中尉、クロー中尉、シュルツ中尉、ヘルマン中尉、グレーシュケ中尉、そしてゲリッケ中尉。少尉では、パウル、コッホ、メアテン、ノスター、ドゥンツ。彼等は「緑の悪魔」として、ドイツ降下兵部隊の魂と精神とを育み、何人かは後に出身母体である連隊ＧＧへ戻って来た。なお、空軍より少し後に、陸軍総司令部（ＯＫＨ）においても陸軍降下兵部隊の創立に関する計画が立案された。１９３６年10月４日に、ブリュッケベルクの収穫祭において初めて降下兵部隊の公式観覧が行われた際、話題となったのは陸軍のペルツ中尉の小隊であった。

　１９３７年４月１日にシュテンダールにおいて、差し当たって実験部隊として、最初の降下歩兵中隊が編成され、翌月にはリヒャルト・ハイドリヒ少佐（＊８）指揮下に降下歩兵大隊へ拡張された。この部隊は１９３９年１月１日に第Ⅱ大隊として第１降下猟兵連隊へ編入され、後になってこの部隊からも著名な降下猟兵を輩出することとなる。例えば、思い付く名前だけでもハイドリヒ、プラーガー、ベームラーなどが挙げられる。

　注（＊8）：リヒャルト・ハイドリヒは1896年7月27日、レーヴァルデに生まれた。第一次大戦では二級、一級鉄十字章を授与され、戦後はヴァイマール共和国陸軍に奉職。1939年1月に第1降下猟兵連隊／第II大隊長、1940年7月には第3降下猟兵連隊長となり、その後クレタ戦へ投入されて1941年6月14日付で騎士十字章を授章。1942年8月に第7飛行師団長、1943年6月に第1降下猟兵師団長を拝命し、東部戦線、イタリア戦線で頑強な防衛戦を指揮した。モンテ・カッシーノ戦の戦功により1944年2月5日付で柏葉付騎士十字章を授章し、さらに1944年3月25日付で全軍29番目の剣付柏葉付騎士十字章を授与された。終戦時は第11降下軍団司令官。

さらなる降下部隊の組織の編成が、１９３８年７月１日にクアト・シュトゥーデント少将へ委任されて組織されたが、この部隊は秘匿のため第７飛行師団と呼称し、長い期間そう呼ばれ続けた。

　１９３７年の国防軍演習の際、演習にはほとんどすべての西側諸国およびソ連邦の武官が参加していたため、空軍および陸軍の両降下大隊の存在が明らかになったが、その時までは内部で進んでいた部隊編成については秘匿されていた。

　１９３７年10月１日の連隊ＧＧの改編において、秘匿名称《コードネーム》である第Ⅰ（猟兵）大隊が連隊ＧＧ／第Ⅳ降下狙撃兵大隊と名称変更し、さらに第１降下猟兵連隊の編成の際に、ようやく降下狙撃兵から降下猟兵へ名称が変更された。

　また、１９３７年10月１日からは、連隊ＧＧの降下狙撃兵は金色の縁飾りが付いた白い襟章を着用することとなり、これは、やはり金色の襟章を着用した飛行部隊への帰属を意味していた。なお、その他の連隊の各部隊と警備大隊においては、白い襟章の縁飾りは緑色、高射砲大隊は赤色の縁取りであった。

　本書の主題である連隊ＧＧがＨＧ（ヘルマン・ゲーリング）戦車軍団となるまでの経緯や戦歴と直接関係はないが、１９３８年７月には演習部隊としてもう一つの降下部隊が編成された。指揮官の名前はフォン・ザイドウ少佐であり、部隊編成地はベルリン-ライニッケンドルフであった。部隊は連隊ＧＧ警備大隊の２個警備中隊と空軍の２個警備中隊を統合して編成され、連隊ＧＧ降下大隊と称された。連隊ＧＧの旧警備大隊の一つは、７・５㎝スコダ16型山岳砲６門を有するシャルム中尉指揮下の砲兵中隊に転換された。

　この部隊は「グリュン（緑）」作戦（ズデーデンラント進駐）に編成されたものであり、大隊は第７飛行師団のシュトゥーデント少将の指揮下となり、ポーランド戦役の際に第Ⅰ降下猟兵連隊（ＦＪＲ）／第Ⅲ大隊として編入された。

　さて、降下部隊誕生に際しての連隊ＧＧと降下部隊の密接な関係はこれくらいにして、これ以降は専ら、連隊ＧＧのさらなる拡大と戦歴について概略を述べることにする。

「オットー」作戦——オーストリア進軍

　１９３８年３月11日明け方の４時30分、警戒警報がベルリン-ライニッケンドルフにある連隊ＧＧ兵舎の宿営所に鋭く鳴り響き、正規な起床時間の30分前に兵士達は眠りから叩き起こされた。誰もがまたいつもの演習のための警報に違いないと考えたが、今回はそうではなかった。

　各大隊長との打ち合わせから帰って来た将校達は、兵士達に対して12時間以内に連隊の戦闘および行軍準備を完了するよう命令した。

　すでに８時には前衛部隊がパッサウへ向かって行軍を開始しており、このことにより行軍先は、予てから噂で聞いていたオーストリアであることが明らかになった。連隊ＧＧ警備大隊を除くすべての部隊は、16時30分に命じられた通り、兵舎回りの道路と広場に整列して行軍準備が完了した。そして18時ちょうどに連隊は、指揮官であるフォン・アクストヘルム中佐を先頭に行軍を開始した。

　ドナウ河手前の大きな牧場で給油した際、第Ⅰ（重装備）大隊所属の２００リッター分のガソリンタンクを積載したトラック１両が、オートバイ始動時の火花によって引火した。しかし幸なことに、最初のガソリンタンクが爆発した時には、すべての車両はすでに退避した後であった。

「早朝の薄明の中で再びパッサウへの行軍が開始され、国境通過地点であるシェーアディングの手前は渋滞となっていた。リンツ、アムシュテッテン、メルクそしてザンクト・ペールテンが、オーストリア縦断の中継地点である。至るところで兵士達は歓迎され、特に若者は熱狂的であり、行軍がヴィーンへ近づくにつれて凱旋行進のようになってしまった。

　花びらを一面に振り掛けられた我々は、親愛の涙を多数の人々の目に見出だし、これが強制されたわざとらしい歓迎ではないことを一人残らず確信した」

　ヴィーンを通過した日の夜、プレスブルクとノイジートラーゼーの中間にあるライタ河沿いのブルックという町で停止し、そこで宿営となった。数日後、さらに行軍してヴィーナー・ノイシュタットとその近郊へ移動した。

フルマン大尉率いる第Ⅰ（重装備）大隊は、伝統のあるマリア・テレジア軍事アカデミーへ進駐して管理下に置いた。後日、そこはドイツ陸軍軍事学校として引き継がれたが、初代校長は当時のエアヴィン・ロンメル大佐であった。

最終的には４月中旬に、連隊はヴィーナー・ノイシュタットからベルリンへ帰還しているが、オーストリア行軍の後、〝１９３８年３月13日記念メダル〟が造られ、連隊ＧＧの兵士達に授与されている。

ところで、この最初の大事件に先立つ１９３８年３月１日は「空軍記念日」だった。ベルリンにおいては、空軍のあらゆる部隊が記念パレードを行い、連隊ＧＧのクルーゲ大尉率いる第10（警備）中隊が、空軍総司令官の前を行進した。最右翼の兵士はシャイト軍曹であり、彼はチュニジアでの特別な功績により、１９４３年６月21日付で騎士十字章を授与されるのであるが、このことについてはいずれまた触れる機会があろう。

オーストリア行軍の帰還後、空軍総司令官（ゲーリング）がヴィルヘルム通りにある帝国航空省の正面で、整列した連隊の警備大隊を閲兵したが、これは連隊ＧＧにとっては大きな意味を持つ出来事であった。総司令官の真後ろには空軍大将であるケッセルリング、シュトゥンプフそしてヴァイゼが並び、斜め後ろには総司令官の友人と特別顧問のボーデンシャッツ大佐、ゲーリングの左後方は連隊ＧＧ指揮官のフォン・アクストヘルム中佐だった。

ヘルマン・ゲーリングは、すでに１９３８年４月21日には国家元帥に推挙されており、軍楽隊は連隊ＧＧの行進の際には〝プファルツ選帝侯国からの猟兵〟を演奏した。

ベーメンおよびメーレンの進駐

１９３９年３月におけるベーメンおよびメーレンの進駐に際しては、連隊ＧＧはプラーグ（プラハ）への行軍へ参加し、連隊の第Ⅳ高射砲大隊が第２戦車師団へ配属され、師団の作戦区域の防空任務を担った。また、同大隊はグラーフェンヴェーア、ヴァイデン、ヴェーメンヴァルトを経由し、ピルゼン方面へ行軍してスコダ工場の警備にも当たっている。

当時の大隊長で、司令部付き高級将校のヴァルター・フォン・ヒッペル大佐の戦闘日誌から推定すると、第Ⅳ高射砲大隊本部はドボルジシとザメクにあり、そこのホテル・ハインツに宿営し、第15中隊はミニシェク、第16中隊はドボルジシに宿営となったが、ドボルジシにはその他に通信小隊と軽高射砲補給中隊も宿泊していた。

第２戦車師団司令部と本隊は、後にベネシャウの宿営施設に移り、そこから最終的にはコノピステ城へ移動している。

第Ⅳ高射砲大隊のプラーグへの移動命令が１９３９年３月18日に出され、４月５日にプラーグ～テプリッツ～アルテンベルク～ドレスデンを経由する帰還行軍が開始され、５月に

1939年7月15日現在の空軍服務規定番号90/2による戦力定数指標表

戦力定数指標表	部隊	員数				砲（cm）			探照灯（cm）		車両							トロリー	自転車
		将校	行政官	下士官及び兵士		2	3.7	8.8	60	150	オートバイ（括弧内はサイドカー付）	乗用車	トラックトレーラー	指揮車両	特殊車両（Sd.Kfz.）	牽引車両	車両＋トレーラー合計		
2101（L）	高射砲連隊本部（＊1）	5	71		76						6（1）	1	3			13	23		
2181（L）	通信小隊																		
2111（L）	軽高射砲大隊本部（自動車化）	7	4	75	86						11（4）	3	6			10	30		
2184（L）	通信小隊																		
2401（L）	3.7cm高射砲中隊（自動車牽引式）	5		197	202		9		4		15（3）	6	18	14		13	66		
2202（L）	2cm高射砲中隊（自走式）	6		169	175	12					17（3）	2	9			30	58		
2462（L）	高射砲補給中隊（20t）（自動車化）	2		54	56						5	1	15				21		
2131（L）	高射砲大隊本部（自動車化）	7	5	101	113						11（3）	3	7			15	36		
2185（L）	通信小隊																		
2447（L）	高射砲測距小隊（自動車化）	1		27	28						1		2			1	4		
2451（L）	高射砲気象観測小隊（自動車化）			9	9						1					1	2		
2331（L）	8.8cm高射砲大隊（自動車牽引式）	4		152	156	2		4			8（2）	4	9	9		12	42		
2201（L）	2cm高射砲大隊（自動車牽引式）	6		215	221	12			4		18（3）	7	9	17		28	79		
2464（L）	高射砲補給中隊（42t）（自動車化）	2		57	59						5	1	16				22		
2353（L）	8.8cm高射砲大隊（鉄道）	3		74	77	2		2						3			3	13	3
2253（L）	2cm高射砲大隊（鉄道）	2		40	42	4									2		2	2	
2151（L）	高射砲探照灯大隊本部（自動車化）	7	4	82	93						10（4）	3	6			12	31		
2186（L）	通信小隊																		
2531（L）	高射砲探照灯大隊（自動車化）	5		225	230					9	13（5）	5	35	28		10	91		
2157（L）	予備高射砲探照灯大隊本部	4	1	54	59						4（2）	3	6			4	19		3
2537（L）	予備高射砲探照灯中隊	4		149	153					9			34				34		10

原注（＊1）：軍楽隊を除く（警備大隊ヘルマン・ゲーリングは特別戦力定数指標表による）

入ると、さらなる行軍がグローセンハイン、ユターボクとルッケンヴァルデを経由してベルリン-ヴェルテンまで行われた。

ベーメンおよびメーレンの進駐からの帰還後、派遣された国防軍部隊総司令官により進駐の参加部隊へ平時編成への復帰が発令され、その際、参加したすべての兵士に対して、その能力と士気の高さについて最高の賞賛と功績が称えられた。それはとりわけ次の言葉によって言い表されている。

「寒風吹き荒ぶ厳冬と道路状況の悪さにもかかわらず、陸軍部隊と配属された空軍部隊は、出動命令後ただちに国境を越えて行軍目標地点まで達した」

1939年8月になると連隊GGは戦闘態勢に入り、平時の部隊編成にさらに以下のような部隊が加わった。

・アーノルト少尉指揮の第14（重）鉄道高射砲中隊（10・5cm）
・予備探照灯大隊
・フォン・ルートヴィヒ少佐指揮の補充大隊

8月16日に連隊GG宛ての動員命令が届いたが、これは公式の告示によるものではなく、住民に気付かれないようにその日のうちに素早く行われ、連隊が発進後に空き家となったベルリン-ライニッケンドルフの兵舎には、補充大隊が入れ代わって宿営した。動員の過程では連隊全体に種痘が行われた。連隊の本部付き軍医であるジーベアト博士は、仕事にかかる前にまず連隊長であるフォン・アクストヘルム大佐に最初に種痘し、それから一人一人の兵士に注射を行った。

こうして、連隊における危急に備える訓練と平時編成は終わりを告げ、長年に渡ってすべての前線で戦い、師団から降下戦車軍団へと拡大して行く部隊史が、いよいよ始まるのである。

警察大隊ヴェッケの最初期の兵士達。

z.b.V（特別編成）警察大隊ヴェッケ。集合写真のために勢ぞろいしている。

1936年、ハイリゲンダム：左からヘルマン・ゲーリング、執事のクロップおよび副官のコンラート。

1934年、シャーロッテンブルク：歩兵大将としてz.b.V（特別編成）州警察集団ヴェッケを訪れたゲーリング。一番左がヴェッケ少佐。

同じく1934年5月29日にゲーリング空軍最高司令官が臨席して開催された伝統継承式。

1934年5月29日にリヒターフェルデ陸軍幼年学校でL.P.G（州警察集団）“ゲネラール・ゲーリング”を閲兵するゲーリング。

航空装備製造総監エアンスト・ウーデット上級大将の葬儀に出席したゲーリング。

ウーデット上級大将への慰霊式典。

「総統専用機」の一つであるJu52“ヴィルヘルム・クーノ”。

1935年、ブタペスト：マルガレータ島の記念碑前で催された退位式典。右から空軍次官ミルヒ、ゲーリング。一番左はゲーリングの副官コンラート少佐。

ブタペストの記念碑前で敬礼するゲーリング。

ベルリン - ライニッケンドルフの新しい兵舎。これは連隊本部の建物である。

大屋外プールにある彫像。

兵舎の棟上げ式に臨席したゲーリング。その後ろの人物はフォン・アクストヘルム中佐。

空軍本部前に立つ衛兵。

連隊“ゲネラール・ゲーリング”（RGG）／第I大隊の連隊旗とともに。左はフーベアト少尉、中央がビュットナー上級曹長。

ヒットラー専用機の主任パイロットであるハンス・バウアー空軍大尉。第一次大戦にも従軍したベテランで1938年当時はSS中将であった。

談笑中のヒットラーとゲーリング。

カリンハルへの入口正門。

ロミンター・ハイデにある帝国狩猟館で談話中のゲーリング。一番右端がコンラート大佐。

1937年、カリンハルにて伝令兵と伴に写るリューブケ少尉。

カリンハルを訪れたアドルフ・ヒットラー。右は娘のエッダを抱くエミー・ゲーリング夫人。

夜のレセプション会場で、自分のクジを引くヘルマン・ゲーリング。隣は彼の副官のコンラート少佐である。

行軍演習中の連隊兵士達。

第2章

戦争初期における連隊 〝ゲネラール・ゲーリング〟

開戦日

１９３９年８月25日の金曜日、第Ⅲ大隊指揮官フォン・オッペルン・ブロニコフスキー少佐は、大隊にすべての将校を招集し、自分がたった今、指揮官作戦会議から帰ったばかりであり、その席で第Ⅱ航空管区司令官のヴァイゼ高射砲兵大将が、次のように語ったことを明らかにした。

「帝国内閣は、東方からの堪え難い脅威に対して最終的な解決を図るため、心ならずもポーランドとの戦争を決定した。ポーランドは軍事的に断固排除すべきであるが、しかし、それはポーランドの援助義務を履行しようとする西側諸国の参戦を覚悟しなければならない。すなわち、フランス陸軍とイギリス空軍および海軍が戦闘に介入してくるであろう」

次の土曜日、連隊は次のような第Ⅱ航空管区からのテレタイプを受理した。「〝国防義務に関する法律〟が今しがた発効した。このため、兵站補給全体を平時から戦時経済へ切り換え、国防給与、必要によっては実戦手当てが支給される」

９月１日に連隊全員は、緊急招集された帝国議会の様子をオペラ座からのラジオ中継により傾聴していたが、「５時45分をもって自衛のため反撃する」という言葉が各自の耳に飛び込み、これにより一人残らず宣戦が議決されたことを知った。

翌日の夕方、ラジオから「１９３９年９月３日月曜日から食料は配給制となるため、日曜日にタバコの配給切符、衣服の配給切符を含めた必要なすべての切符が支給される」ことが告げられた。

９月３日には、西側諸国が戦闘に介入しないのではないかという、漠然とした希望は打ち砕かれ、フランスとイギリスは「ドイツと交戦状態に入った」と見なし、ドイツに対して宣戦布告を行った。

１９３９年10月の末、噂が事実となり、連隊ＧＧは西方へ移動することとなった。戦争勃発時の連隊ＧＧの指揮官配置は次の通りであった。

・連隊ＧＧ指揮官：フォン・アクストヘルム中佐
・連隊ＧＧ／第Ⅰ（重）大隊：フルマン大尉
・連隊ＧＧ／第Ⅱ（軽）大隊：リューデル大尉
・連隊ＧＧ／第Ⅲ（探照灯）大隊：フォン・オッペルン・ブロニコフスキー少佐
・連隊ＧＧ／第Ⅳ（軽）大隊：フォン・ヒッペル中佐
・連隊ＧＧ／警備大隊：ヴェーバー少佐
・連隊ＧＧ／予備探照灯大隊：予備役少佐（氏名不詳）
・連隊ＧＧ／補充大隊：フォン・ルートヴィヒ少佐

１９３９年のドイツ本国における作戦地域

連隊ＧＧの特別な任務の一つは、カリンハルおよびポツダム／ヴィルトパーク-ヴェアダーにある空軍総司令本部の警備にあり、そのほかに専用列車〝総統〟や他の司令本部護衛部隊、そしてもちろんポーランドの前線へも配置された。

連隊の高射砲部隊は有力な部隊であったため、その一部は1939年10月から西方防壁《ジークフリートライン》へ移動し、ポーランド戦役の期間中、とりわけ帝国首都たるベルリンの防空任務についた。1939年10月末、連隊本部、第I大隊、第IV大隊からなる秘匿名称《コードネーム》第103高射砲連隊が編成され、新編成の第II航空団に配属となった。このため、この部隊は10月末に西方防壁《ジークフリートライン》方面のアーヘン、トリアー地域に移動となった。

さらに9月にはクルーゲ大尉率いる警備大隊が、空輸によりワルシャワ地域へ投入され、そこに位置する飛行場やポーランドの航空産業施設の防御と保全任務にあたった。また、その他の警備大隊も、トラック輸送によりそれぞれワルシャワ地域へ投入された。ポーランド戦役の期間中、ロミンター・ハイデにある空軍最高司令本部、すなわち帝国狩猟場の警備は第8中隊が当てられ、兵士達は昔懐かしいマリーエンブルクを経由して輸送された。

第14鉄道高射砲中隊

連隊GG所属の第14鉄道高射砲中隊は10・5cm高射砲を装備しており、ベルリン-ライニッケンドルフにて動員され、マクデブルク近くのヒラースレーベンへと向かった。9月から11月までは、ヒラースレーベンとポツダム付近のザッツコルンで出撃準備態勢のまま待機していたが、11月25日には実弾射撃演習を行うためシュトルプミュンデへ移動した。その後、12月の最初の10日間に、鉄道によるクロツィンゲンまでの854kmの行軍演習のためザッツコルンに戻った。

12月10日、中隊はオッフェンブルク、ラール、リーゲル-オルト、ケーニヒスシャッフハウゼン、ブライザッハ、ラシュタット、ラール、イフツェンハイム、そして再びブライザッハを経由してクロツィンゲンへ無事帰還した。これは従来の839kmの行軍記録を更新する最高記録の樹立を意味し、この行軍期間中に空軍最高司令部は、この種の強力な兵器運用に関する新しい知見を獲得することができた。

この種の移動と輸送は連隊の他の部隊でも行われており、また、陸軍も例外ではなく以前には報告されることもなかったが、本土防衛の戦意高揚のため、このようなナンセンスで時間の無駄と思えるような事柄もしかつめらしく正式に公表された。

ちなみに付け加えると、連隊GG／第14中隊は1941年6月22日までに1万2377kmを走破している。

当時の中隊長アーノルト中尉は、この中隊、すなわち10・5cm高射砲と2cm対空機関砲4門を装備する最初の実験中隊の投入について、「中隊はその特殊性に鑑みて空軍最高司令官直属となっており、中隊がそっくり鉄道貨車の上に積載されていた」と語っており、今は博士となっているアーノルト氏は、中隊についての一般的な事項の他に実戦投入状況についても教えてくれた。それによると、10・５cm高射砲の貫通力は凄まじく、西方防壁《ジークッリートライン》戦投入、特にマジノラインにおけるブンカー（コンクリート製トーチカ）目標の砲撃については大きな戦果を挙げたが、しかしその反面、周囲の建物がものすごい爆風に包まれるため評判は良くなかったと言う。

　この高射砲４門の操作は将校４名と兵１６１名で行われ、１９３９年９月30日から１９４１年10月20日まで、２年間にわたってアーノルト中尉が中隊を指揮し、中隊付き将校はゲーツェ、ヤールそしてハーケ少尉の面々であった。

　一般的な部隊編成は、中隊本部、測距小隊、通信中隊、高射砲中隊、射撃指揮中隊第Ⅰと第Ⅱおよび軽高射砲中隊よりなっており、その他の装備として乗用車４台、トラック１２台とオートバイ８台を有していた。

　赫々たる戦果を挙げたこの部隊は、１９４１年10月20日に連隊ＧＧから離れて第３２１（鉄道）予備高射砲大隊へ改編された。

ポーランド戦役の鉄道高射砲小隊〝フューラー（総統）〟

　１９３９年９月にヒットラーが彼の幕僚達とポーランドへ視察した際、彼は専用列車〝総統〟を使用したことが知られているが、その詳細を記述したものがほとんど見当たらない。この特殊列車は次のような編成であった。

　第一および第二機関車、防空高射砲車両、手荷物車両、ヒットラー専用サロン客車、貨物室を有する司令用車両と通信施設車両。その他に、ＳＳ部隊兵士や刑事警察局員22名が搭乗可能な11客室を有する護衛部隊車両があった。

　この後方に、第一食堂車、10客室を有する第一客車、第二食堂車、各々ファーストクラスの第一および第二寝台車が接続され、プレス（報道）車両、荷物車と第二防空高射砲車両が連なっていた。さらに浴室車、発電機車と鉄道員用車両が連結されており、急勾配の路線の場合には、列車の後方に第三の機関車が接続された。

　防空高射砲車両は高射砲小隊指揮官１名と兵士26名を収容した。この兵士達は４つの客室に宿営し、５番目の客室は分隊指揮官専用であり、１客室につき兵士４名が割り当てられていた。

　防空車両搭乗員の任務分担は、

・Ｋ１＝照準砲手、Ｋ２＝測距手
・Ｋ３およびＫ４＝弾薬砲手
・Ｋ５およびＫ６＝装填砲手となっており、Ｋ２は後で測距手として（Ｋ１と）分離したものである。

　１９４０年まで運行された専用列車〝総統〟の防空高射砲車両は、人員は中央に配置されており、高射砲の周囲に弾薬が貯蔵されていた。また、１９３９年の鉄道高射砲小隊〝フューラー（総統）〟の指揮官はエッティング中尉であり、後にゼームスドルフ少尉となった。

列車に連結された2両の迎賓用客車は高位のゲスト用であり、ムッソリーニやフォン・リッベントロップ、ヒムラーなどが利用した。

言うまでもないことであるが、この列車構成は頻繁に変更がなされており、不正確な情報が多いが、その中でも1939年に書かれた略図は正確であると一般には認められている。

1939〜1940年における連隊GG

本営の周囲にある森林地域の警備のため、ヴェアダー森林公園内は騎馬中隊が警備任務を受け持っていたが、これが廃止されることとなり、騎馬中隊はオートバイ狙撃兵中隊に改編されることとになった。

この部隊は騎兵小隊（以前の騎馬中隊を母体に編成され、その任務を引き継いだもの）と3個小隊から編成されており、その他に2個狙撃兵小隊と8輪式装甲偵察車2両を装備した1個装甲偵察小隊がさらに追加された。

このオートバイ狙撃兵中隊は、連隊GGの諸部隊の中で一番早く実戦投入された部隊であり、ノルウェー戦役の章で触れることとする。

1939年9月1日時点での高射砲大隊、後の高射砲連隊〝ヘルマン・ゲーリング〟は、次のような編成であった。

・第Ⅰ（重）高射砲大隊：8・8cm高射砲装備の第1〜3中隊、2cm高射機関砲装備の第4〜5中隊、この他に重装備の高射砲用48t段列。
・第Ⅱ（軽）高射砲大隊：3・7cm高射機関砲装備の第6中隊、2cm高射機関砲装備の第7〜9中隊、この他に軽装備の高射機関砲用28t段列。
・第Ⅲ探照灯大隊：150cm探照灯装備の第11〜13中隊、10・5cm高射砲装備の連隊GG／第14鉄道高射砲中隊。
・第Ⅳ（軽）高射砲大隊：3・7cm高射機関砲装備の第15中隊、2cm高射機関砲装備の第16〜17中隊、この他に軽装備の高射機関砲用28t段列。
・補充大隊：本部中隊、8・8cm高射砲装備の第1および第2補充中隊、150cm探照灯装備の第4補充中隊、傷病回復兵中隊。
・予備探照灯大隊：基幹兵員はベルリン-ハイリゲンゼーの第32高射砲連隊第Ⅲ探照灯大隊の一部からなる。

以上、列記した高射砲補充大隊を除く連隊GGの高射砲大隊すべては、最初、ベルリンの防空任務へ投入された。各部隊は8月末に編成準備地であるヴェアダー森林公園〜ヴスターマルク〜ベーツォウ〜ヴェルテンベルリン地域、すなわち高射砲外輪線の西部および北部区域へ移動した。（28＊参照）
高射砲連隊GGの第7中隊は、第2警備中隊と伴に連隊の

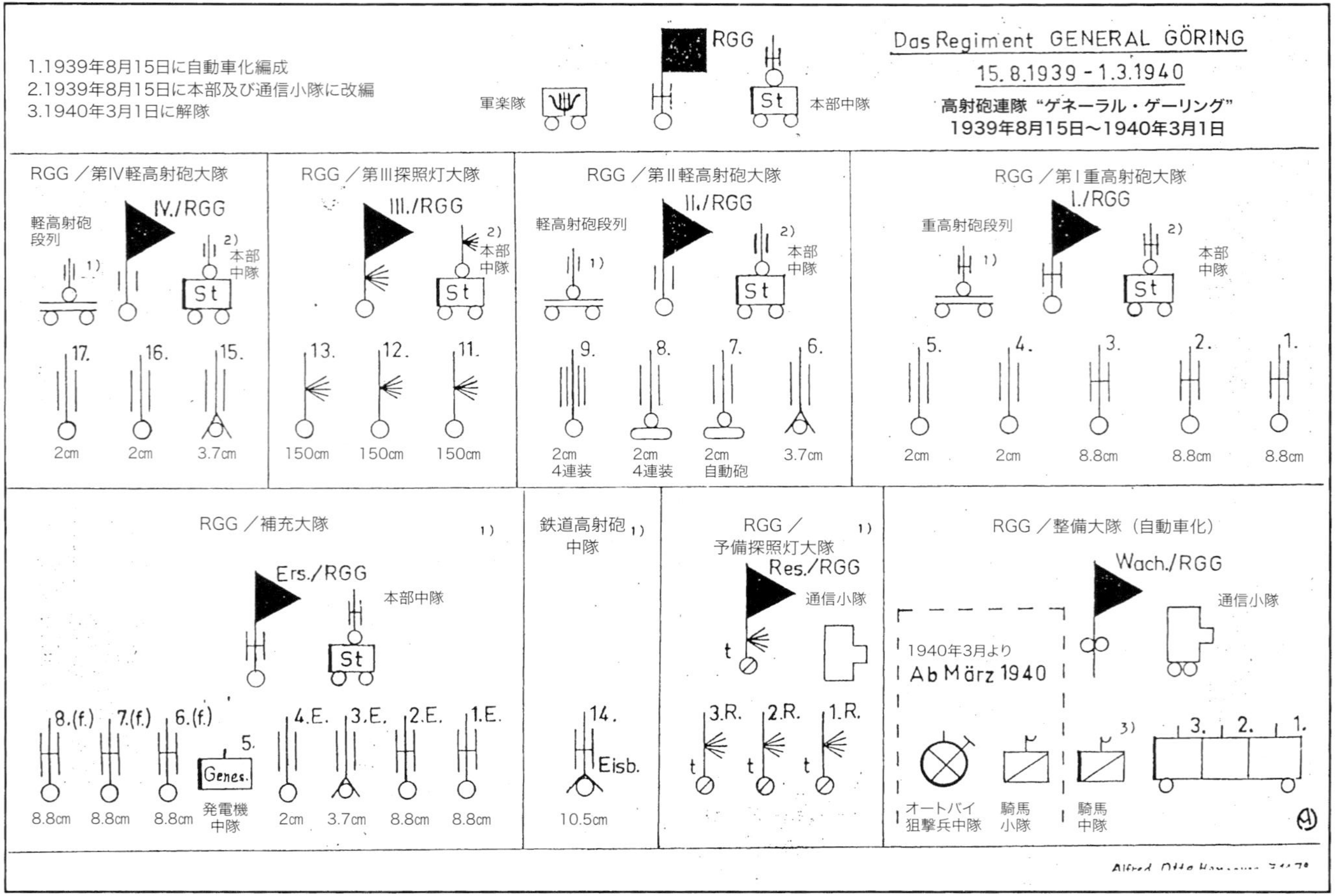
Das Regiment GENERAL GÖRING
15.8.1939 - 1.3.1940
高射砲連隊 “ゲネーラル・ゲーリング”
1939年8月15日～1940年3月1日
1.1939年8月15日に自動車化編成
2.1939年8月15日に本部及び通信小隊に改編
3.1940年3月1日に解隊
軍楽隊
RGG
St
本部中隊
RGG／第IV軽高射砲大隊
IV./RGG
軽高射砲段列
1)
2)
本部中隊
17.
16.
15.
2cm
2cm
3.7cm
RGG／第III探照灯大隊
III./RGG
2)
本部中隊
13.
12.
11.
150cm
150cm
150cm
RGG／第II軽高射砲大隊
II./RGG
軽高射砲段列
1)
2)
本部中隊
9.
8.
7.
6.
2cm 4連装
2cm 4連装
2cm 自動砲
3.7cm
RGG／第I重高射砲大隊
I./RGG
重高射砲段列
1)
2)
本部中隊
5.
4.
3.
2.
1.
2cm
2cm
8.8cm
8.8cm
8.8cm
RGG／補充大隊
1)
Ers./RGG
本部中隊
8.(f.)
7.(f.)
6.(f.)
5.
Genes.
4.E.
3.E.
2.E.
1.E.
8.8cm
8.8cm
8.8cm
発電機中隊
2cm
3.7cm
8.8cm
8.8cm
鉄道高射砲中隊
1)
14.
Eisb.
10.5cm
RGG／予備探照灯大隊
1)
Res./RGG
通信小隊
t
3.R.
2.R.
1.R.
RGG／整備大隊（自動車化）
Wach./RGG
通信小隊
1940年3月より
Ab März 1940
オートバイ狙撃兵中隊
騎馬小隊
3)
騎馬中隊
3.
2.
1.

代表として総統大本営の護衛任務に派出され、第8中隊は特別作戦へ動員され、ノルウェー戦役において〝クルーゲ分遣隊〟として実戦投入された。第9中隊はいわゆる〝護衛中隊〟であり、専用列車〝総統〟、〝外務大臣〟、〝国家元帥〟の鉄道高射砲小隊の隊員から構成されていた。なお、連隊GG／第Ⅱ大隊本部は、ベルリン防空部隊の中では〝高射砲分団ポッダム〟本部として扱われていた。

ポーランド戦役終了後、現役高射砲大隊の一部が新編成の2個高射砲軍団に集約され、西方戦役のため出撃準備を整えた。派遣された部隊は、連隊GGの連隊本部、第Ⅰ（重）、第Ⅲ（探照灯）および第Ⅳ（軽）高射砲大隊であり、連隊本部はこの後の12ヵ月は〝第103高射砲連隊〟という秘匿名称《コードネーム》を与えられ、前述した3つの部隊と伴にベルリン防空圏から撤収して西方防壁方面へ移動となった。

西方戦役の期間、陸軍の中では第Ⅰと第Ⅳ大隊は第Ⅱ高射砲軍団、連隊GG／第Ⅲ大隊は第Ⅰ高射砲軍団に属しており、西方戦役終了後はいよいよ大西洋沿岸の防空任務へ投入された。1940年9月にこの部隊はベルリンへ帰還し、連隊本部は再び旧名称である連隊GGに復帰し、大隊が受け持っていた任務は新たに編成された第1防空管区に受け継がれた。

「ヴェーザー演習」作戦――デンマークおよびノルウェー

オートバイ狙撃兵中隊の編成と教育がちょうど始まった1940年4月には、「ヴェーザー演習」作戦、すなわちドイツの鉄鉱石輸入の確保のため、デンマークを通過してノルウェーを占領する作戦準備が開始されていた。

この作戦には、警備大隊GGやオートバイ狙撃兵中隊の一部、そしてクルーゲ大尉率いる連隊GG／第8中隊が〝クルーゲ分遣隊〟として参加した。この戦闘団は狙撃兵大隊（自動車化）として編成されて、第10飛行軍団の指揮下に置かれ、ドイツ空軍の前進飛行場の確保という特別任務を担っていた。

この〝クルーゲ分遣隊〟こそが、第二次大戦における連隊GGの最初の本格的な実戦投入部隊であった。

1940年4月5日、第2警備中隊指揮官のクルーゲ大尉は、特別任務部隊として1個人隊を編成するよう命令を受けたが、最初はその装備や用兵については何も知らされないままであり、〝クルーゲ大隊〟とだけ翌日になってから名付けられた。その後に連隊GG／オートバイ狙撃兵大隊と命名され、最終的には編成ランクが一つ上の〝クルーゲ分遣隊〟となった。分遣隊の編成は以下の通りである。

・通信小隊含む本部（連隊GG／警備大隊の本部より編成）
・連隊GG／警備大隊：クルーゲ大尉
・連隊GG／オートバイ狙撃兵中隊：プロイス大尉
・連隊GG／第1警備中隊：フンク大尉
・連隊GG／第8中隊：ゼーヴァルト大尉

オートバイ狙撃兵中隊は、空軍総司令官の護衛部隊として、この特別任務のために予てより準備されていたものであり、3個軽装備小隊、1個重装備小隊と2両の8輪式装甲偵察車を装備する1個装甲偵察小隊からなり、１００ワット無線機5基を装備する1個通信小隊が随伴していた。

第1警備中隊は狙撃兵中隊（自動車化）で3個小隊編成であった。連隊ＧＧ／第8高射砲中隊は4個小隊からなり、各小隊は自走式２㎝高射機関砲3門を有していた。

「ヴェーザー演習」作戦の場合、１９４０年3月1日に発せられたＯＫＷ（国防軍総司令部）指令に従い、国防軍の3軍、すなわち陸軍、空軍と海軍が一つの統合指揮下で協同作戦を実施することとなった。

これは第二次大戦における最初の三次元作戦であったが、目前に迫った西方戦役に使用する部隊計画は決定しており、デンマークとノルウェーは予め用意された可能な限り少ない兵力で実施せねばならなかった。

そのため〝数の不利は大胆な行動と奇襲作戦で補う〟ことが、ドイツの作戦方針とされた。

4月5日にクルーゲ大尉は行軍準備態勢が整い、その翌日の午前2時20分にベルリン-ライニッケンドルフの兵舎を出発し、まず最初にヴィンゼン／ルーエ付近のボアシュテルへ向かって行軍を開始した。

ノルウェー戦役の場合、すべての空軍部隊は第5航空軍、すなわち第10飛行軍団の指揮下となっていたが、実戦投入の過程においては陸軍部隊の指揮に従うという了解がもちろんなされており、すでに4月6日付でクルーゲ分遣隊はアンゲアン大佐指揮の第11狙撃兵旅団へ戦術的に属していた。

リューネブルクの旅団本部でクルーゲ大尉は、彼の部隊はデンマーク侵攻作戦へ投入予定であるとの戦況報告を受けた。

4月7日にはボアシュテルから行軍を再開し、フリードリヒシュタット付近のコルデンビュッテルで今一度停止し、23時にそこから出撃準備戦区までの行軍が開始された。なお、出撃準備戦区に到達してから初めて部隊長は、秘匿名称《コードネーム》「南ヴェーザー演習」と名付けられた作戦目標を告知することが許されていた。

部隊は増強された第11狙撃兵旅団の行軍グループＢに編入され、出撃準備陣地までの行軍が開始された。フズムからブレットシュテットを経由してホルトへ至る最後の行程は、無灯火による夜間走行であったが、部隊同志の連携を保つ必要から時速60㎞で疾走しなくてはならないことも度々であった。

ホルム-メデルビーには4月9日早朝の4時に到着し、ここで第31特別任務部隊司令部の軍団命令第3号が伝達され、その中で司令官であるカウピッシュ空軍大将はクルーゲ分遣隊に対して「デンマークへの奇襲進駐」を命じていた。それは、港湾、飛行場、電報電話局を持つ重要都市エスビエルを可能な限り早く占領することであり、エスビエルへの進出については第１７０歩兵師団の部隊へ配属される予定であった。手榴弾を含めたすべての武器が支給された後、国境への行軍が開始された。

命令により午前5時15分に最初の陸軍偵察中隊の快速部隊がハッセルからデンマーク国境へ差し向けられ、この時点で部隊は一斉に散開して国境を越えた。

抵抗はまったく見られず、装甲偵察車４両の先遣部隊は最初のデンマークの集落を通過して順調に数km進んだ時、突如として偵察部隊は高射砲の砲撃を受けた。この戦闘でドイツ側は戦死３名、負傷４名の損害を受けたほか、偵察装甲車４両すべてが全損となった。また、デンマーク軍側は戦死２名、捕虜39名であった。

12時まで待機中であった分遣隊は、ノイ・ペーパースマルク付近で国境を越え、行軍を開始して進撃せよとの命令を受け、レンツ~ブレデヴァット~ルカムクロスター~レディング~ハルステド~タープを経由してエスビエルに到達した。市街の北方に位置する飛行場には18時頃に到着し、港湾、飛行場と電信局は奇襲攻撃で無血占領となった。

最初の航空基地中隊と空軍地上勤務中隊は、その直後から飛行場で任務につき、通信部隊は電信局を占領し、海上から到着した海軍と陸軍の会合は無事成功した。

4月9日になって、デンマーク戦時内閣と海軍省は全デンマーク軍に対して「すべての戦闘を中止し、連絡将校をドイツ国防軍部隊へ派遣せよ」という共同命令を発した。「デンマーク軍の武器の保有、デンマーク軍兵士とドイツ軍兵士との間における敬礼義務などが合意され、ドイツ軍部隊によるデンマーク国民や兵士に対するいかなる強制も処罰の対象となった。

第11狙撃兵旅団指揮官のアンゲアン大佐は、この作戦に参加したすべての兵士に対してその特別の功績に感謝した。

ノルウェーでの作戦

着陸した空軍部隊がエスビエル飛行基地を、海軍部隊が港湾を、そして陸軍部隊が街の重要諸点を確保した後、分遣隊は新しい任務に投入されることとなった。4月11日、部隊は第１７０歩兵師団からの命令によりオールボー方に移動し、沿岸地帯において敵上陸に対する警戒任務を担うこととなり、併せて同地区の防空任務も引き継いだ。

警戒区域はルッケン~フィエリツレヴ~エリズブクであり、ヤンマー湾全体の沿岸警備に等しいものであり、各中隊と高射砲中隊はそこで早急に監視陣地を構築した。

高射砲中隊は4月13日に第３００特別任務空軍管区本部の指揮下となって撤収することとなり、フレデリクスハウンの防空部隊へ編入され、残った部隊がその警戒任務を引き継ぐこととなった。

すでに4月11日に開催された国防軍最高司令部（ＯＫＷ）

作戦会議において、デンマークの降伏で投入可能となったすべての部隊をノルウェーへ移送する計画が決定されており、これは4月13日に機関銃（MG）大隊、戦車部隊および〝空軍大隊〟、すなわちクルーゲ分遣隊に対してノルウェーへの移動命令が発せられて現実のものとなった。

　クルーゲ大尉は自分達の陣地を第110狙撃兵連隊／第I大隊に引継いだ後、海上輸送の準備に取り掛かり、4月17日の夕方にオールボーにおいて輸送船「カンピナス」に乗船した。ただし、乗船したのは車両と96名の運転手であり、そのまま輸送船の甲板上にとどめ置かれた。

　部隊の主力は翌日の午後に鉄道によってフレデリクスハウンへ輸送され、そこで4月20日に水雷艇「ファルケ（隼）」および「ヤグアー（ジャガー）」（＊9）に乗船し、午前5時にフレデリクスハウンから出港してノルウェーへ針路をとった。

注（＊9）：水雷艇「ファルケ」は1923年型メーヴェ級水雷艇として1928年7月15日竣工。排水量927t、全長87m、最大速力33ノットで兵装は10・5cm単装砲3基、3・7cm単装機関砲 4基、2cm単装機関砲 4基、53・3cm三連装魚雷発射管 2基を装備していた。1944年6月6日、連合軍のノルマンディー上陸に際し「メーヴェ」、「ヤグアー」などと伴に第5水雷戦隊の1艦として出撃、協同でイギリス海軍駆逐艦「スヴェンナー」を撃沈。1944年6月15日、ル・アーブル海軍基地にて爆撃を受け沈没。水雷艇「ヤグアー」は1926年型ヴォルフ級水雷艇として竣工。排水量933t、全長92・6m、最大速力34ノットで兵装は10・5cm単装砲 3基、3・7cm単装機関砲 4基、2cm単装機関砲 4基、53・3cm三連装魚雷発射管 2基を装備していた。1944年6月6日、前述のファルケと伴に出撃し、協同でイギリス海軍駆逐艦「スヴェンナー」を撃沈したが、1944年6月14日にル・アーブル海軍基地において爆撃により沈没した。

　なお、高射砲中隊は分遣隊の編成から外されており、ベルリンへ移動中であった。

　スカゲラク沖（ユトラント沖）を航海中は穏やかな天候であり、途中、1隻の敵潜水艦が認められたが、2隻の水雷艇に気付くと緊急潜航して針路を変更した。18時にオスロへ到着し、上陸後に部隊は市街を行軍して宿泊所のイラ・スコレへ移動した。

　分遣隊の車両と重量機器を積載した輸送船「カンピナス」が属する護送船団は、翌日にオスロへ到着し、車両は陸揚げされてイラ・スコレへ輸送され、これをもって分遣隊は再び出撃準備態勢が完了した。

　その時までに海軍と陸軍部隊は重要港湾のすべて占領しており、内陸部への侵攻部隊の上陸が行われており、この上陸部隊の中には、後に降下機甲擲弾兵師団2〝ヘルマン・ゲーリング〟の師団長となるヴァルター（＊10）大尉指揮の降下猟兵連隊／第Ⅰ大隊も含まれていた。

注（＊10）：エーリヒ・ヴァルターは1903年8月5日、ファルケンベルク近郊のゴアデンに生まれた。1924年4月に警察官としてベルリン警察に入隊。1933年2月より警察大隊〝ヴェッケ〟小隊長、1935年10月には連隊GG／第3中隊指揮官となった。1939年12月、第1降下猟兵連隊／第Ⅰ大隊指揮官となったヴァルター大尉は、ノルウェー戦においてハーマールおよびエルヴェルーム方面へ果敢な突進を行い、この戦功により1940年5月24日付で騎士十字章を授章。以後、クレタ戦を経て東部戦線で第4降下猟兵連隊長として活躍し、イタリア戦線のモンテ・カッシーノ戦において1944年3月2日付で柏葉付騎士十字章を授与された。1944年9月には戦闘団ヴァルターを率いてオランダ戦線のヘルモント付近で頑強な防衛戦闘を行い、同年9月24日より降下機甲擲弾兵師団2HG師団長を拝命。オストプロイセン戦において圧倒的に優勢なソ連軍に対して過酷な撤退戦を指揮し、1945年2月1日付で全軍131番目の剣付柏葉付騎士十字章を授与された。終戦後、1947年12月26日にブッヒェンヴァルトの収容所にて死去した。

すでに4月13日と14日に連合軍は、ハルスター（ナルヴィクの60㎞東方）、ナムソス、アンナルスネに強力な部隊を上陸させて事態は危険な状況となっており、このことが増強部隊としてクルーゲ分遣隊をドイツ国防軍がノルウェーへ輸送した理由の一つであった。

連合軍の主目標は、ドイツ山岳軍団、すなわちディートル少将（＊11）率いる第3山岳兵師団によって占領されたナルヴィクと、同様にドイツ軍部隊に占領されたトロンヘイム（トロントハイム）の奪回にあった。

注（＊11）：エドゥアルト・ディートルは1890年7月21日、バート・アイブリングに生まれた。1909年10月に士官候補生として帝国陸軍に入隊、1911年10月にバイエルン第5歩兵連隊にて少尉に任官。1934年10月にヴァイマール共和国陸軍第41狙撃兵連隊長として復職。第19、第41歩兵連隊長、第99山岳猟兵連隊長などを経て、1938年に第3山岳師団長となった。第二次大戦勃発後はナルヴィク戦における戦功により1940年5月9日付で騎士十字章を授章。同年6月には山岳軍団〝ノルヴェーゲン〟司令官となり、同年7月19日付で全軍初の柏葉付騎士十字章を授与された。1942年1月にラップラント軍（第20山岳軍）司令官に任じられ、1944年6月23日、オーバーザルツベルクでヒットラーとの会談後の帰途、ゼマーリング付近で搭乗したJu52が墜落して死去。同年7月1日付で全軍72番目の剣付柏葉付騎士十字章を授与された。

このため連合軍最高司令部は、40㎞ものフィヨルド（峡湾）の奥にあるトロンヘイムを海上からではなく、ナムソスとアンナルスネを経由して陸路から包囲奪回する作戦を立てた。この連合軍の意図はドイツ軍指導部も気付いており、オスロからトロンヘイムまでの地上連絡路を速やかに確立する努力がなされた。

オスロに上陸したペレンガール中将（＊12）指揮の第１９６歩兵師団は、オスロに駐屯するノルウェー第２師団の武装解除を終えた後、この任務に当たることとなった。同師団はオスロまでの海上輸送の間に、汽船「フリーデナウ」および「ヴィクヴェルト」が沈没し部隊戦力約１０００名を失ったため、１個戦闘団を派遣して増強する必要があった。

注（＊12）：リヒャルト・ペレンガールは１８８３年８月19日、ヴィーデンブリュックに生まれた。１９０２年５月に士官候補生として帝国陸軍に入隊、１９３４年10月にヴァイマール共和国陸軍第18砲兵連隊長として復職し、第６砲兵軍団長などを歴任。第二次大戦中は１９３９年９月１日から第１９６歩兵師団長としてダンツィヒに駐留後、１９４０年７月よりノルウェー戦線に投入され、オスロからトロンヘイムまで迅速な突進により第３山岳師団との連絡を確立し、１９４０年５月９日付で騎士十字章を授与された。１９４２年６月30日付で予備役編入により除籍。

こうしてアンナルスネ攻撃に必要な突進力を得るため、第13機関銃（ＭＧ）大隊、第40戦車大隊（＊13）、そしてクルーゲ分遣隊が師団の指揮下となったが、とりわけ分遣隊は完全自動車化がなされており、師団にとって貴重な増強戦力となった。

注（＊13）：第40特別編成戦車大隊は、１９４０年３月８日にノイルッペンで編成された。大隊の３個中隊は、第３戦車師団／第６戦車連隊／第６中隊、第４戦車師団／第35戦車連隊／第１中隊、そして第５戦車師団／第15戦車連隊の１個中隊から抽出されて編成され、大隊長はフォルクハイム中佐であった。１９４０年４月16日に大隊主力はオスロに到着し、その後、小さなグループに分割されて運用された。クルーゲ分遣隊と行動を伴にしたのは、フォン・ブアシュティン大尉率いる第40特別編成戦車大隊／第１中隊であり、１９４０年秋の時点でI号指揮戦車１両、I号戦車11両、II号戦車８両を有していた。

ノルウェーの険しい地形は、深く切り立った谷間沿いに前進するしかなく、エステルダル渓谷とグードブラーンスダール渓谷が焦点となった。師団は左翼を第１６３歩兵師団のアドルホッホ戦闘団（＊14）と連携しながら前進し、激しい戦闘の末、ノルウェー軍およびミェ湖の両側とランフィヨル西方に陣取ったイギリス第１４８旅団の抵抗を制圧することができ、敵は甚大な損害を被った。

注（＊14）：アドルホッホ戦闘団は、第69歩兵師団／第２３６歩兵連隊を主力としており、第１６３歩兵師団というのは誤りである。なお、連隊長のエクサファー・アドルホッホ大佐は、１９４２年11月１日付で少将に昇進し、ヴィヤズマ都市防衛司令官、第５５０後方地域司令官を歴任。１９４４年10月31日付で予備役編入により除

籍。

　4月22日夕方にクルーゲ大尉は、オスロから速やかにハーマールおよびエルヴェルームを経由してレナへ進発し、増強された第340歩兵連隊指揮官フィッシャー大佐が率いるフィッシャー戦闘団の指揮下へ入るよう、第21軍団司令官のフォン・ファルケンホルスト歩兵大将（＊15）から命令を受けた。


注（＊15）：ニコラウス・フォン・ファルケンホルストは1985年1月17日、ブレスラウに生まれた。1903年3月に士官候補生として帝国陸軍へ入隊、1904年4月に第7擲弾兵連隊にて少尉に任官。1935年4月にヴァイマール共和国陸軍の参謀本部付として復職。その後、第32歩兵師団長などを経て第二次大戦勃発時は第21軍団司令官であった。ノルウェー戦の戦功により1940年4月30日付で騎士十字章を授章。その後、ノルヴェーゲン軍司令官、北フィンランド軍司令官、ノルウェー駐留ドイツ国防軍総司令官などを勤めた。

　部隊はレナへ到着後にオーモ集落まで車両輸送され、そこでヴュンシュドルフからの第40特別編成戦車大隊の指揮に従い、いわゆる先遣部隊〝フォン・ブアシュティン大隊（自動車化）〟を構成した。この大隊の編成は以下の通りである。

・第40特別編成戦車大隊／第1中隊（Ⅰ号およびⅡ号戦車）
・第82山岳工兵大隊（自動車化）／第2個中隊
・第340歩兵連隊第14（戦車猟兵）中隊の2個小隊
・クルーゲ分遣隊

　この強力な戦闘団は、フィッシャー戦闘団主力の突進路を偵察・啓開する任務を帯びていたが、なによりもノルウェー軍が築いたバリケードの排除とバリケード構築作業の阻止、すべての橋梁の確保、破壊された橋梁周辺の迂回ルートの偵察、敵情の偵察と可能な限り広い範囲での側面警戒などが重要な任務であった。

　こうした衝撃力を持った先遣部隊を先頭にフィッシャー戦闘団がトロンヘイムまで突進し、その前面で抵抗するノルウェー軍を増強せんとするイギリス軍の意図を阻止するのが作戦目標である。

　このため、まず快速部隊による連続した一連の奇襲を敢行して敵の退却を強要し、フィッシャー戦闘団の突進路を広く啓開して確保する必要があったが、地形はまったく不明で道路事情も分からず、悪天候のうえ補給状況、とりわけ燃料補給が心もとないという有様であった。

　フォン・ブアシュティン自動車化大隊が編成された4月23日、この戦闘団はストール湖方向への突進準備を整え、同時にプロイス大尉に率いられた自動車化大隊の一部がストランナ、スタイを経由してストール湖の西方コッパーングに向けて進発し、クルーゲ分遣隊は両方の戦闘団（プロイス戦闘団と残りのフォン・ブアシュティン大隊）に分割配置された。

すべての部隊は、擱座した車両は速やかに道路から排除し、場合によっては峡谷へ突き落とすべし、という指示を受けており、迅速な突進には少しの猶予も許されなかった。

第一日目に起こった出来事についての、オートバイ狙撃兵中隊のロルフ・ゲアハートのメモが残されているが、これは他のどのような戦闘日誌よりも詳細に述べられている。「４月23日の午後にレナの郊外近くにある郵便局で部隊が停止した時、我々は恐ろしい光景を目にした。午前中に戦死したドイツ軍兵士の何人かが、我々から４００ｍぐらい前方の道路上に横たわっていたのである。

そこにいた歩兵達は装甲車両の前に来て、安心のあまり感極まって泣き出しながら熱狂的に我々を歓迎した。

私がそれから経験したノルウェー、ロシア、チュニジア、そして他の戦線においても、これほど士気が低下して統率のない歩兵部隊を見ることは二度となかった。

特にまだ埋葬されていない戦死者の光景は万感迫るものがあり、そこで我々は死に神に鷲掴みにされたような気持ちに陥り、若い兵士の多くが精神的にそれを乗り越えることが出来なかった」

このことは従来のノルウェー戦の報告では述べられたことがなく、とりわけＯＫＷや軍、師団から軍団への上部機関への戦況報告には全く表れていない。ゲアハートのメモはまだ続く。

「正体不明の敵にいきなり出会い、まったく実戦経験がない部隊が士気喪失に陥ったのも無理はない。それに敵はドイツ部隊の大きな隙間をよく熟知していたのである。

我々の部隊が道路の偵察に接近した時、良く秘匿された掩蔽壕からノルウェー兵士が発砲して来た。すべてのノルウェー人は国防義務により照準装置付きの銃を各家庭に持ち、それで狩猟を行っていたほどであり、この射撃は私がかつて見たことがないような見事なものであった。

部隊長であるフィッシャー大佐（＊16）は陸軍の古参将校であったが、諸兵種連合の協同作戦をまったく理解しておらず、この状況を見てただ恐れおののいていた。見兼ねたクルーゲ大尉が、もし彼が支援を要請しなければ直接国家元帥に連絡をとると言って、彼を脅した時になってようやくナヴェルダレンの空軍基地から支援部隊が飛来した」

注（＊16）：ヘルマン・フィッシャーは１８９４年４月19日、オストハイムに生まれた。１９１３年２月に士官候補生として帝国陸軍へ入隊、１９１４年６月に第32連隊にて少尉に任官。１９３６年10月にヴァイマール共和国陸軍第77連隊大隊長として復職。第二次大戦勃発後の１９３９年９月より第３４０歩兵連隊長となり、ノルウェー戦の戦功により１９４０年５月９日付で騎士十字章を授与された。同年11月より第１８１歩兵師団長、１９４２年３月には第16軍後方地域司令官となり後に中将に昇進したが、１９４４年11月にソ連軍

の捕虜となった。

この辺で全般的な戦況に話を戻そう。

オートバイ狙撃兵と狙撃兵はオースヘイムの南方30kmまで道路偵察に進出した後、抵抗拠点を迂回して背面から攻略して、すばやく次の進撃を開始した。

オースヘイムでフォン・ブアシュティン大隊（自動車化）はコッパーング方面へ南下し、後続する本隊にとって重要な目標であるコッパーングとスタイの橋梁を確保することに成功した。この橋梁を渡河して大隊は、シュトール湖西方まで前進していた大隊の第2梯団と連絡をとる必要があったが、すでにこの第2梯団によりノルウェー軍の1個司令部、すなわち将校5名、本部要員60名が捕虜となっていた。

翌日の朝、オースヘイムからテュンセまでの北方向の突進が開始された。今度の目標はテュンセ前面にある橋梁である。西方から押し寄せる敵部隊を防ぐためには、なんとしてもテュンセにおいて西へ通じているあらゆる道路を封鎖する必要があった。オースヘイムから北方20km付近のレンナルにおいてノルウェー軍スキー部隊と戦闘となったが、クルーゲ分遣隊には被害はなかった。

テュンセは4月25日に奪取されて敵は掃討され、フンク大尉は地区司令官に任命された。その際、素晴らしいタイミングの良さで、30名のノルウェー人御者が馬車と供に捕虜となった。駅では弾薬と糧秣《りょうまつ》を満載した貨車が鹵獲され、ガソリン貯蔵庫と弾薬貯蔵庫が確保された。この迅速な突進は効果的であり、大隊の攻撃により退却中のノルウェー軍部隊の多くを捕らえることができた。

突進はテュンセからステレンとベルコク方面に進展して本隊の縦隊での突進を可能とし、敵に防御態勢をとらせないために大隊の先遣隊は可能な限り速く前方と側面を偵察するよう命じられた。

ウルスベルグとベルコク付近の南西および北西へ通じている道路は、イギリス軍の攻撃に対して是が非でも確保する必要があった。このためフォン・ブアシュティン大隊は、再び2個戦闘団に分割し、ステレンとレロ方面、クヴィクネを経由してベルコク方面の二手に分かれ、クルーゲ分遣隊、戦車中隊と山岳工兵中隊の快速および装甲部隊もまた分割された。

与えられた命令は以下の通りである。

「敵抵抗拠点を通過し、北方に通じる道路上で待ち受けているイギリス軍部隊と接触して偵察を行い、可能な限り進撃路を掃討すること。また、イギリス軍が予期されるウルスベルグからオッペンダル、ベルコクからレネブに至る間道の偵察も合わせて行うこと」ステレンに派遣された戦闘団は4月25日早朝に出発し、無事、姉妹都市のレロに到着して軍事占領を行うことができた。住民の話しによれば、敵軍兵士は昨日の夕方にスウェーデン国境方面へ逃走したとのことだった。

ノルウェー軍予備部隊は途中で捕捉され、彼等を家へ送り届けるよう取り計られた。

部隊はさらに突進してレロの北方４㎞に位置する破壊された橋梁まで到達したが、そこは狭い谷間となっていて自動車化部隊には不向きな所であり、部隊はそこからテュンセへ戻った。

その日に航空機が投下した通信筒によれば、イギリス軍部隊がテュンセ方向へ進撃中とのことであり、レロから帰還したばかりの部隊に対してテュンセからアルダルへの偵察が命令され、そこで西方にある分岐した渓谷へ肉薄して捕虜を掴まえ、敵の居場所や兵力について情報を得ることが要求された。

25㎞を走行した後のアルダル手前でノルウェー軍部隊と約30分間にわたって戦闘状態となり、若干の損害を受けただけで敵は撤退した。追撃はまたもや敵による橋梁破壊により断念し、部隊はテュンセへ帰還した。

その4月26日、ゲアハート少尉率いるオートバイ狙撃兵中隊の第3小隊は、フォーラルから西方10㎞にある見通しがきかないカーブで三方向から激しい銃撃を浴びた。走行中のオートバイから飛び降りた狙撃兵は、素早く道路の浅い側溝に身を伏せ、小隊を支援するソリ付きのスポーツ用航空機から敵情報告を受けた。

味方の偵察車が確認された銃火めがけて射撃を開始してから、ようやく詳細不明の敵に損害を与えることができ、最後は幸運なことに追及して来た戦車が到着したことによって戦いは決し、敵はオートバイ狙撃兵にとって難攻不落の山岳地帯から駆逐された。

同じ頃、プロイス大尉率いる戦闘団はベルコク方面へ投入され、４月25日の朝に発進した。しかしながら、クヴィクネの南方４㎞にあるオルクラ河に架かる橋梁が破壊されており、突進は17時頃に停止を余儀なくされた。３時間後に工兵の支援により、氷が張った河を渡ってなおも1時間余り前進したが、クヴィクネの北方12㎞のリレフォッセンで橋梁が破壊されており、突進は終了した。彼等が通過できるようになるまでに工兵部隊の作業が長くかかるため、プロイス戦闘団は宿営のためリレフォッセンへ引き返した。

ノヴェルダレンの南方５００ｍに位置する次の橋を偵察するため、４月26日の朝にオートバイ狙撃兵中隊の一部が、オルクラ河の向こう側に伸びている坂道を進んで徒歩偵察を行ったが、２㎞向こうにはノルウェー軍スキー部隊によって封鎖されていた。激しい撃ち合いの末にノルウェー軍は撤退し、部隊全体がさらなる行軍を開始したが、膝までの深い雪とノルウェー軍後衛部隊による激しい銃撃によって進撃は難航した。それでも部隊はノヴェルダレンの集落まで辿り着いたが、ここにある２つの橋梁はすでに河へ崩落しており、岸壁にはノルウェー軍陣地が構築されて通行不能であることが確認された。

ノヴェルダレン方面における第３４０歩兵連隊の一部による攻撃は停滞したままであり、そこでも良く秘匿されて築城されたノルウェー軍陣地が横たわっていた。フィッシャー大佐は彼の戦闘団の大半をノヴェルダレンのすり鉢状の渓谷へ投入し、空軍の支援攻撃も要請された。

４月28日０時に予定された攻撃は、道路が狭いこともあって２時間ばかり遅れて開始された。フンク大尉率いる狙撃兵中隊（自動車化）は戦車２両、10・５cm野砲１門によって支援されており、極短い間に奇襲攻撃を掛けるべくノヴェルダレンへと突進した。大尉は中隊の一部をもってすべての建物を占領し、橋梁の補修をする工兵が通行できるように、素早く集落後方に位置する破壊された橋へ橋頭堡を築いた。

建物の左側で横になって伏せていたトビアス中尉に率いられた中隊の第１小隊は、そこから集落を突っ切って橋まで突撃した。ブディッヒ中尉の第２小隊とトートツィ上級曹長の第３小隊は、前日そこから射撃された建物をしらみつぶしに捜索し、第３小隊が建物を確保している間に第２小隊は橋へ突進してトビアス中尉を増援した。

フンク大尉がいた第１小隊が最初の橋を渡って突撃した時、大尉はノルウェー兵に撃たれ、急斜面の上からは下へ向かって岩石が落とされた。

明るさが増すとともに敵の銃火、とりわけ機関銃（ＭＧ）の銃撃が激しくなり、第１小隊と第２小隊の一部は随伴した戦車と伴に村の出口まで撤退しなくてはならないほどで、そこから確認された敵陣地を戦車が狙い撃ちした。

橋は敵の砲火統制下に置かれており、第１小隊は戦死者２名、重傷者８名を出すに至った。戦闘団本隊は、結局、集落の建物内へ引き返したが、撤収の途中でフンク大尉が負傷してしまい、さらに２名が戦死、11名が重傷を負い、指揮はブディッヒ中尉が引き継いだ。

要請された空軍支援の実態は、Ｈｅ１１１爆撃機とＭｅ１０９戦闘機が各１機ずつというものであった。彼等は何度も飛来して爆弾を投下し、航空機銃により掃射を行ったが、良くできた掩躰壕の中のノルウェー兵にとっては何等妨げにならなかった。23時35分に、『トロンヘイム部隊は前進中であるが敵の抵抗は皆無、歩兵先鋒部隊は13時20分にソグンダールにあり』との第22自転車中隊（第１８１歩兵師団）のグロシュプ中尉からの署名入り報告書が投下された。

パウルス中尉は素早くオートバイ狙撃兵、装甲車と工兵から１個突撃部隊を編成し、この部隊をもってベルコクを経由して前進し、トロンヘイムから行軍中の第１８１歩兵師団の部隊を収容した。

次の日、４月30日午前11時45分、パウルス中尉とグロシュプ中尉は堅い握手を交わし、ここにオスロとトロンヘイムの陸上連絡は確立した。

目標は速やかに達成されたものの、依然としてノルウェー軍やイギリス軍部隊による攻撃の危険性は残されたままであった。5月1日にフォン・ブアシュティン大隊（自動車化）はオプダル～イェルキン街道を撤退中である敵部隊の退路を封鎖せよという命令を受け、このために戦車、オートバイ狙撃兵と並んでクルーゲ分遣隊も投入された。道路の橋梁が破壊されているため、最初の25㎞の突進は鉄道列車を用いて行われた。ウルスベルグの南方4㎞で列車は橋の近くで乗り捨てて自動車による前進が計画されたが、先頭の戦車が橋から転げ落ちてしまい、作戦は中止となってインセへ戻ることとなった。

この5月1日の夕方に、第196歩兵師団から編成されたリヒャルト・ペレンガール中将指揮のペレンガール集団が、オプダルとイェルキンを占領してイェルキン～オプダル～ウルスベルグの鉄道区間が運転状態となったことが確認された。また、ドイツ軍の手に落ちた機関車4両と貨車50両が使用できることとなり、これによりフォン・ブアシュティン大隊(自動車化）は鉄道によってオプダルへ輸送された。

オプダルからスンナルセラとクリスチャンサン方面への突進

オートバイ狙撃兵は、オプダル～イェルキン街道を撤退中である敵部隊の退路を封鎖するという任務のうち、偵察任務を任された。それは危機的な状況の連続ではあったが、素晴らしい戦果を挙げた。すなわち、タマハヴンではイギリス軍糧秣集積所を占領し、クヴィストヴィクではノルウェー第2師団の軍資金を奪取することができた。同師団は5月3日に抵抗を止めて降伏した。

すでに5月1日の夜に、イギリス軍は大慌てでアンナルスネとナムソスからノルウェーを逃げ去ってしまっており、5月5日にはオートバイ狙撃兵2個小隊がクヴィストヴィクへ肉薄して、フェリーによってそこからクリスチャンサンへ渡ることに成功した。市街はノルウェー軍の主要抵抗拠点と見なされていたため、ドイツ空軍爆撃機によって破壊されていた。

破壊を免れた市街の学校において、軍曹1名、兵士50名からなるノルウェー軍守備隊を捕虜とし、軍曹には全権を与えて武装を継続させて略奪者の取締等の治安維持にあたらせ、オートバイ狙撃兵1個小隊が守備隊としてクリスチャンサンに残った。また、港において2万リッターのガソリン、2500万リッターの重油と20万リッターの軽油が鹵獲された。

クリスチャンサンでクルーゲ分遣隊が入手した情報によると、市街近郊にまだ破壊されていない無線方位測定所が手付かずで残されており、クリスチャンサン西方のクリストヴィク島にはドイツ軍兵士を収容したノルウェー軍の捕虜収容所があるということが分かり、早速に行動を開始した。

まずフェリー1隻が徴用され、再びオートバイ狙撃兵1個小隊がクリスチャンサンへ渡り、先ほどの軍曹を道案内にして捕虜収容所への裏道を突進し、収容所警備兵の歩哨所と機関銃座を奇襲攻撃で制圧することができた。12時には快速部隊による収容所の接収が完了し、収容所長によって捕虜引き渡し要請が受諾され、第1降下猟兵連隊／第Ⅰ大隊の将校3名、130名の下士官と兵士、重巡「ヒッパー」の海軍パイロット2名、そして抑留されたドイツ人商社員が解放された。

戦闘団〝フィッシャー〟は師団へ戻ることになったため、5月5日にフォン・ブアシュティン大隊（自動車化）は解隊されることとなり、クルーゲ分遣隊も動員解除となった。陸軍の戦友として約600㎞を走破し、14日間にわたって戦闘を伴にしたフィッシャー大佐とフォン・ブアシュティン大尉は、口を揃えて連隊GGの任務遂行能力を高く評価した。なお、クルーゲ分遣隊のこの作戦による被害は、戦死者5名、負傷者23名であった。

5月7日の夜に分遣隊はトロンヘイムへ移動し、学校を宿営所として数日間の休養を楽しんだ後、新たな任務を受け取った。ナルヴィクのディートル集団への支援である！　すでに休養期間の始めに、すべての武器と機材について点検修理が行われており、準備は万端であった。ナルヴィクの北方のノルウェー山岳地帯でエデュアルト・ディートル中将率いる山岳猟兵が苦しい戦いを強いられており、戦況が油断ならない状況であることは誰もが知っていた。山岳猟兵とフィヨルド内で敵の攻撃により沈没した10隻の駆逐艦の乗組員、空軍兵士とヴァルター大尉率いる第1降下猟兵連隊／第Ⅰ大隊（旧連隊GG第Ⅳ降下狙撃兵大隊）が生死を賭けて戦っていたのである。（＊17）

注（＊17）：1940年4月10日早朝、イギリス第2駆逐戦隊（駆逐艦「ハーディ」、「ハンター」、「ハボック」、「ホットスパー」、「ホスタイル」）はナルヴィクのオフォト・フィヨルド（フィヨルド）に突入して援護していたドイツ駆逐艦群を急襲し、「ヴィルヘルム・ハイトカンプ」、「アントン・シュミット」を撃沈したが、自らも「ハーディ」と「ハンター」を失った。4月13日、今度は戦艦「ウォスパイト」および駆逐艦9隻からなる強力な戦隊が強襲し、フィヨルドに残留していたすべてのドイツ駆逐艦、すなわち「ゲオルク・ティーレ」、「ヴォルフガング・ツェンカー」、「ベアント・フォン・アルニム」、「エーリヒ・ギーゼ」、「エーリヒ・ケルナー」、「ディーター・フォン・レーダー」、「ハンス・リューデマン」、「ヘルマン・キュンネ」が撃沈された。これらの駆逐艦の乗員は陸に上がってノルウェー軍の装備などで武装し、山岳猟兵と伴にナルヴィクの市街戦を戦った。

このため、陸路による緊急の支援が送られることとなり、第2山岳師団長のフォイアーシュタイン中将（＊18）の指揮下に1個戦闘団が編成された。戦闘団の主力は、トロンへイムへ帰還していたすべての部隊、すなわち第３山岳師団の一部、空輸と海上輸送によりオスロへ送られ、その後、トロンヘイムへ空輸された第２山岳師団の大部分、その他に第７３０重砲兵大隊の第１および第２中隊、第40戦車大隊／第１中隊と補給部隊用の機関銃(ＭＧ)大隊の車両も配属された。

注（＊18）：ヴァレンティン・フォイアーシュタインは１８８５年１月18日、ブレゲンツに生まれた。１９０６年８月にオーストリア・ハンガリー帝国陸軍第２猟兵連隊の少尉として入隊、戦後はオーストリア共和国軍に奉職した。１９３８年４月に第２山岳師団長となり、第二次大戦勃発後はノルウェー戦に投入された。その後、第62軍団長、第70軍団長を経て１９４３年７月から第51山岳軍団長となり、１９４４年８月12日付でモンテ・カッシーノ戦の戦功により騎士十字章を授与された。

出撃準備態勢が完了したクルーゲ分遣隊の一部は、５月17日より「ビュッフェル（水牛）」作戦に参加するため、戦闘団〝フォイアーシュタイン〟に配属された。

イギリス軍司令部はこの作戦計画を早い段階で気付いており、奇襲要素は全くなかった。このディートル中将率いる第３山岳師団の救援作戦に対し、敵は強力な戦力による迎撃準備を行っており、多数の阻止拠点が構築されて新手部隊がモー・イ・ラナとボデ付近に上陸していた。在ノルウェーのイギリス軍およびフランス軍総司令官オーキンレック大将は、最終的にはディートル率いる山岳猟兵が死守するこの戦域から撤退を決意したため、ディートル集団にとって負担は大いに軽減された。

戦闘団〝フォイアーシュタイン〟の突進は、補給路の距離は伸びるに従って速度は低下して行き、空からの補給のみがこのネックを解消することができた。しまいには、機関銃（ＭＧ）大隊の車両70両とクルーゲ分遣隊のオートバイが弾薬輸送に駆り出されるほどであり、オートバイ兵は手作りの渡し舟でフィヨルドを渡って運搬した。〝白い襟章の兵士達〟を常に褒め称えて顕彰の対象としたフォイアーシュタイン将軍は、このオートバイ兵による補給運搬を適確な言葉で表現している。「しかしオートバイ兵にとっては、いつもと少し勝手が違ったな！」（＊19）

注（＊19）：原文は〝Moal woas andres for oale Kradl-Foarer!〟。フォイアーシュタイン中将は注（＊18）に記した通りオーストリア出身であり、チロル-バイエルン訛りがきついことで有名だった。原文はその訛りを口語体で書いたものであり、高地ドイツ語（標準ドイツ語）に訳すと〝Mal etwas anderes für Krad Fahrer〟となって訳文の意味となる。バイエルンが保守的な南ドイツで古来より武勇に優れていることから、薩摩弁に訳してみると多少はこの文の面白さが伝わるかもしれない。「じゃっどんオートバイ兵にゃ、いつもとちと勝手が違いもんしたな！」

5月18日から20日にかけて激しい戦闘がスチェンとモー・イ・ラナ付近で行われ、後者は5月20日にやっと陥落した。5月25日から27日まではサルトダル、ログナンとデュープヴィクでさらに戦闘が行われ、6月1日にはセルスフォルト～エヴイェン～ファウスケ～ストラウム～ボデ～ヴァルヴィクの地域全体を占領確保することに成功した。

部隊はトロンヘイムからここまで約７００㎞を走破しており、モー・イ・ラナの北方70㎞の地点でクルーゲ分遣隊は北極圏に入り、彼等は連隊ＧＧの兵士の中で唯一、北極まで到達したのであった。

5月上旬に入ると氷が解け始め、その時までに〝飛行場〟として利用して来た凍結した海面は使用できなくなった。このため、スウェーデン国境付近にある適当な飛行場を偵察するため、クルーゲ分遣隊の機甲偵察部隊が緊急輸送され、ハットフィエルダル付近に飛行場を1つ発見した。この飛行場はナルヴィクに対するシュトゥーカ投入の際、理想的な離着陸ができると思われたため、在ノルウェードイツ空軍司令部の命令によりクルーゲ分遣隊による拡張工事が行われることとなった。

最初にハットフィエルダルの西方10㎞にあるノルウェー軍の抵抗拠点が難関であったが、無事突破することができ、第14機関銃（ＭＧ）大隊と帝国労働奉仕団（ＲＡＤ）の建設部隊の支援の下で滑走路が７００ｍ拡張され、森林には着陸進入路が啓開された。6月2日には離着陸滑走路がさらに拡張されて、ナルヴィクの敵飛行場の偵察を目的としたホッツェル大尉率いるシュトゥーカ部隊の最初の作戦が開始され、3機が帰還しなかった。

一方、ナルヴィクは敵の手に落ちざるを得ない状況となっており、5月28日にディートル中将は約６０００名の集団を2万名の敵部隊から離脱させ、市街東方の山岳トロッコ線まで撤退した。しかし、6月7日に連合軍最高指導会議はナルヴィクからの撤退を命令し、翌日には敵部隊は街から撤退したため、ディートル集団は再びナルヴィクに戻ることができた。

6月10日に本土へ急ぎ帰還せよとの命令がクルーゲ分遣隊に対し発せられ、翌6月11日に部隊は発進し18時間後にはトロンヘイムへ到着した。数時間後、全員が列車に搭乗して発車となり、6月14日の午後にはオスロへ到着した。

オスロでは第5航空軍司令官のシュトゥムプフ空軍大将が、個人的にクルーゲ分遣隊の送迎に赴き、すべての兵士に対してその勇敢な戦いぶりといかなる状況にあっても高い士気について謝辞を送った。乗船する輸送船は「バヒア」に決まり、部隊は第21軍団司令官のファルケンホルスト大将の見送りを受けることとなった。大将が桟橋に整列した連隊ＧＧの兵士達を閲兵した後に分遣隊は出港し、他の4隻の輸送船と同航して13時間余りでオールボーに到着した。

そこからは列車でアルフス～フレンスブルク～オルデスローエを経由してヴィッテンベルゲまで行き、さらに40時間後にベルリンへ到着した。分遣隊はライニッケンドルフの兵舎まで凱旋行進を行い、ノルウェー作戦に従事したすべての兵士に10日間の特別休暇が与えられた。

西方戦役

5月10日に開始された西方戦役については、連隊GGは第103高射砲連隊として参加しており、第Iおよび第IV大隊が第103高射砲連隊の下で第2高射砲軍団に配属され、第III大隊は第104高射砲連隊の下で第1高射砲軍団に配属されていた。

各々の部隊は軍集団と伴に互いに前進し、第4軍と第6軍の師団群の突撃前にフランスのトーチカ要塞に対して準備砲撃を行い、敵戦車との戦闘においては優秀な対戦車戦闘能力を有することを示した。また、敵の飛行機に対しても正確な照準と重高射砲中隊としての砲撃力を実証した。

マース河渡河、ディールラインの突破、レーヴェンの奪取とブリュッセルの占領は、白い襟章の兵士達の戦いの賜物であると言っていい。

ジャンブローでの戦車戦とモルメルの森《モルメルヴァルト》の激戦は、〝ゲーリングのパレード用行進部隊〟の偏見を完全に打破するものであり、連隊GGの兵士達は陸軍部隊と伴に協調して常に先頭を切っていた。

ここに高射砲〝ツェーザー〟とルノーD2型戦車との一騎打ちとなったモルメルの森における連隊GG／第5中隊と第3中隊の短い戦況報告があるが、この18t重戦車は4・7㎝砲と機関銃（MG）2梃を装備する手強い相手だった。（＊20）

注（＊20）：一般的に高射砲中隊における8・8㎝高射砲4門は、A、B、C、Dのアルファベットで区別されており、その頭文字をとってA：アントン、B：ブルーノ、C：ツェーザー、D：ドーラなどと呼称されていた。従って高射砲〝ツェーザー〟は、第3中隊の3番砲である。シュレーダー大尉率いる連隊GGの第3中隊は、5月17日に完全に破壊されたジャンブローの市街を通過した。道路は弾孔が辺り一面に開いており、退却した敵がそこに地雷を敷設しているため、すべての後続部隊と同じように中隊は野道と畝畑を迂回しなければならなかった。ディールラインの一部を通過し、ソンブレフとリニーの間に再び陣を敷き、翌日はそこから3㎞のヴェレヌまで前進した。

5月19日の夕方にタミアンを経由してヴォセまでの陣地転換が行われた際、中隊はイギリス軍のフェアリ雷撃機の攻撃を受けた。そこで中隊は、翌5月20日にはカンプレー近くのソルルシャトー付近でベルギー～フランス国境を越えてさらに前進せよとの命令を受けた。モルメルの森のロキニョール近くで前進中、不意に前方より命令が発せられた。「高射砲中隊、前へ！」

小隊長が命令を持って来る。「３㎞から５㎞前方の森林において、戦車兵力を伴うフランス軍が突破を準備中である。この意図を粉砕阻止せよ」このためハチハチ（8・8㎝高射砲）４門がこの任務に抽出され、モルメルの森林内の前方と中央に牽引された。砲撃で粉々になった集落ロキニョールに到着した時、４門の高射砲は軍用車両の列の真ん中で身動きがとれなくなってしまい、道の並木が見通しを悪くさせていた。オートバイ伝令が突進して「前方に戦車！」と報告するや否や、引き返して行った。

ちょうどその時、軍用車両の雑踏が解消して４門のハチハチはさらに前進を開始した。敵戦車による迅速な奇襲攻撃を阻止するため、最初の高射砲が道路の前方に陣を敷き、木々でカムフラージュした〝聴診器〟と渾名された3・7㎝対戦車砲が前進して配置された。

森林からはフランス軍とドイツ軍のMGの射撃音が聞こえ、高射砲〝ブルーノ〟が同様に陣を敷いた。まだ前方には戦車は見えない。

高射砲〝ツェーザー〟と〝ドーラ〟はさらに前進し、十字路の先で大尉が〝ツェーザー〟に合図した。「我々が合図している大尉の所へ到着した時」とクバシュク曹長の報告書は語る。「前方に2センチメーター（2㎝軽高射砲）が1門見えた。砲指揮官は我々第Ⅰ大隊／第5中隊の軍曹である。その瞬間、左前方から1両のフランス軍戦車が道路上に飛び出して来た。その2梃の機関銃（MG）からは銃火が迸り、停車すると4・7㎝砲が火を噴いた。次の機関銃（MG）の射撃はほとんど正確で、我々の砲と牽引車両の装甲部分に当たって弾が炸裂した」

「我々は牽引車両から飛び降りてフェンダーの裏側に隠れた。途端に怪物に向かって、牽引車両が砲と伴に前進を開始した」と、ハイン・リュッパーシュテットの報告書が続けて語る。

「〝砲車を外せ！〟と砲指揮官が命令した。演習の時には旨くできた作業だ。1番砲手（K1）が再び牽引車両に飛び乗り、ハチハチの切り離し作業を行う。激しい機関銃（MG）からの銃火のために砲を陣地に運搬することは不可能で、我々は向きを変えて砲車の上から砲撃するしかない。

いまやすべての火器を撃ちまくる敵戦車は、我々まで僅か15mぐらいの距離に近付いており、私は尾栓のところへ飛んで行った。3番砲手（K3）と4番砲手（K4）はトラベラーズ位置にロックされた砲架脚を引き下げ、我々は戦車に砲架を向けた。ところが砲弾はまだ牽引車両にあった！　大尉は十字路から飛んで来て、弾薬箱を開けて砲弾バスケットを引き摺り出し、1番砲手（K1）が彼のところへ突っ走ってバスケットを受け取り、コシュヴィッツ少尉が最初の砲弾を私に手渡した。数秒後、砲声が轟き、敵戦車は煙と塵で見えなくなった。

矢継ぎ早に我々は、敵戦車目掛けて３発発射した。２番砲手（Ｋ２）は砲車の上から正確に照準し、我々の前方にいて依然として機関銃（ＭＧ）銃火を浴びせている戦車に向かって砲撃した。この砲撃で敵戦車は一瞬沈黙したが、数秒後には銃撃を再開した。２番砲手（Ｋ２）のハンス・ブラシュヴィッツが発射した４発目は、敵戦車の砲塔と履帯の中間に命中し、誘爆による大爆発によって敵戦車は大音響と伴にバラバラに吹き飛んでしまった。

残りの敵戦車は回れ右をして急いで逃げ去り、我々は方向転換をして中隊のその他の砲のところへ戻った。我々は、射撃試験に見事合格したというわけだった」（高射砲〝ツェーザー〟７番砲手、ハイン・リュッパーシュテット著『高射砲と戦車の一騎打ち』参照）

１９４０年６月21日にコンピェーニュの森で休戦条約が調印されることとなり、総統護衛大隊の儀杖兵が配置された。この部隊は陸軍の２個小隊と、総統大本営（ＦＨＱ）の高射砲中隊の任務に就いていたディーケ中尉指揮の連隊ＧＧ／第７中隊の１個小隊から編成されていた。

６月26日以降の連隊の主要任務は、フランス占領地区の治安警備やパリおよび地方、特にドーバー海峡沿岸のボローニャ地域における防空警備となった。パリ周辺の特別防空任務については、ヴィラクーブレとオルリー飛行場が対象となった。

１９４０年９月、連隊ＧＧはドイツに帰還し、高射砲集団〝ベルリン〟として新たな防空任務を受領した。第３／４航空管区における防空指揮官と防空最高司令官は、前者がシルフファールト大佐、後者が第１高射砲軍団司令官のヴァイゼ上級大将であった。コンラート大佐率いる連隊ＧＧ本部は高射砲集団〝ベルリン-西〟の司令部となり、連隊ＧＧ／予備探照灯大隊は北西地区へ配置された。

１９４０年８月30日と31日の夜、ベルリンは最初の空襲に見舞われた。その後、すでに述べたように、敵のいかなる攻撃も不可能とするように帝国首都周辺の高射砲兵力は増強されていたが、さらに西方からの高射砲兵力の一部、とりわけ本土防空探照灯中隊が引き抜かれて配置転換となった。

それから数度に渡る小規模な空襲の度に、連隊ＧＧの高射砲は対空戦闘を行った。

１９４０年10月８日夜に最大規模の空襲がベルリン市街地域に加えられた時、ベルリン地区の高射砲兵力は、探照灯中隊11個を伴う重高射砲中隊29個と中型高射砲中隊14個から、探照灯中隊18個を伴う重高射砲中隊45個と中型高射砲中隊24個へと増強されていた。

バルカン戦役

１９４０／41年の冬の間、敵の空襲に対する帝国首都防空のため、連隊ＧＧは他の高射砲部隊と伴にベルリン周辺で対空戦闘を行った。１９４１年3月27日にベオグラードで軍事クーデターが勃発し、新政府が権力を奪取した。ユーゴスラビア軍大将ドゥシャン・シモヴィッチはユーゴスラビア空軍総司令官で、各界で影響力を持つ秘密結社〝黒い手〟の指導的メンバーであり、政府打倒後は自らをユーゴスラビア大統領とユーゴスラビア軍総司令官に任じていた。彼は「条約より戦争を、奴隷より死を」というスローガンを掲げ、２日前に大統領官邸からヴィーンで締結されたドイツとの不可侵条約の破棄を通告した（オスロボディラッキ著『Rat Naroda Jugoslavije 1941』参照）。

これによってロシア侵攻計画が台無しになるのではないかと神経質になったヒットラーは、〝爆弾発言〟と〝裏切り者ベオグラード〟に対して憤激し、大した考えもなくこの日のうちにユーゴスラビア攻撃を決定した。

ヒットラーは、〝ユーゴスラビアの軍事および国家そのものを粉々にする〟ことを決心し、第12軍と第2軍に対してユーゴスラビア侵攻を下令した。また、レーア空軍大将率いる第４航空軍は「波状攻撃にてベオグラードを破壊せよ」との命令を受けた。

計画された攻撃日の4月6日、オーストリア空軍の創始者で、古参のオーストリア空軍将校であったレーア空軍大将は、次のような目標、すなわち〝政府建物、軍事司令施設、交通網と通信網および純粋な軍事施設〟のみ攻撃するよう命令した。

４月６日早朝、強力な戦闘機に護衛された第４航空軍《ルフトフロッテ》（艦隊）の戦術急降下爆撃隊の攻撃が開始された。この時、前年にユーゴスラビア空軍が自軍の戦闘機部隊用としてＭｅ１０９をドイツから購入していたため、第二次大戦における唯一の事例、すなわちＭｅ１０９対Ｍｅ１０９の空戦が展開された。（＊21）ベオグラード攻撃には合計４６８機の航空機が投入されたが、実際には反復攻撃によりその何倍かの規模となった。

注（＊21）：第二次大戦における唯一の事例というのは誤りである。例えばルーマニア王国空軍は、１９４４年８月25日から連合国側について参戦したが、当日の８月25日にブカレスト上空においては、Ｍｅ１０９Ｇを装備する第９航空群がドイツ空軍と交戦し、Ｍｅ323、Ｊｕ52、Ｍｅ１０９Ｇ、Ｍｅ１１０を各２機ずつ撃墜、その他不確実４機という戦果を挙げている。そのほかにも、ブルガリア空軍、フィンランド空軍、スロヴァキア空軍の蜂起軍部隊などがＭｅ１０９を装備しており、同様の可能性がある。

４月６日の午前中にはすべての軍事目標は破壊され、シモヴィッチ大将の政府は逃亡して政府閣僚の招集は不可能となり、敵の指導機能は完全に喪失した。これが僅か12日間で全ユーゴスラビア軍が降伏する一因となったのである。

ユーゴスラビアがほとんど無防備で、ドイツの軍事機構に

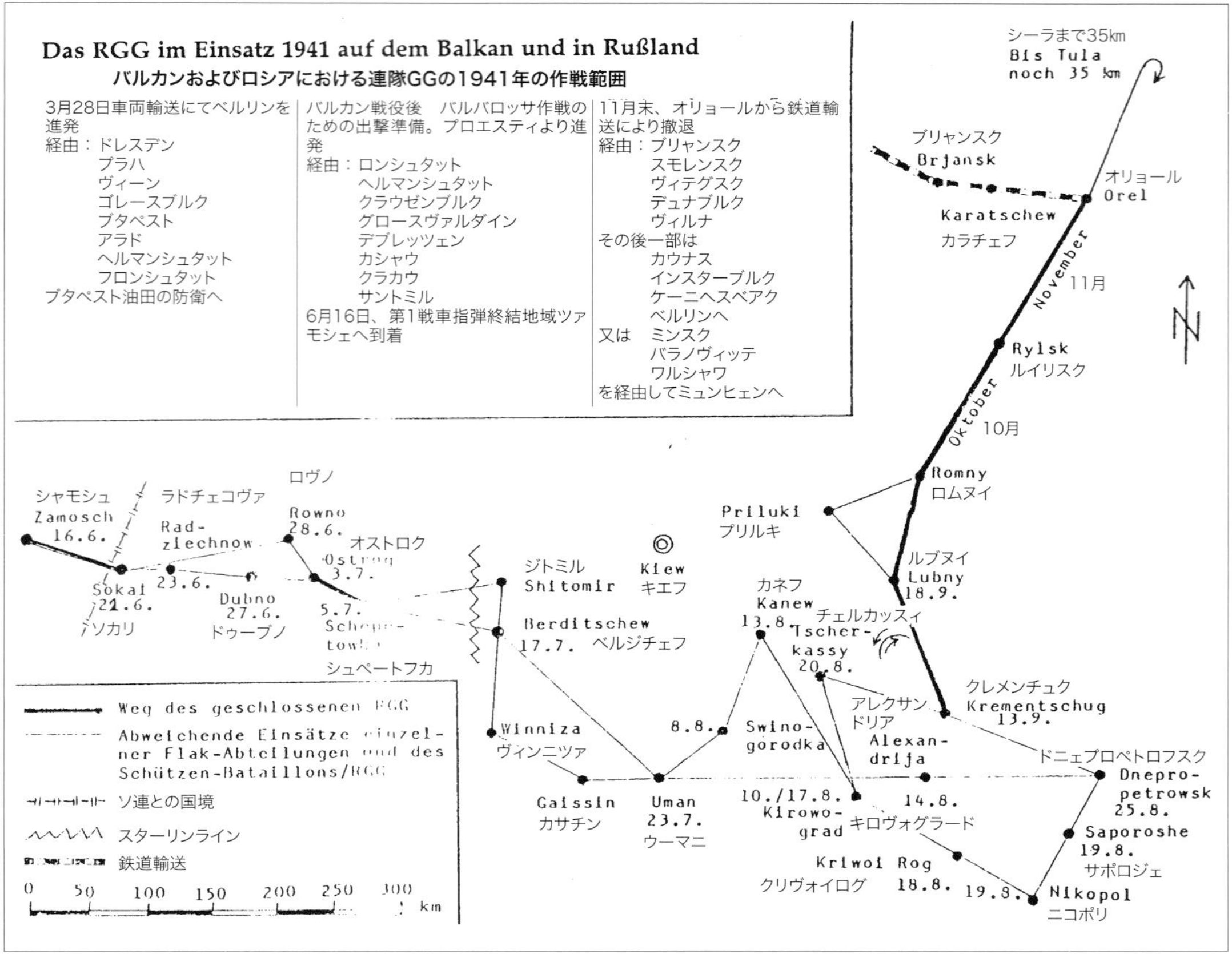
Das RGG im Einsatz 1941 auf dem Balkan und in Rußland
バルカンおよびロシアにおける連隊GGの1941年の作戦範囲
3月28日車両輸送にてベルリンを進発
経由：ドレスデン
プラハ
ヴィーン
ゴレースブルク
ブタペスト
アラド
ヘルマンシュタット
フロンシュタット
ブタペスト油田の防衛へ
バルカン戦役後　バルバロッサ作戦のための出撃準備。プロエスティより進発
経由：ロンシュタット
ヘルマンシュタット
クラウゼンブルク
グロースヴァルダイン
デブレッツェン
カシャウ
クラカウ
サントミル
6月16日、第1戦車指弾終結地域ツァモシェへ到着
11月末、オリョールから鉄道輸送により撤退
経由：ブリャンスク
スモレンスク
ヴィテグスク
デュナブルク
ヴィルナ
その後一部は
カウナス
インスターブルク
ケーニヘスベアク
ベルリンへ
又は　ミンスク
バラノヴィッテ
ワルシャワ
を経由してミュンヒェンへ
シーラまで35km
Bis Tula noch 35 km
ブリャンスク
Brjansk
オリョール
Orel
Karatschew
カラチェフ
November
11月
Rylsk
ルイリスク
Oktober
10月
Romny
ロムヌイ
Priluki
プリルキ
ルブヌイ
Lubny
18.9.
シャモシュ
Zamosch
16.6.
ラドチェコヴァ
Rad-
ziechnow
ロヴノ
Rowno
28.6.
オストロク
Ostrog
3.7.
Sokal
21.6.
ソカリ
23.6.
Dubno
27.6.
ドゥーブノ
5.7.
Schepe-
towka
シュペートフカ
ジトミル
Shitomir
Kiew
キエフ
Berditschew
17.7.
ベルジチェフ
カネフ
Kanew
13.8.
チェルカッスィ
Tscher-
kassy
20.8.
クレメンチュク
Krementschug
13.9.
アレクサンドリア
Alexan-
drija
ドニェプロペトロフスク
Dnepro-
petrowsk
25.8.
Winniza
ヴィンニツァ
8.8.
Swino-
gorodka
Gaissin
カサチン
Uman
23.7.
ウーマニ
10./17.8.
Kirowo-
grad
キロヴォグラード
14.8.
Saporoshe
19.8.
サポロジェ
Kriwoi Rog
クリヴォイログ
18.8.
19.8.
Nikopol
ニコポリ
Weg des geschlossenen RGG
Abweichende Einsätze einzelner Flak-Abteilungen und des Schützen-Bataillons/RGG
ソ連との国境
スターリンライン
鉄道輸送
0 50 100 150 200 250 300 km
N

蹂躙されるままだった、という説には何の根拠もない。ユーゴスラビア軍は１８０万を動員しており、ただ単にそれを指揮する者が誰もいなくなったのである。

　これがヒットラーの命令した一撃であり、連隊ＧＧがバルカンへ投入される理由であった。あらかじめ計画され帝国政府が講じた一連の軍事措置の中には、プロエスティ油田防衛のために連隊ＧＧをルーマニアへ迅速に移動させることも入っていた。そこで採掘されてドイツへ供給される石油は、今後の戦争遂行にあたって必要不可欠であったためである。

　そのため、連隊本部、連隊ＧＧ／第Ｉおよび第Ⅳ大隊、同じく第Ⅱ大隊の一部がルーマニアへ移動し、フンク大尉が指揮する狙撃兵大隊が警備大隊から編成され、副官はレープホルツ中尉となった。

　バルカンに到着すると連隊は第12軍第41軍団に配属されたが、同軍団は軍予備とされてバルカン戦役期間中の実戦投入はなかった。そのためもっぱら連隊ＧＧの任務は、空襲に対するプロエスティ地域の防空であり、探照灯２個大隊はベルリンへ残された。

　ここで狙撃兵大隊に関する戦況メモを見てみよう。

　狙撃兵大隊は連隊ＧＧの警備大隊から編成されたものであり、配属された高射砲中隊は今まで連隊ＧＧ／第Ⅳ大隊に属していた２cm対空機関砲（ＦｌａＭＷ）を装備した連隊ＧＧ／第８中隊であった。部隊はピルナ／エルベを経由してヴィーン近くのシュトッケナウまで行き、そこからプレスブルク近くのハインブルクまで行軍した。

　４月３日にはさらなる行軍によりブダペストとアラドを経由してティミショアラに達し、ここでフォン・アクストヘルム大佐は連隊のすべての指揮官に対して、計画された任務について告知した。狙撃兵大隊については、ユーゴスラビア滞在中は連隊ＧＧと分離されてドイツ空軍ルーマニア派遣団に直接配属された。

　大隊はシビウ、ブラショフ、そしてプレデャル峠を経由してプロエスティ（プロイエシュティ）まで行軍し、そこからさらにブカレストへ直接向かった。第８中隊は高射砲集団〝ブカレスト〟に配属され、市街北方にあるオトペニ飛行場の防空任務に投入され、２cm対空機関砲（ＦｌａＭＷ）自走砲12両が陣を敷いた。

　狙撃兵大隊は数日間の休息後、行軍訓練、実弾射撃と数日間の昼間および夜間訓練による演習を行い、ほとんどの時間を〝１個大隊規模の攻撃〟と〝奇襲攻撃による狭隘部分の突破〟に費やした。

　５月中旬に大隊は連隊全体とともに東へ移動命令を受け、これにより大隊は再び連隊ＧＧの指揮下に入った。５月18日の夜に移動が開始され、その日のうちにシビウ、翌日にはハンガリーのクラウゼンベルク（クルージュ）、５月22日にスロヴァキアのカシャウ（コシイェ）に達してここで５日間休止し、2日間の行軍の後、5月28日にはポーランドのクラカウ（クラクフ）へ到着した。

その間、5月5日にベルリンの連隊ＧＧ／警備大隊は、「第1中隊を5月28日までにクラカウへ到着させよ」という命令をテレタイプにて受領し、中隊は予定通り到着して狙撃兵大隊へ編入された。これにより東方戦役へ出撃待機中の狙撃兵大隊は、次のような編成となった。

・本部と通信小隊
・第1および第3中隊
・オートバイ狙撃兵中隊
・第6（軽）高射砲中隊（自動車化）
・軽補給段列

クラカウでの2週間の滞在により訓練は完全に仕上がり、新たな中隊がさらに加わって部隊は集成された。6月13日に大隊はさらに東方へ前進し、夜は小都市ストロフチチェとカチョリクで宿営した。2日後、部隊はワシロフとプラハ郊外のルジン（ルズィネ）方面へ前進を開始した。

東部戦線

6月21日に大隊の将校は各大隊長から、Bデイ（Ｂ-Ｔａｇ）は6月22日、Yアワー（Ｙ-Ｚｅｉｔ）は3時15分との作戦命令を受け取った。6月22日の真夜中過ぎに、総統命令〝すべての東部戦線兵士に告ぐ〟が読み上げられ、連隊ＧＧの兵士達もその使命を知った。

「それは暖かい夏の夜であり、眠気は全くなかった。すべての兵士は過酷な月日が目前に迫り来ていることを感じとったが、それが数年におよぶことは誰も夢想だにしなかった。総統命令に感銘した多数の兵士達は、おそらく自分達の運命が語られていると予感したに違いない」

狙撃兵大隊を含めた連隊ＧＧは、空軍部隊の一部として第2高射砲軍団に属しており、軍団は陸軍部隊と協同で作戦投入されるため、用兵上部分的に分割された。これは特に連隊ＧＧ全体にもあてはまり、狙撃兵大隊はソカリ方面で第48戦車軍団に配属された。大隊はもっぱらラドチェコヴァ、ドゥブノ、キエフ、チェルカッスイ、クレメンチュクとドニエプロペトロフスク地域の戦闘に投入され、それは1941年11月まで継続した。特にソカリ高地のトーチカ要塞群に対して、その貫通力に物を言わせたハチハチの砲撃が効果的であった。

連隊ＧＧ／狙撃兵大隊は11月末にベルリンへ帰還し、1942年初めにブルターニュへ移動して数ヵ月後、新編成の旅団〝ヘルマン・ゲーリング（ＨＧ）〟の狙撃兵連隊ＨＧに編入された。以下に東部戦線初期の連隊ＧＧの編成を示す。

■連隊〝ゲネラール・ゲーリング〟編成（1941年6月15日現在〔軍事機密番号Ia-53/41〕）

指揮官：コンラート大佐
副官：シュタウホ大尉
　連隊直衛部隊
・連隊本部：将校８名、下士官28名、兵士74名
・輸送部隊：クマチェク大尉　下士官５名、兵士26名
・通信小隊：シアマー中尉　下士官12名、兵士64名
・修理工場小隊：グメルホ技官　下士官６名、兵士47名

連隊ＧＧ／第Ⅰ大隊：フルマン少佐
・副官、大隊本部：ヤール少尉　将校７名、下士官28名、兵士１２９名
・８・８cm第１中隊：グラーフ中尉　砲４門
・８・８cm第２中隊：シュルツ大尉　砲４門
・８・８cm第３中隊：シュレーダー大尉　砲４門
・２cm第４中隊：ノイバウァー大尉　２cm対空機関砲（ＦｌａＭＷ）12門

連隊ＧＧ／第Ⅳ大隊：ガイケ大尉
・副官：ボック中尉
・３・７cm第６中隊：ベレンツ中尉　砲９門
・２cm及び３・７cm第15中隊：バインホーファー大尉　砲６門＋６門
・自動車化軌道式自走砲第16中隊：ロスマン中尉　２cm対空機関砲（ＦｌａＭＷ）12両

連隊ＧＧ／狙撃兵大隊：フンク大尉
・副官：レープホルツ中尉
・自動車化装輪式自走砲第８中隊　ゼーヴァルト大尉　２cm対空機関砲（ＦｌａＭＷ）12両
・第１狙撃兵中隊：クロー中尉　将校４名、下士官32名、兵士１８０名
・第３狙撃兵中隊：ブランデンブルク大尉　将校４名、下士官31名、兵士１５５名
・オートバイ狙撃兵中隊：プロイス大尉　将校６名、下士官59名、兵士１８０名

連隊ＧＧ／第Ⅱ大隊：カールフーバー少佐
・副官：グローテ中尉
・８・８cm第６中隊：レンガーマン中尉　砲４門
・８・８cm第７中隊：ヴィトコヴスキー中尉　砲４門
・８・８cm第８中隊：ハーゲル中尉　砲４門
・２cm第９中隊：ベラウ中尉　２cm対空機関砲（ＦｌａＭＷ）12門
・２cm第10中隊：シュレヒトヴェック大尉　２cm対空機関砲（ＦｌａＭＷ）12門

補給段列部隊

・連隊GG／第Ⅰ大隊用重高射砲補給段列：フォン・ロホフ少尉　将校1名、下士官9名、兵士43名

・連隊GG／第Ⅳ大隊用軽高射砲補給段列：フィッシャー中尉　将校1名、下士官9名、兵士43名

・連隊GG／狙撃兵大隊用補給段列：ヴェント大尉　将校1名、下士官16名、兵士40名

・第43高射砲連隊／第Ⅱ大隊用重高射砲補給段列：ペトリ大尉　将校2名、下士官8名、兵士47名

第11戦車師団の突進部隊における個別戦闘状況

連隊（1942年3月1日からは連隊HGと改称）が受領した最初の戦闘任務はラドチェコヴァにおける戦車戦であり、6月23日に激しい戦闘が繰り広げられた。そこでは連隊GG／第3中隊の指揮官シュレーダー大尉が戦死し、第3中隊の偵察担当将校ディアク・イツェン少尉も、連隊長に最期の武勲を示した。イツェン少尉はすでに1級鉄十字章を授与されており、オストロクとジトミルの戦闘で傑出した働きを見せていたが、ベルジチェフ地区で中隊の先頭に立って進んでいたイツェンは砲撃により重傷を負い、これがもとで7月12日に死亡した。同月に連隊長は騎士十字章の申請を行い、1941年11月13日付で彼に対して没後の叙勲が授与され、彼は第3中隊の最初の騎士十字章拝領者となった。（＊22）

注（＊22）：ディアク・イツェン少尉に対する公式の叙勲授与は、1941年11月23日付である。

6月29日にドゥブノ付近において、第11戦車師団によって包囲された敵がすべての力を振り絞って突破を試み、激しい戦車戦が展開されたが、この戦闘で連隊GGは敵戦車30両、敵飛行機18機を撃破した。

敵はここで絶望的な突破作戦を試みたが、シュルツ大尉率いる連隊GG／第2中隊が立ちはだかり、小隊長のヴィルムスケッター少尉が敵に甚大な損害を与えた。このため、1941年7月7日付けの国防軍公報では「ドゥブノ付近の戦車戦において、高射砲連隊〝ゲネラール・ゲーリング〟のシュルツ大尉率いる1個中隊とヴィルムスケッター少尉が傑出した働きを見せた」との発表がなされた。また、同じ日に連隊GG／第Ⅱ大隊は、超重戦車KV-2型数両を撃破している。

ドゥブノでの戦車対高射砲の戦いが終わってから、オートバイ狙撃兵中隊は前進を継続させ、オストロクへの街道上では連隊GGの重高射砲が、再び前衛機甲部隊の中心となって前進を開始した。

8月19日に連隊はドニェプル河のサポロジェ付近に到達した。ドニェプル水力発電所〝ヒドロスタンツィア〟には世界第3位の大きさのダムがあり、コンラート大佐は将校と伴に

巨大なダムを見学したが、その中央部は赤軍によって退却の際に破壊されていた。（＊23）

注（＊23）：連隊ＧＧの指揮官であるパウル・コンラート大佐は、ドゥブノにおける戦車戦の戦功により、１９４１年７月７日付で騎士十字章を授与された。以後、降下戦車師団ＨＧ師団長、降下戦車軍団ＨＧ軍団長を歴任し、常にヘルマン・ゲーリングの兵士達と行動を伴にした。降下戦車師団ＨＧ師団長としてチュニジア戦、シシリー戦の戦功により、１９４３年８月21日付で柏葉付騎士十字章を授与された。

ドニエプロペトロフスク橋頭堡において、連隊ＧＧの狙撃兵大隊は第９狙撃兵旅団の第59オートバイ狙撃兵大隊に配属された。この大隊指揮官は騎士十字章拝領者のヴィルヘルム・シュマルツ少佐（＊24）であり、これが彼にとって連隊ＧＧの白い襟章の兵士達との最初の出会いであった。後に彼は大佐となって連隊長を拝命し、さらに師団長として、そして最終的には大将として降下戦車軍団の兵士達を指揮することになるのである。

注（＊24）：ヴィルヘルム・シュマルツ少佐（当時）は、第９戦車師団／第11狙撃兵連隊／第Ｉ大隊長として西方戦役に参加し、重要な渡河点であるカムーユのアリエール河架橋を自らの判断で奪取し、橋頭堡を築いてフランス軍の退却を阻止した。この戦功により１９４０年11月28日付で騎士十字章を授与されている。

６ヵ月の激しい戦闘の後に連隊ＧＧはオリョールに達し、部隊の一部はトゥーラ前面35㎞地点まで到達したが、これが彼等の力の限界であった。戦闘に疲れ完全に消耗した部隊は撤収することとなり、列車で本土帰還となった。１９４１年11月中の本土における高射砲大隊と連隊本部の最初の宿営地はミュンヒェンであり、狙撃兵大隊は撤収後に再編成のため直接ブルターニュへ移動した。

１９４１年６月22日から11月25日までの連隊ＧＧの戦闘

ロシア戦役の第一段階における連隊ＧＧの全体的な作戦概要に続き、この章ではすでに前章で紹介した日時と場所における連隊ＧＧ各中隊の状況について述べることとする。以下は当時少尉であったロルフ・ゲアハート氏の著作によるものである。「６月23日に連隊ＧＧのオートバイ狙撃兵中隊は、ソカリを経由してスブコフまで24時間ぶっ通しで行軍した後、納屋の中での宿営となった。中隊の装甲偵察車小隊は偵察に出動し、捕虜２名を連れて帰還して来た。

６月25日の９時に警戒警報が出された後にタラコフ-コピトフへの前進命令を受領し、激しい砲撃の中でソ連軍陣地を突破した。夜中の１時過ぎ、強力なソ連軍偵察部隊を撃退し、翌日の午後になってドイツ砲兵の準備射撃の後、ゲアハート少尉率いる第２小隊と装甲偵察車はボビアティン-ルーツク地区を攻撃し、ルーツク南西４㎞の地点で強力な敵の野砲と対戦車砲による砲火を浴びた。

　オートバイ狙撃兵中隊は17時30分に、ヤゼフカ-シチャルポンツァ地区に対して強行偵察を行ったが、ヤゼフカ北方約1500mでソ連軍に阻止されて退却した。

　6月27日に前進路とコピトフ地区へソ連軍空軍部隊が爆弾を投下。オートバイ狙撃兵が26日と27日に10・5cm砲1門、17・5cm砲1門および3・5cm対戦車砲3門を鹵獲した。

　6月28日、スブコフにおいて中隊はデスロッホ大将の閲兵を受け、10名が2級鉄十字章を授与されたが、そのうち8名は第8中隊所属で、前進路において強力かつ優勢な敵部隊に対して一歩も譲らず防衛戦を行った功績によるものであり、残りの2名が装甲偵察車小隊の兵士であった。

　6月30日には154kmの行軍でドゥブノへ到達し、そこでオートバイ狙撃兵は敵の軽戦車2両を鹵獲した。7月1日22時に占領されたドゥブノ~ロヴノ地区の分岐点の陣地はハチハチ（8・8cm高射砲）1門によって強化され、第2小隊は強力な敵に阻止されるまでロヴノへの偵察に出動して敵の心肝を寒からしめ、翌日にも2回にわたって偵察を行った。

　オストロクへの攻撃は7月3日9時に開始され、15時には橋頭堡を確保した。その後、ドゥブノの戦闘で退却した敵装甲部隊が出現したが、高射砲と対戦車砲により偵察車両6両、中型戦車3両と軽戦車21両を撃破した。

　7月5日には3時間で50km前進してシェペトフカへ達し、300高地のザスラヴルへの街道が中隊の3個小隊により占領された。ここでもソ連軍は何度も繰り返して中型戦車21両と重戦車13両を費やして突破を試みたため、第2小隊は急場しのぎに大きなソ連軍兵舎に立て籠もって防衛戦を行った後に中隊へ帰還した。

　7月6日の午後に発起した前進路における攻撃は、90分間にわたって阻止されて全く手詰まり状態となったため、一旦、撤収することになった。途中、ラタ（戦闘機）10機（＊25）と爆撃機9機の攻撃を受けたが、数分後に最初のドイツ戦闘機が現れてアッと言う間に爆撃機4機を撃墜し、残りは慌てて逃げ去ってしまった。

　注（＊25）：単葉で引込脚のポリカルポフI-16戦闘機は、そのずんぐりした格好からラタ（鼠）またはモスカ（蝿）と呼ばれた。

　7月12日にオートバイ狙撃兵はジトミルに到着した後、折からの豪雨の中を2日間にわたって前進した。最初の日の午後、ベルジチェフまで行軍し、その後の36時間に何度も豪雨で前進不能となったが、7月18日に中隊はスキフラに達し、第2小隊が歩哨に立った。

　前進中の7月21日、ゲアハート少尉は連隊長のコンラート大佐の命令により、オートバイ3台を駆って、退却中のソ連軍諸兵科混成部隊の中をタラチアまで突破し、そこで包囲されているSS第5師団〝ヴィーキング〟と連絡を取り、「近日中に２個ドイツ戦車師団による包囲突破作戦が実施予定、それまで持ち堪えよ」という命令を伝達する任務に就いた。そして７月22日１時30分に、この挺身隊は銃砲火を交えずに任務を達成して帰還した。

７月23日、連隊ＧＧはブゾフカ地峡の防衛線に遭遇し、そこから敵に占領されていると思われるコネラへ、第２中隊から編成された偵察部隊が出撃した。この命令に基づきドイツ空軍の戦闘機がコネラを攻撃した時、戦闘機は真っ先に第２中隊の給油車を銃撃して炎上させたが、後続のシュトゥーカ10機は目標を誤らずに真っ直ぐコネラを爆撃した。

10分後、ゲアハート少尉を中心とした兵士達はコネラに突進し、所々燃えている市街に頑張っている敵守備隊からは銃火が降り注いだ。それに続いて第８中隊の２cm対空機関砲（ＦｌａＭＷ）自走砲12両による支援の下でオートバイ狙撃兵が攻撃に移り、激しい市街戦の後に突破に成功した。建物一軒ごとに掃討が必要であり、戦車３両が鹵獲され、その他に数両が撃破された。

連隊ＧＧは数日の休養の後にシャシュコフまで行軍し、そこで第11戦車師団の司令官ルートヴィヒ・クリューヴェル中将（＊26）が部隊を自ら訪れ、師団に配属された連隊兵士達の卓越した戦闘能力に対して特別の勲功を認める旨をコンラート大佐に述べた。

注（＊26）：ルートヴィヒ・クリューヴェルは１８９２年３月20日、ドルトムントに生まれた。１９１１年３月に士官候補生として帝国陸軍へ入隊、１９１１年３月に第９軽騎兵連隊にて少尉に任官。戦争後、１９３８年２月にヴァイマール共和国陸軍第６戦車連隊長として復職。１９３９年３月には陸軍参謀本部作戦第１課長となった。第二次大戦勃発後の１９４０年８月１日に第11戦車師団長を拝命、ユーゴスラヴィア戦役ではニシュ、ベイグラードを迅速に攻略し、１９４１年５月14日付で騎士十字章を授与された。バルバロッサ作戦時の１９４１年７月10日、ベルジチェフ付近でソ連軍10個狙撃兵師団と２個戦車師団に包囲されたが、５日後に突破脱出して師団の未曾有の危機を救った戦功により、１９４１年９月１日付で全軍34番目の柏葉付騎士十字章を授与された。その後、アフリカ戦線に転じてイタリア第10、第21軍団などからなるクリューヴェル集団司令官としてアフリカ軍団と伴に戦ったが、１９４２年年５月29日にガザラ付近で戦闘指揮中に搭乗したシュトルヒが撃墜されてイギリス軍捕虜となった。

７月31日まで連隊は束の間の休息を取った後、マンシュロフの手前まで行軍を行ったが、８月１日の真夜中１時過ぎに警戒警報が発せられた。マンシュロフはすでに敵に占領されていることが、前衛の装甲偵察車小隊が確認したためである。集落の北西方面から激しい敵の砲撃が開始され、そのためコンラート大佐はマンシュロフの北西と北東に陣地を敷くように命じた。

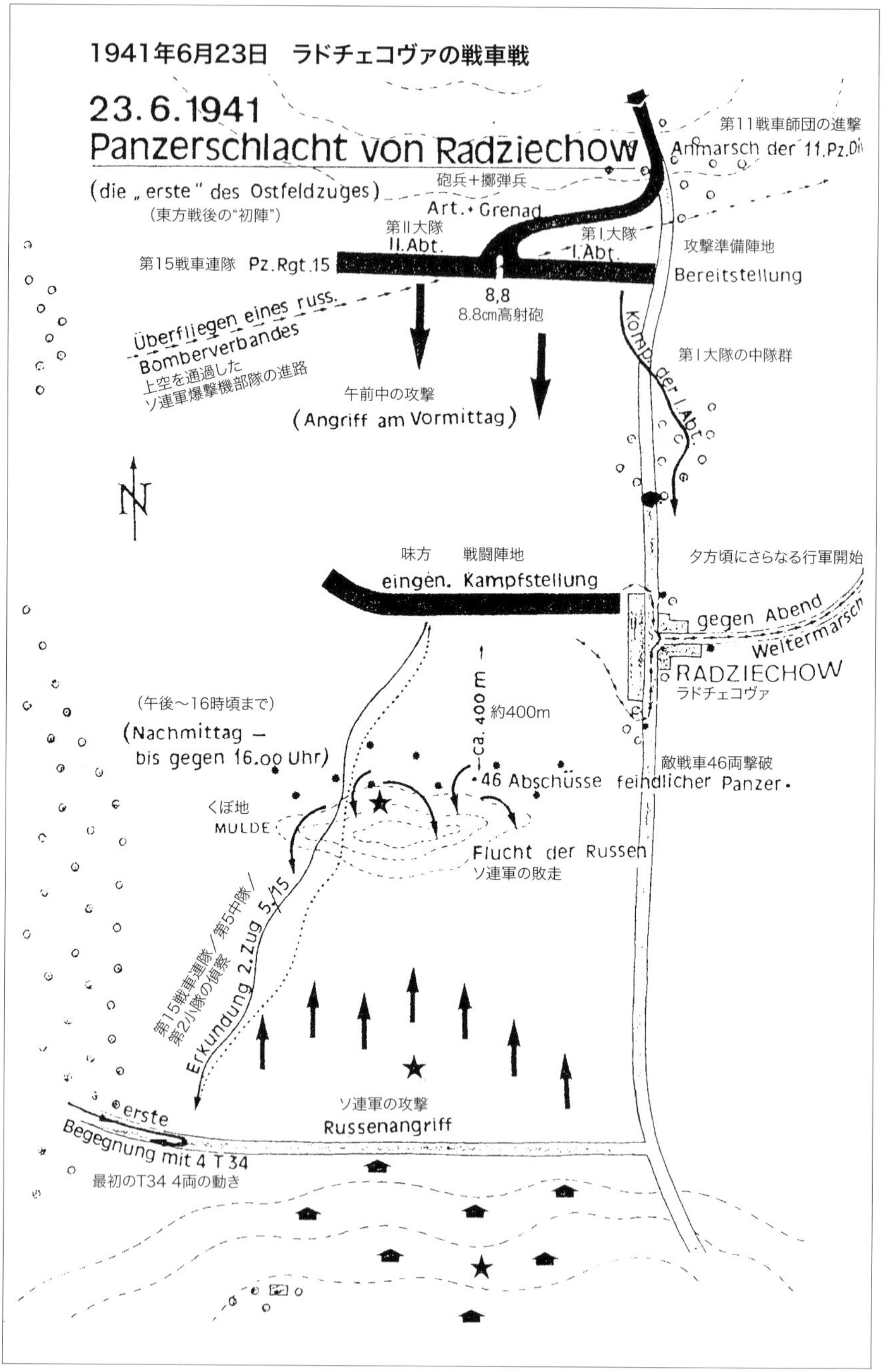
1941年6月23日　ラドチェコヴァの戦車戦
23.6.1941
Panzerschlacht von Radziechow
(die „erste" des Ostfeldzuges)
(東方戦後の"初陣")
第11戦車師団の進撃
Anmarsch der 11.Pz.Di
砲兵＋擲弾兵
Art.+Grenad.
第II大隊
II.Abt.
第I大隊
I.Abt.
第15戦車連隊 Pz.Rgt.15
攻撃準備陣地
Bereitstellung
8,8
8.8cm高射砲
Überfliegen eines russ. Bomberverbandes
上空を通過した
ソ連軍爆撃機部隊の進路
Komp. der I.Abt.
第I大隊の中隊群
午前中の攻撃
(Angriff am Vormittag)
N
味方　戦闘陣地
eingen. Kampfstellung
夕方頃にさらなる行軍開始
gegen Abend
Weitermarsch
RADZIECHOW
ラドチェコヴァ
(午後～16時頃まで)
(Nachmittag –
bis gegen 16.00 Uhr)
Ca. 400 m
約400m
敵戦車46両撃破
46 Abschüsse feindlicher Panzer.
くぼ地
MULDE
Flucht der Russen
ソ連軍の敗走
第15戦車連隊／第5中隊／
第2小隊の偵察
Erkundung 2. Zug 5./15
ソ連軍の攻撃
Russenangriff
erste
Begegnung mit 4 T 34
最初のT34 4両の動き

８月２日、10分間の準備射撃の後にマンシュロフ攻撃が開始され、連隊ＧＧのオートバイ狙撃兵大隊と第11戦車師団のオートバイ狙撃兵が伴に前進を開始した。しかし、マンシュロフから敵は昨夜のうちに退却しており、翌日にはタルノイェを経由してスヴェニゴルトカ、スミエチェンシまで前進し、さらにメドヴィン、モスカレルキを経てペシュキーまで達し、常に前進と戦闘を交互に行いながらスタトポリを占領し、ついにキロヴォイ・ログに至り、８月20日は久し振りの休養となった。

８月23日に連隊ＧＧは、ドニェプロペトロフスクのドニェプル河北西にある敵の橋頭堡の攻撃を開始した。今回は第９戦車師団と協同で、絶え間のない敵の砲撃と空襲の中を前進し、同日23時までに目的は達成されて敵の橋頭堡は押し潰された。翌日、スタリエ・ゴイダキを通過してドニェプル河南西岸を占領した。ここで装甲偵察車小隊は敵の河船数隻を砲撃し、そのうち2隻が命中弾により水面下へ沈んだ。８月23日と24日の両日、連隊ＧＧは合計２０００名を捕虜とし、狙撃兵大隊のみで重迫撃砲10門と重機関銃44梃を鹵獲した。

９月２日、まず5個軽砲兵中隊と1個重砲兵中隊による弾幕射撃が、ドニェプロペトロフスクの敵橋頭堡北東部に加えられた。ドニェプル河付近は敵の砲兵が強化されており、９時に連隊ＧＧはドニェプル河渡河の陽動作戦に参加し、その後オートバイ狙撃兵は撤収することとなった。

次の８日間は休養に充てられ、９月11日に次の前進命令が下されて９月13日にはクレメンチュークに移動し、そこで野営を行って第48戦車軍団予備となった。次の休養期間の後、９月18日にルブヌイ方面に前進して第48戦車軍団のためにチョルニで警戒線を張った。

翌日、ヴャイヴォク方面へ走行中であったレンマイアー少尉指揮の第３小隊の偵察隊が待ち伏せに会い、敵の直接照準射撃により身動きが取れなくなった。ゲアハート少尉は戦車猟兵で強化された第２小隊の一部を率いて前進し、敵砲兵陣地を攻撃して無事レンマイアー小隊を救出することができた。この戦闘でプラッテ兵長とハインリし兵長が重傷を負ったが、26名を捕虜としたほか重機関銃1梃と砲1門を鹵獲した。

９月22日にプロイス大尉が野戦病院から帰還した。翌日、偵察任務と警戒任務を交互に行いながらロフヴィッツァを経てロムニまで前進し、ここで5日間の休養を採って連隊ＧＧはリフレッシュすることができた。

９月29日に前進が開始され、次なる目標はプリヴル、リノフとクロステル・シショフロンンティイェフスクであった。10月７日に初雪が降ったがすぐに溶けてしまったため、ドミトリイエフまでの道は泥で滑り易いぬかるんだ道路と化してしまった。各中隊がここで陣を敷いて11月４日まで確保し、各偵察車は周囲の偵察を行った。

11月５日にオリョールへの前進が開始され、11月９日にはオリョールを越えてカラチェフに達し、翌日の目標はロスラヴリ、ボリショフ、次いでリトアニアのヴィルナ（ヴィリニュス）であった。11月17日から22日までヴィルナで休養した後、列車での本土帰還が開始された。リトアニアのコヴノ（カウナス）を通り、インスターブルク、ポーゼン、フランクフルト／オーデルとフュアシュテンヴァルデを経由してベルリンへ到着した。連隊ＧＧが11月24日23時50分にベルリン-テンペルホフに到着した時、クルーゲ少佐指揮の音楽隊の分列行進により歓迎式が行われた。

11月25日2時30分に懐かしのベルリン-ライニッケンドルフの兵舎に再び帰って来た。しかし、ロシアにおいて1個中隊が何の損害もなく平穏無事な毎日を送ることはもちろん不可能であった」

ロシア戦役の第一段階で受けた損害は、オートバイ狙撃兵中隊だけでも戦死10名と重傷者26名であり、激しく厳しい戦闘は凍えるような寒さと伴に終りを告げた。次の章は連隊ＧＧの部隊によるもう一つの戦闘記録である。

ソ連軍戦車部隊に対する連隊ＧＧ／第Ｉ大隊の戦闘

7月23日に第9戦車師団は、退却中のソ連軍に対して長距離突進による包囲戦を開始し、ウーマニ北方で敵の重要な鉄道線を遮断した。連隊ＧＧ／第Ｉ大隊は7月23日の夕方に警戒警報が発令され、同師団の指揮下に入った。これは、ソ連軍が強力な戦車兵力による中央軍集団の生命線である〝戦車街道〟の遮断を意図しており、戦闘中であった第9戦車師団が重対戦車砲部隊を要請したためである。

シュトロンク少尉はハチハチ（８・８㎝高射砲）１門と伴に危機が迫る地点へ前進したが、到着後は折からの夕暮れによりこれ以上の前進は不可能となってしまった。夜間には敵戦車の履帯音とエンジン音が聞こえ、敵戦車部隊が近くの茂みで出撃準備を行っていることは明らかであった。暫くすると第9戦車師団の戦車大隊が到着して防御態勢を敷いたため、ハチハチ（８・８㎝高射砲）もその隊列の中に加わり、砲撃準備態勢に入った。

森林から敵重戦車の最初の砲火が放たれた直後、高射砲が狙いを定めて１８００ｍの距離から初弾を発射したが外れてしまった。しかし敵はこの反撃に驚いたと見え、敵戦車部隊はただちに約７００ｍの距離から煙幕弾を発射し、ゆらゆらとたち昇る煙霧の向こう側に姿を消した。

最初の敵戦車が煙霧の中から再び現れた時、味方の戦車が砲撃を開始して高射砲から敵の注意をそらしたため、敵が高射砲に気が付く前にシュトロンク少尉は、距離６００ｍら重戦車２両を撃破することができた。高射砲の前後に最初の砲撃が加えられ、次の砲撃で命中弾となることは必至であった。「早く撃て！」と少尉は叫び、敵戦車が高射砲を撃つ一瞬前に命中弾を与え沈黙させた。暫くして味方戦車２両が命中弾を被り、敵戦車数両が高射砲から僅か５００mまで迫った。

「撃て！」と少尉は命令し、初弾が命中すると敵戦車兵は脱出し、次の砲撃で敵戦車は完全に撃破され、残った敵戦車は向きを変えて逃げ出した。その間にハチハチ（８・８㎝高射砲）の２番砲が敵攻撃部隊の側面に進出しており、旋回中の敵戦車２両がさらに撃破された。敵はたまらず砲兵を介入させて、どうにかこの攻撃を防ぐことができたが、ドイツ軍戦線の前には5両の重戦車が横たわっていた。

　オートバイ伝令が新たな命令と伴にふっ飛んで来た。「高射砲はただちに陣地転換せよ。大隊に敵戦車12両出現の報告あり！」高射砲は弾薬補給のため、集落入口まで移動して味方戦車4両を随伴して前進を開始したが、これが敵の知るところとなった。

　連隊GG／第I大隊の指揮官はシュトロンク少尉へ進出位置を指示し、敵をできるだけ早く掴まえるため、高射砲は道路を外れて果樹園を通って最前線の前衛歩兵陣地の前方まで進出した。

「奴等が来たぞ！」兵士から兵士へ叫び声が伝わる。ハチハチ（８・８㎝高射砲）がちょうど陣地に到着した時、前進してきた敵戦車3両が停止したが、そのうち1両は明らかに機関系統の故障らしかった。すばやく発砲命令が下され、最初の目標であるエンコした敵戦車にまず命中弾を与えた。その他の2両からは地面の起伏によって高射砲が死角となっており、２番目の戦車にも命中弾が吸い込まれ、その直後の照準変更による砲撃により3番目も炎上した。これによりこの敵戦車の攻撃は阻止され、他の敵戦車もまた戦闘意欲を失って攻撃を諦める結果となった。

　この後の新たな陣地転換により、砲は従来の第I大隊の旧戦区に復帰した。シュトロンク少尉の戦闘報告書の核心部分には「砲は本日２回の戦闘で敵戦車８両を撃破せり」と記載され、これで少尉のロシア戦役期間中の戦車撃破数は11両となった。また、軍司令官からは連隊GG／第I大隊の指揮官に対し、連隊兵士への武勲感状が発布された。

１９４1年8月2日のスヴェルドリコヴォ地区における連隊GG／第16中隊の戦闘

　ウーマニ包囲戦（＊27）が最高潮に達しつつある時、ウーマニとスラトポリの中間にあるスヴェルドリコヴォ地区には、少数のドイツ軍守備隊がいるだけでその防衛力は極めて貧弱であった。ここに8月２日の夜になって、包囲突破を意図した敵部隊が80倍以上の兵力をもって攻撃を開始した。敵はドイツ軍の包囲環の一番弱いところを噛み破って自由を得るため、狂信的かつ不屈の闘志を燃やしていた。

注（＊27）：1941年7月16日から開始された包囲戦であり、第1戦車集団（クライスト）、第17軍および第11軍により、オデッサとプリピャチ大湿地帯の中間に位置するウーマニ付近でソ連第6、第

12、第18軍が包囲撃滅された。後述する通り、捕虜10万3000名を得たが、敵の主力は脱出に成功している。

そこには、ロスマン中尉率いる連隊GG／第16中隊、すなわち連隊GG／第Ⅳ大隊の自動車化2cm（高射機関砲）中隊の兵士達がおり、武装SS師団〝ヴィーキング〟の一握りの歩兵と伴にこの嵐に立ち向かうこととなった。彼等は遥かに優勢な敵に対して一歩も譲らず14時間の防衛戦を展開し、これによりウーマニ包囲環の中にあったソ連第6軍、第12軍、第18軍の一部を完全に捕虜にすることができた。

3時間ほど前から雨が降り出していた9月2日の真夜中、ボック少尉指揮下の偵察部隊が行軍中であったが、突如として暗闇から小銃と機関銃の銃火を浴び、戦車の走行音が聞こえて来た。先行していた偵察部隊指揮官からボック少尉は、敵がすでにスヴェルドリコヴォの南西に達し、戦車を投入してさらの前進中である旨の報告を受けており、彼は2cm高射機関砲を率いて小川に架かる小さな橋へ向かった。

激しい敵砲火が付近の集落を覆い、ソ連軍の手榴弾が近くで炸裂する中を、2cm高射機関砲は橋の上流に位置する丘まで前進した。その瞬間、「ウラー（万歳）」の叫び声と伴にソ連軍の攻撃が始まった。その後、敵戦車1両が砲撃を開始したが、高射機関砲3門による射撃を浴びてすぐに沈黙した。

明け方に敵歩兵部隊が小川を渡河して攻撃をして来たが、軽高射機関砲と少数の機関銃（MG）の集中射撃により大損害を受け、敵の対戦車砲は狙い撃ちされて排除された。迫撃砲と新手のフィールドブラウン（の軍服を来たソ連軍兵士）の波が、次から次へと攻撃を仕掛けて来た。銃声がとぎれた最初の静けさが訪れた後、スヴェルドリコヴォ北方からも強力な小銃と機関銃（MG）の銃撃が加えられ、兵士達は包囲されてしまったことを知った。

突然、敵の銃火が背後に向けられ、ドイツ軍のヘルメットが真っ先に見えた。武装SSの1個中隊が駆け付けて来たのである。彼等は敵が占領している橋を攻撃する前、まず集落の主道の左右を掃討した。さらに高射機関砲が、武装SS兵士と射手と伴に前進して橋に達した。敵の機関銃座1箇所が沈黙し、建物の中では激しい白兵戦が繰り広げられた。

4時間の激闘後、スヴェルドリコヴォは解放されたが、ソ連軍は相変わらず集落全体を包囲する形となっており、その後、浅瀬を渡河しての敵200名による突撃が行われたが、ドイツ軍戦闘団の銃火の前にすべて薙ぎ倒されてしまった。

この日の早朝に、スヴェルドリコヴォ前面においてソ連軍戦車部隊の強力な攻撃を撃退したロスマン中尉は、8時頃に包囲を突破すべく別な武装SS中隊に配属され、軽高射砲6門と大量の弾薬をもって戦友の下に到着し、危機一髪の所で包囲部隊は救われた。中尉は諸兵科部隊全体を指揮しており、弾薬の他に病院車両と補給車両を連れて来ていた。このお陰で暖かいお茶が振る舞われ、負傷者は治療を受けて病院車両で輸送された。

中尉は個人的に、負傷して9時間の間苦痛に耐えて頑張り通したある車両の運転手の交替を買って出た。スヴェルドリコヴォの戦いは建物一軒ずつを巡る白兵戦となり、手榴弾の投げ合いや機関銃の集中射撃により、12時頃までに集落はドイツ軍の手に落ちた。

歩兵部隊が急進して来て到着した時、ロスマン中尉に突然コニャックのシェイカーが手渡された。そこで連隊ＧＧの将校２名と武装ＳＳの２名が挨拶を交わし、１名の武装ＳＳ将校が万感を込めてこう言った。「我々はこの誠実な戦友愛を決して忘れはしない！」

敵は食い止められ、８月８日にはウーマニ包囲陣は掃討され、ソ連軍兵士10万３０００名が捕虜となった。その中には第６軍司令官（ムズィチェンコ中将）と第12軍司令官（キリールロフ少将）が含まれており、戦車３１７両、砲８５８門と対戦車砲または高射砲２４２門が破壊されるか鹵獲された。

この優れた防衛戦の功績により、ロスマン中尉の騎士十字章が申請され、１９４１年11月12日付で授与となった。（＊28）

注（＊28）：カール・フランツ・ヨーゼフ・ロスマンは1916年11月23日、バイエルンのケンプテンに生まれた。騎士十字章授章時は、弱冠25歳の若者だった。やがて降下戦車連隊ＨＧの連隊長（少佐）となり、シシリー島、イタリア本土防衛戦に参加。その後、東部戦線においてオストプロイセンのロミンテ防衛戦の戦功により、1945年2月1日付で柏葉付騎士十字章を授与された。

連隊ＧＧ第６中隊の戦況メモ

連隊ＧＧ／第６中隊の第３小隊は、ヴェストファーレン第16歩兵師団第60歩兵連隊（自動車化）に配属され、敵状が視察できる位置に陣を敷き、敵に砲撃を浴びせるためにその３・７㎝高射砲ＦＬＡＫ18と伴に歩兵大隊の中核として前進した。

前進道路の近くの集落を占領した時、まだ敵の砲火がさめやらぬうちに東方から約20両の戦車が丘から下って来た。「戦車警戒！」との声が集落に響き渡る。

３・７㎝高射砲が前進し、小隊長のシェーンケン少尉が念のために信号弾を発射すると、戦車から返答するのが見えた。ドイツ軍部隊だったのである。

味方戦車によって敵戦車接近の報告がもたらされたため、３・７㎝高射砲は集落の外縁に陣地を構え対戦車砲弾が装填されたが、敵は次の日になっても来る様子はなかった。しかしながら、軍直轄偵察機Ｈｓ１２９が飛来して発煙信号筒を投下し、約８００ｍ離れた高速道路右側の森林に敵１個戦車大隊が確認されたと報告を受けた直後、履帯音とエンジン音が聞こえ、森林から現れた最初の敵戦車３両が真っ直ぐ集落へ向かって来た。高射砲指揮官のシュリーター軍曹は、戦車を充分引き付けておいてから砲撃を命じたが、最初の砲弾は敵の傾斜した前面装甲板によって弾かれ、砲から50ｍの地点で履帯に命中弾を受けたためようやく停止したが、それでもまだ機関銃（ＭＧ）１梃から撃って来る。

その時、１機のＨｅ１１１が森林の上空に飛来して爆撃を加え、その後、突撃砲１両が連隊ＧＧのハチハチ（８・８cm高射砲）と並んで近付き、３・７cm高射砲の前方に陣を敷いた。この爆撃が敵戦車攻撃の呼び水となったたらしく、森林から戦車が密集して飛び出し、ドイツ軍陣地方向へ突進して来た。少なくともその数は20両に達した。しかし、敵戦車は約８００ｍの距離で次々と撃破され、少数の生き残りは再び森林へ逃げ込んでしまった。

第16歩兵師団の攻撃は更に進み、それを阻止するために敵襲撃機が繰り返し来襲し、急降下爆撃機が小型爆弾をばらまき、すべての搭載機銃で掃射を加える。これに対してサンナナ（３・７cm高射砲）全門による対空射撃が行われ、IL（イリューシン）-2襲撃機を撃墜した。この時、敵攻撃機１機の急降下爆撃によりサンナナ（３・７cm高射砲）１門が直撃弾を被り、高射砲指揮官と測距手が戦死して残りのすべての砲手が負傷するという被害を受けた。

ベーレンス中尉は襲撃機が再度攻撃して来ると判断し、全中隊をひとかたまりにして一つの陣地に集中配置した。案の定、12機のIL-2が襲来した時は、高射砲群は射撃準備をちょうど終えたところであった。３・７cm高射砲８門の対空射撃は凄まじく、編隊はすぐに針路変更を余儀なくされ、２機のIL-2が黒い煙の尾を曳き始めた。

ベーレンス中尉指揮の第６中隊は、１ヵ月にわたって第60歩兵連隊（自動車化）の防空戦闘に投入された。１９４１年／42年の冬の寒波が訪れたが、部隊はクズノツェフカをどうしても防衛する必要があった。連隊ＧＧには暖かい冬季用防寒服が欠如しており、それに比べて敵はフェルト製ブーツ、中入れ綿製のズボン、上着や毛皮帽など優れた装備をしていた。

噛み付くような寒波が１週間続いた後に配置転換命令が出され、本国へ帰れるという噂が広まり、全員が密かにホッとした。まず最初にスモレンスクまで戻り、ヴィルナへ行軍した後に列車に乗換え、ミュンヒェンへと向かった。そして、そこで第６中隊の兵士達は、１９４２年２月になってようやく労に報いる当然の休暇が許されたのである。

東部戦線における空軍特別編成部隊（z.b.V.）
第Ⅱ狙撃大隊（連隊ＧＧ／第Ⅱ狙撃大隊――ノイバウアー大隊）

１９４１年12月にベルリン-ライニッケンドルフにおいて、連隊ＧＧ／警備大隊の一部と空軍の警備大隊の一部から新たな狙撃大隊が編成され、年末直前にロシア戦線へ移動となった。これは空軍特別編成（z.b.V.）大隊と称されたが、すぐに連隊GG／第Ⅱ狙撃大隊と変更になり、内々では混同を避けるためその指揮官名をとって〝ノイバウアー大隊〟と呼称された。

この移動は12月に開始された敵の反撃を食い止めるためのもので、可能な限り速やかに強力な部隊を、中央軍集団の管区であるルジェーフ、ヴャージマとブリャンスク方面に投入する必要があり、オイゲン・マインドル少将（＊29）はゲーリング元帥から「空軍戦闘部隊を編成し、ドイツ軍前線の敵突破孔に投入せよ」との命令を受領した。

注（＊29）：オイゲン・マインドルは1892年7月16日、ドナウエシンゲンに生まれた。1912年7月から砲兵として帝国陸軍に入隊、第一次大戦中は第67野戦砲兵連隊副官、第52軍団砲兵指揮官などを歴任。1924年8月より大尉として陸軍省へ入省してヴァイマール共和国陸軍へ復職。第二次大戦勃発後の1939年11月に第112山岳砲兵連隊長となり、ナルヴィクへの降下作戦に従事した。1940年11月に空軍へ転籍。第7空挺師団／突撃連隊〝マインドル〟指揮官としてクレタ島降下作戦に参加し、1941年6月14日付で騎士十字章を授章。その後、1941年冬季戦において空軍の緒隊から地上戦闘団を構成、1942年2月には空軍師団〝マインドル〟師団長となった。1943年11月に第2降下軍団長となり、ノルマンディー戦では頑強な防衛戦を展開し、1944年8月31日付で柏葉付騎士十字章を、1945年2月から3月にかけてのヴェーゼル河橋頭堡の戦闘における戦功により、1945年5月8日付で全軍155番目の剣付柏葉付騎士十字章を授与された。

この大隊は最初の部隊としてベルリンを出発し、1942年1月9日にオルシャから輸送機でユーフノフ南飛行場に到着した。ここはすでにソ連軍の砲撃下にあり、メドゥイニ陣地から撤退中である第42軍団の一部の撤退路を確保するため、大隊はユーフノフ～メドゥイニ～モスクワ高速道路を防衛するよう命令を受けた。

1月10日の朝、大隊は高速道路の南方に位置する村であるポゴレルカ、ニキーチナとドゥブロアカを占領した。赤軍は翌日の夜にポゴレルカとニキーチナに攻撃を掛け、ニキーチナの防衛拠点は敵に奪取され、ここを守備していたリッター少尉指揮の小隊は全滅してニキーチナは陥落した。しかしながらポゴレルカは持ち堪え、反撃して再びニキーチナを奪回することに成功し、敵はウグラー河を越えて撤退して高速道路南方での敵の反撃は食い止められた。

さらに大隊はユーフノフの北方に移動し、モスクワ方面から突進して来るソ連第43軍に対して投入された。アロニー＝ゴーリ、ホルムやカラマソヴォといった集落では、次の日には損害が多い激しい戦闘が発起し、特にユーフノフを守備する味方の兵士は息も絶え絶えという有様であった。

1月18日に赤軍は新手の第9モスクワ親衛師団を戦闘に投

入し、これによってヴァージマとユーフノフの中間に降下した降下部隊と連絡をつけようと試みた。ドイツ側からすると、ユーフノフから北方にかけて横たわる回廊を強化し、モスクワ方面からのソ連第33軍と第43軍予備部隊の攻撃に対してそれを守り通すことは、ヴァージマ包囲陣の中に潜む敵の退路を遮断したドイツ第４戦車軍にとって極めて重要なことであった。

戦闘の重点はモロソヴォとペニャシとなり、ノイバウアー大隊は1月24日に、ＳＳ連隊〝ランゲマルク〟（＊30）の１個中隊と協力してフミロフカ集落を奪取し、背後にあるソ連軍補給ラインを遮断せよとの命令を受けた。

注（＊30）：SS自動車化師団〝ライヒ〟／SS狙撃兵連隊〝ランゲマルク〟は１９４２年3月に編成された部隊であり、時間的矛盾が存在する。

1月25日の朝に行われた最初の攻撃は、強力な敵防御砲火により失敗した。キューン少尉指揮の小隊は敵陣地の数メートル前まで達したが、深い雪の中で立ち往生してしまい、甚大な損害を被って夕方になって撤退を余儀なくされた。ソ連軍による翌日の反撃は撃退され、あくまでもフミロフカ後方にある敵補給ラインの遮断を遂行するため、1月29日に新たな攻撃が果敢に行われた。

ソ連軍の攻撃重点がより北方に移った後、大隊は再びモロソヴォ-モロソヴォスカヤ共同農場付近の防衛戦に投入され、2月11日、ソ連軍の戦略重要拠点の一つでウグラー河の橋梁を有するユーフノフ北方のサハロヴォを確保せよとの命令を受けた。この地域の敵状偵察により、ソ連軍がここでドイツ軍戦線を突破してヴァージマ包囲陣を破る意図があることがはっきりしたためである。

１９４２年２月12日の夜、ソ連軍の攻撃がウグラー河に沿って発起され、サハロヴォへ強力な戦車部隊を伴って敵部隊が突進侵入したが、血生臭い白兵戦により夕方までに村は解放され、翌日の夜には大損害を受けた敵部隊は撤退した。２月12日にサハロヴォに投入された大隊の第３中隊は、この時点で将校５名、下士官18名と兵士１９７名の兵力を有していたのが、２月13日の夕方には僅か将校1名、下士官６名と兵士52名という戦闘可能兵力になっていた。

ノイバウアー少佐は2月13日の朝に重傷を負い、彼の副官であるキーファー中尉が大隊の指揮を受け継いだが、昼過ぎの敵戦車攻撃の防衛戦で負傷し、さらに指揮権は重機関銃中隊長のレープホルツ中尉に継承されたが、彼もまた、夕方には負傷するという結果となった。

コッホ降下猟兵戦闘団に配属されたベルクマン大尉指揮の中隊は、この期間中、降下猟兵と伴にアニショヴォ-ツォロディチェ飛行場を防衛していた。

３月８日に中隊はシュレム少将（＊31）指揮の空軍地上

部隊の直属となり、激しい夜襲によってアニショヴァ集落を、３月１８日にはアニショヴァ付近の２３８高地を占領したが、この作戦中にベルクマン大尉は戦死した。

注（＊31）：アルフレート・シュレムは1894年12月18日、ルドルシュタットに生まれた。1913年5月に帝国陸軍に入隊、第一次大戦時は第56野戦砲兵連隊の小隊長、中隊長を経て連隊副官を勤めた。1925年に大尉としてヴァイマール共和国陸軍に復職し、1938年2月に空軍航空省へ入省し、その後に西部防空管区司令部参謀長となった。1941年の冬季戦においては、第8航空軍団の一部を率いて地上戦闘を指揮してドイツ黄金十字章を授章。1942年6月1日に第2空軍地上軍団司令官となり、その後、第1降下猟兵軍団指揮官としてイタリア戦線の防衛戦を指揮し、モンテ・カッシーノ戦における戦功により1944年6月11日付で騎士十字章を授与された。

１９４２年４月初めにおける大隊残余は合計42名であり、前線からユーフノフ付近に撤退し、ベルリンの原隊に帰還した。これはロシアにおける連隊ＧＧの兵士達が経験した最も激しい戦闘の一つであり、大隊は３ヵ月間ぶっ通しで戦闘に投入され、僅か将校14名、下士官66名、兵士４８８名の部隊から戦死１３２名、負傷２５８名、凍傷65名、疾病37名に上る損害が計上されるに至った。

この大隊の第４中隊には、30年代のウィンブルドンの優勝者であるゴットフリート・フライヘア・フォン・クラム下士官がいたが、彼も負傷して両足が凍傷にかかって野戦病院へ後送する必要があり、こういった事情でようやく彼はドイツへ帰還することができた。

第８航空軍団司令官のフォン・リヒトホーヘン上級大将（＊32）とシュレム少将並びにマインドル少将は、この大隊の例をみない活躍に対して特別な謝辞を送っており、シュレム少将の１９４２年４月８日付の戦闘日誌には次にように書かれてある。

「大隊の各自は連隊の名前を重んじ、強い責任感を有し、攻撃、防衛を問わず決死の覚悟でその義務を完遂し、最後の一人まで犠牲を厭わず勇戦した。別れにあたって小官はこの大隊のその豪胆な戦闘に対し、その輝かしい名誉を認知し、かつ賞賛するものである」

注（＊32）：ヴォルフラム・フライヘア・フォン・リヒトホーフェンは、名高い第一次大戦のエースであるリヒトホーフェンの従兄弟にあたる。1940年5月17日付で第8航空軍団長として騎士十字章、1941年7月17日付でバルカン戦、クレタ戦での防空戦闘の戦功により全軍26番目の柏葉付騎士十字章を授与された。

1938年11月、フォン・アクストヘルム大佐。

1938年の「空軍の日」における
連隊GG／第10警護中隊。

連隊GGサーチライト（探照灯）大隊の夜間演習。

Deutscher Junge,
wenn Du die weißen Spiegel
der Luftwaffe tragen und unser
Kamerad werden willst, dann
melde Dich sofort freiwillig und
komm zu uns!

「ドイツの若人よ
空軍の白い襟章をつけて
我らが戦友たらんと欲すれば
自らすぐに志願して
我らの下に
馳せ参ぜよ！」

初戦の勝利を記念して刊行された国防軍機関誌に掲載された空軍兵士たちの勇姿。

1939年9月、ロミンテンの空軍最高司令部の兵士達。

ハチハチ（8.8㎝）高射砲”。その高い貫通力をもって対空戦および地上戦において活躍した。

フランスへの前線視察の途中で、連隊GGのディーケ中尉およびクラインマン中尉の敬礼を受けるヒットラー。

連隊GGを閲兵中のヒットラー。

パリのコンコルド広場に停車中の連隊GGのヘンシェル33型トラック。左フェンダーに連隊マーク、右フェンダーには時計を模した中隊マークが描かれ、針が2時方向を指しているので第2中隊所属とわかる。（Yoshifumi Takahashi Collection）

1941年初夏にパリ地区で撮影されたアドラー3Gd型と思われる指揮車両。左フェンダーのマークから第5中隊の中隊長車とわかる。中隊マークは白地のサークルに赤い針、部隊マークはグレーで描かれていた。（Yoshifumi Takahashi Collection）

フランス戦役のさなか、牽引車両に座上して最初の特別命令を掲載した国防軍機関誌を読む連隊GGの兵士達。

〈標識右〉

在フランス軍政司令部

上級設営司令部“ヴェスト”

パリ空軍司令部

GL／パリ

被服廠（大パリ地区司令部）

第541救急車両中隊

罹病隔離及び事故申告所

国防軍歯科治療所

de la Pitie診療所

軍需品貯蔵所（N）2

〈標識左〉

H.K.P.503
Vincennes支局

中央
補充部品貯蔵所

鹵獲車両用
補充部品貯蔵所

パリ市街に設置された道路標識。

L.P.G.z.b.V（特別編成国家警察集団）ヴェッケの警察特殊装甲車。機関銃2挺を装備する回転式砲塔を搭載していた。〔訳者注〕写真のタイプはダイムラー社製DZVR型警察特殊車両／21である。100馬力で最高速度は50㎞／h、武装はMG08機関銃2挺、最大装甲厚は12㎜だった。これらの警察特殊車両／21は1928年の時点で72両がプロイセン州警察に配備されていた。

ノルウェー戦役：クルーゲ分遣隊の対空車両。

フランス戦で“ツェーザー”砲に撃破されたフランス製ルノーD2型戦車。

シュタールハイム付近の深く切り立った渓谷。ここでノルウェー軍の兵士は勇敢に戦い、祖国を防衛した。

機関車で移動中のクルーゲ分遣隊。

1940年4月、オスロ港に停泊中のドイツの病院船「ヴィルヘルム・グストロフ」。

このような妨害工作もクルーゲ分遣隊の前進を食い止めることはできなかった。

1940年4月26日にノルウェーで戦死を遂げたブルーノ・マン伍長の墓標。

ノルウェー北部のフィヨルドを越えて前進する。

オートバイ狙撃兵と8輪装甲車。ナンバープレートの「WL」でHGの所属とわかる。装甲車乗員は靴を脱いで、熱くなった機関室のデッキで足を温めている。(Yoshifumi Takahashi Collection)

クルーゲ分遣隊と伴にオップダールへ鉄道輸送される第40特別編成戦車大隊／第1中隊の8両のII号戦車のうちの1両。(Yoshifumi Takahashi Collection)

オップダールへ鉄道輸送中のクルーゲ分遣隊の8輪装甲車。(Yoshifumi Takahashi Collection)

1940年4月21日にオスロで陸揚げされたクルーゲ分遣隊の8輪装甲車。デンマーク戦から1両増強されて3両となったのがわかる。(Yoshifumi Takahashi Collection)

陸路を進撃中に8輪装甲車の整備を行う兵員達。ノルウェーの険しい地形は車両に大きな負荷がかかるため、メンテナンス作業は重要であったに違いない。(Yoshifumi Takahashi Collection)

休止中にワインを楽しもうと準備をする8輪装甲車乗員。横にいるオートバイ狙撃兵のもの欲しげな目つきが面白い。
(Yoshifumi Takahashi Collection)

進撃途中の山村で民間人から情報収集をするオートバイ狙撃兵の一群。（Yoshifumi Takahashi Collection）

おそらくは5月17日より開始された「ビュッフェル（水牛）」作戦におけるクルーゲ分遣隊の8輪装甲車。乗員が小銃を持って警備しているので、故障しての救援待ちかもしれない。（Yoshifumi Takahashi Collection）

ハットフィエルダーレンにおいてクルーゲ分遣隊により拡張された飛行場。森林伐採による拡張工事だったのが良くわかる。写真のシュトゥーカはホッツェル大尉率いるシュトゥーカ部隊であろう。（Yoshifumi Takahashi Collection）

橋梁の破壊は部隊の前進にとって大きな妨げとなった。

北極圏入りしたクルーゲ分遣隊の兵士達。

38t戦車シャーシに15㎝口径重歩兵砲33／1を搭載した自走砲。

夥しいキルマークが描かれた連隊HGの高射砲。

1941年、ロシア戦線でブリーフィング中の連隊GG 。

来襲した敵戦車に対して砲撃を開始した8.8cm高射砲。

1941年冬の東部戦線。泥濘の中で擱座した8.8㎝高射砲。

1941年冬の東部戦線における中央軍集団戦区の自動車道路。

1941年6月29日、ドゥーブノにおいて連隊GG／第II大隊に撃破されたソ連軍の超重戦車。

同じくドゥーブノ-オストローク付近で連隊GGに撃墜されたラタ（ラッテ）型戦闘機。

第3章　アフリカ上陸までの期間

編成替えと新編成

東部戦線から帰還した各々の部隊は、数週間の休養期間を経て南フランスへ移動となり、そこで連隊ＧＧは旅団〝ＨＧ（ヘルマン・ゲーリング）〟へ、後に師団〝ＨＧ〟へ拡張されることになるのであった。

フンク大尉指揮の連隊ＧＧ／警備大隊もまた移動の対象となり、同時に乗馬中隊は1個乗馬小隊を補充され、ロミンターハイデにある国家元帥の狩猟館に置かれた空軍総司令部本営の警護を担当するため、東プロイセンへ移動となった。ここで派遣された乗馬小隊は、１９４４年晩秋のロミンターハイデ陥落まで留まり、同地の局地戦において全滅した。

連隊ＧＧは一連の大戦果を挙げ、パウル・コンラート大佐もまた１９４１年９月４日に騎士十字章を授与されたのであるが、それ以後、戦闘で消耗して大損害に苦しみ、前線歩兵部隊に残して撤退しなければならなかったため、重装備は皆無の状態となって帝国へ辿り着いた。

ミュンヒエンにおいてコンラート大佐は、連隊を〝増強連隊ＨＧ（自動車化）〟へ改編して新兵器に装備改編せよという命令を受けた。高射砲大隊は３個８・８cm高射砲中隊と２個２cm高射機関砲中隊を有する混成大隊となって新兵器に装備改編された。従来の連隊ＧＧ／第Ⅱ大隊は解隊され、大隊本部は〝高射砲群ミッテ（中央）〟としてベルリン周囲の高射砲部隊へ投入された。

新しい連隊は増強連隊〝ＨＧ（ヘルマン・ゲーリング）〟と命名され、同時に〝Hermann Göring〟という袖章（アームバンド）が新たに採用された。すでに１９４２年３月には、次の陣容となっていた。

・第Ⅰ大隊：８・８cm高射砲装備の第1～3中隊、２cm高射機関砲装備の第４中隊（以前の第８中隊）および第５中隊
・第Ⅱ大隊：８・８cm高射砲装備の第６中隊（以前の第Ⅳ大隊）、２cm高射機関砲装備の第7、第８（新編成）、第９（以前の第15中隊）および第10中隊（以前の第16中隊）
・第Ⅲ大隊：第11～13中隊（ベルリン地区の北西《ノルトヴェスト》高射砲群に投入された同大隊は、１９４２年夏に連隊ＨＧから分離し、第５２８探照灯大隊へ名称変更されている）
・高射砲補充大隊：１９４０年３月にユトレヒト／オランダへ移動となり、組織変更された
・警備大隊：第1～3警備中隊および乗馬小隊。空軍総司令部本営の警護に投入。
・探照灯予備大隊：第1～3探照灯予備中隊（ベルリン防空北西地区に投入された同大隊は、１９４２年初めに連隊ＧＧから分離し、第32高射砲連隊／第Ⅲ〔探照灯〕大隊と名称変更され、これ以降、旧防空配置に復した）

また、連隊GG／第14中隊、すなわち10・5㎝鉄道高射砲中隊は前述した通り、すでに1941年に連隊GGから分離され、第321（鉄道）高射砲予備大隊へ編入された。

東部戦線から帰還した両高射砲大隊は、短期間の休養と装備改編の後、大ミュンヒェン地区の防空任務に投入された。

1941年末、ドイツの軍需産業にとって重要なパリのルノー工場が連合軍の空襲を受けたため、ミュンヒェンに留まっていた連隊本部と両高射砲大隊は、4月末にルノー工場の防空任務のためパリへ投入された。数ヵ月後、この部隊はパリからブルターニュへ移動し、旅団HGへの組織改編が開始された。

1942年7月21日に編成された旅団HGは、狙撃兵連隊と高射砲連隊の2個連隊からなっており、7月15日に編成された狙撃兵連隊は次の様な概要であった。

・連隊指揮官：ハイデマイアー大佐
・第I大隊：フンク少佐
・第1中隊：グリューネ中尉
・第2中隊：ヴェーバー大尉
・第3中隊：シュタウホ大尉
・第4（MG）中隊：シュピーラー大尉
・第II大隊：シュライバー大尉
・第5中隊：ナゴアナイ大尉
・第6中隊：レープホルツ大尉
・第7中隊：エーメ大尉
・第8（MG）中隊：ディンゲルシュテット大尉
・第9（重歩兵砲）中隊：ヴィルムスケッター中尉
・第III（重装備）大隊：プロイス少佐
・第10（オートバイ狙撃兵）中隊：キーファー大尉
・第11（機甲工兵）中隊：ムジル中尉
・第12（戦車猟兵）中隊：シュティラー中尉
・第13（戦車）中隊：リュープケ大尉
・戦車整備小隊：ツァッヒャー中尉
・補給部隊：フランケ曹長

また、ポンティヴィに置かれた旅団本部は、次のような人員配置であった。

・旅団長：コンラート少将
・首席参謀Ia：ボブロヴスキー少佐
・師団副官IIa：バインホーファー大尉
・旅団付き特任将校：ティルシャー中尉
・通信将校（情報参謀）：フォーゲル大尉
・師団主計官IVa：グローセ経理上級査察官
・師団軍医長IVb：フォン・オンダルツァ軍医長（医学博士）
・車両技術担当官V：フンク技術上級査察官

狙撃兵連隊は1942年10月15日に擲弾兵連隊HGへ名称

変更となり、次のように改編された。

・狙撃兵連隊HG本部↓擲弾兵連隊1HG本部
・狙撃兵連隊HG／第Ⅰ大隊↓擲弾兵連隊1HG／第Ⅰ大隊
・狙撃兵連隊HG／第Ⅱ大隊↓擲弾兵連隊1HG／第Ⅱ大隊（第8中隊欠）
・狙撃兵連隊／第Ⅲ大隊本部↓擲弾兵連隊1HG本部
・第13戦車中隊（装甲偵察車小隊欠）↓戦車連隊HG／第Ⅰ大隊
・装甲偵察車小隊（第13中隊所属）↓機甲偵察大隊HG／第3中隊
・第10オートバイ狙撃兵中隊↓機甲偵察大隊HG／第1（オートバイ狙撃兵）中隊
・第2フォルクスヴァーゲン中隊↓機甲偵察大隊HG／第2（フォルクスヴァーゲン）中隊
・第11機甲工兵中隊↓機甲工兵大隊HG／第1中隊

師団〝ヘルマン・ゲーリング〟の創設

連合軍の激しい艦船の往来と部隊移動から、ドイツ軍首脳は戦火が地中海西方へ拡大するであろうと推察しており、防衛のために部隊を南ヨーロッパ地方へ移動することが計画された。このため、旅団HGを師団へ拡張してイタリアへの投入準備をする旨の命令が出され、この処置に該当する最初の部隊はプロイス大尉率いる戦車連隊HG／第Ⅰ大隊となった。この大隊はブルターニュのシャンドゥミュコンに駐屯しており、大隊野戦本部はロキマーヌ近くのグランカンにあり、将校団の配置は次の通りであった。

・大隊長：プロイス大尉
・副官：シュトロンク中尉
・伝令将校：メークリング少尉
・大隊付き軍医：シュポーラー軍医長（医学博士）
・主計将校：クリングバイル上級主計官
・通信小隊指揮官：グロル少尉
・第13中隊（戦車）指揮官：リュープケ大尉
・第10中隊（オートバイ狙撃兵）指揮官：パウルス大尉
・第11中隊（機甲工兵）指揮官：ムジル中尉

鉄道輸送による移動は１９４２年11月9日に始まり、10日にはカンドムコンを出発して11月15日まで行軍した。ナポリ南方のカゼルタで下車後、自動車輸送でサンタマリア・カプアヴェテレに到着し、新しいイタリア軍兵舎で宿営した。大隊長のプロイス大尉は駐屯部隊指揮官となり、直ぐ後で少佐に昇進した。

１９４３年1月末、大隊はカステルヴォルトゥルノから海岸へ移動となり、そこで2月中旬まで野営した後、シシリー島へ海上輸送となった。

機甲偵察大隊ＨＧも、似たような経緯で１９４３年初めに南フランスのガスコーニュ地方で次の様に編成された。

・通信小隊付属の大隊本部
・第１オートバイ狙撃兵中隊
・第２擲弾兵中隊
・第３装甲偵察車中隊
・第４重装備中隊
・軽偵察補給部隊

師団ＨＧ用の新編成部隊

師団ＨＧに編入されることに決定した部隊の編成と訓練は、各々別な地点、すなわちドイツ本国にある部隊演習場や射撃演習場、占領地区、特にノルマンディー地方において行われた。さらに統一された実戦さながらの訓練を実施するためには、大きな演習場が必要となり、訓練課程にある部隊は１９４３年２月中旬に南フランスの田園地帯に移動し、そこで新編成のために師団ＨＧの各部隊が集結したが、在オランダの補充および教育連隊ＨＧについては対象外とされた。

新編成部隊〝師団ＨＧ〟の指揮官については、特にこのために陸軍からヴィルヘルム・シュマルツ大佐をＨＧ師団長に迎えた。大佐は１９４２年10月１日から第９戦車師団の第11機甲擲弾兵連隊長の職にあったが、指揮権授与が小邑《こむら》モン・ド・マルサンの市庁舎において執り行なわれた。

モン・ド・マルサンの宿営地区における部隊配置は、次の通りであった。

・新編成部隊〝師団ＨＧ〟本部および指揮官：モン・ド・マルサン
・機甲擲弾兵連隊１ＨＧ／第Ⅰ大隊：モルソー
・機甲擲弾兵連隊２ＨＧ／第Ⅱ大隊：モン・ド・マルサン
・戦車連隊ＨＧ：エールドラドゥール
・機甲砲兵連隊ＨＧ：ロックフォール
・機甲工兵大隊ＨＧ：アルティ
・機甲偵察大隊ＨＧ／第３中隊：モン・ド・マルサン
・機甲通信大隊ＨＧ／第２中隊：モン・ド・マルサン
・補給連隊ＨＧ／第Ⅱ大隊：モン・ド・マルサン
・主計部隊ＨＧ：モン・ド・マルサン
・衛生大隊ＨＧ／第２中隊：サン・セヴェール
・野戦憲兵隊ＨＧ：モン・ド・マルサン
・野戦郵便局ＨＧ：モン・ド・マルサン

戦争突入４年目にしてすでに人員や物資の調達がネックになりつつあり、新たな師団ＨＧの編成は１ヵ月以上の時間を費やした。

師団ＨＧは北アフリカにおける作戦のため、熱帯地域で作戦可能な自動車化師団として編成、装備されたが、砂漠の戦闘においては何よりも諸兵種混成の協同作戦が重要であり、広い演習場で訓練を十分行うことによってのみ可能であることから、編成中の各部隊を一箇所へ集結させるということが必要だった。

HG師団の袖章2パターン（初期には筆記体タイプのものも使用していた）。

1942年1月12日、49歳の誕生日に部隊を訪れたヘルマン・ゲーリング国家元帥。左後方にいるのはコンラート大佐。

ユトレヒトのクロムホウト兵舎にて催された新編成のHG部隊宣誓式。帝国戦時旗の前には各種高射砲群が設置された。

ユトレヒトで催されたHG部隊の宣誓式。

連隊GG／補充および教育大隊／第３補充中隊の宣誓式。手前を歩いているのが中隊長のグラウエアト少佐。

宣誓式で行われた忠誠の誓い。

大西洋沿岸で作戦中の2cm高射自走砲。

同じく大西洋沿岸に配置された2cm高射砲。

ゴムボートで渡河演習中の兵士達。

渡河中の工兵隊の突撃ボート。

偽装陣地に配置された2cm高射砲。

1942年9月にブルターニュ地方のカンプデメウコンで作戦中の狙撃兵連隊HG ／第10オートバイ中隊。

重歩兵砲を配置につける兵士達。

旅団HGの戦車中隊に所属する移動中のIII号戦車。

第4章　アフリカ戦線

概況

１９４2年6月23日、ドワイト・D・アイゼンハワー中将がヨーロッパ派遣の全アメリカ軍最高司令官としてロンドンに降り立った。彼の軍用行李の中には、年内に大陸への反撃、すなわちヨーロッパ方面における作戦を遂行せよとのルーズヴェルト大統領の命令が携行されていた。そして翌6月24日にはロンドンにおいて、次の反撃は北西アフリカ地方の占領ということで早くも連合軍首脳の意見が一致した。このために、連合軍のあらゆる兵種から構成された攻撃部隊が編成されることとなり、この作戦の秘匿名称《コードネーム》は「トーチ（松明）」作戦と呼称された。

チュニジアを占領すれば、マルタ島の負担が決定的に軽くなり、さらにはドイツ戦車軍のための陸路、海上や空路からの補給を麻痺させ、その西方への退路を遮断することが可能であった。

西側連合軍は攻撃部隊を3群に編成し、カサブランカ、オランとアルジェを占領し、そこからチュニス方面へ突進する計画であった。カサブランカへの上陸部隊の司令官はジョージ・S・パットン少将であり、アメリカ本土より直接輸送されることとなった。オランの中央部隊へはフリーデンホール少将指揮するアメリカ第2軍団が抽出され、上陸部隊はライダー少将が率いることとなり、アルジェの奪取を直接受け持つ重要な部隊は、イギリス第1軍司令官のアンダーソン大将が指揮を執ることとなった。

前衛船団は10月初めにイギリスからジブラルタルへ向けて出航し、10月22日から11月1日にかけてさらに大規模な船団が攻撃部隊を積載してイギリスから出航した。また、軍艦の数は戦艦から哨戒艇（パトロールボート）まで合計１６０隻であり、10月末にスカパ・フローを出港した。

一方、ドイツ軍側においては、11月4日にローマにおいて、通信傍受からすると北アフリカ方面に上陸作戦が実施される可能性ありということで首脳部の意見が一致し、ムッソリーニは11月6日に「この作戦は北アフリカが対象だ！」と確信を持つに至った。

合計１０２隻を有するヒューイット海軍準将指揮の第34任務部隊／アメリカ海軍船団は、メイン州／アメリカのキャスコ湾から１９４２年10月23日に出港しており、第二次船団は翌朝に抜錨した。艦隊は10月26日に第一次船団の後を追って出港し、10月28日には上陸支援部隊、すなわち空母「レンジャー」を先頭にして護衛艦「スワニー」、「サンガモン」、「サンティー」および「シカゴ」が出港した。

カサブランカ上陸部隊は4個上陸部隊で構成されており、さらに支援部隊として戦艦「マサチューセッツ」、「ニューヨーク」と「テキサス」、空母5隻、巡洋艦7隻、1個駆逐戦隊と機雷敷設艦が配備されていたが、この事実によってアメリカ軍の兵力がいかに贅沢であるかが窺える。

11月5日にアイゼンハワー大将は幕僚と伴に、５機の空飛ぶ要塞（B-17）でジブラルタルへ飛び、そこでジブラルタル総督のサー・F・N・メイソン＝マック・フェアレーン中将の表敬訪問を受けた。

イタリア海軍潜水艦部隊司令官のレオ・クライシュ海軍準将は、11月6日の午前中に大規模な連合軍作戦が開始されたという最初の報告が届き、ついで2時間後に総統本営（FHQ）からの無電を受領した。

「アフリカ機甲軍の運命は偏《ひとえ》にジブラルタル護送船団の撃破にかかっている。大胆な勝利に満ちた攻撃を期待する。――アドルフ・ヒットラー」

クライシュ海軍準将は、その日の夕方には使用可能なすべての潜水艦を北西アフリカ沿岸へ航行中の護送船団に投入した。

ローマ近郊のフラスカティの南方軍司令部にあったケッセルリング元帥は、すでにこの頃には対策を講じており、その一つが第2航空団の増強であり、偵察頻度を3倍に上げることであった。さらに元帥は総統本営（FHQ）に対して、いかなる場所においても敵上陸部隊を迎撃可能とするため、シシリー島に駐屯する少なくとも1個師団をただちに出撃準備態勢とするよう求めたが、この具申は陸軍総司令部（OKW）によってしりぞけられた。

西部、中央および東部任務部隊による連合軍上陸

１９４２年11月8日午前4時、第34西部任務部隊の南方攻撃部隊の元に〝プレイボール〟の無電が受信され、これによってモロッコのサフィ付近の上陸作戦が開始された。

この地点を防衛していたフランス沿岸警備中隊は艦砲射撃により粉砕され、アメリカ部隊はサフィの貿易埠頭に上陸した。北方攻撃部隊は、メディア港とその周辺地区の占領が任務であったが攻撃開始が遅れてしまい、部隊を積載した特殊上陸用舟艇が港に着いた時にはフランス中隊の迫撃砲火を浴びた。カサブランカ海軍部隊司令官ミシェリエ海軍少将は、「弾丸が尽きるまで防戦せよ」と命令し、中隊は全滅するまで戦った。リョーテー飛行場を守る沿岸警備中隊は11月10日の朝まで戦い続けたが、ここに投入されたアメリカレンジャー部隊は同日までにはセブ付近に上陸することができた。

第34西部任務部隊の中央攻撃部隊は、フェデラに2万名のアメリカ部隊を上陸させる計画であったが、ここにはフランス重装備沿岸警備中隊数個がいて砲撃の火蓋を切り、駆逐艦「マーフィー」がブロンダン中隊による直撃弾を受けた。

ここに駐屯するド・ラフォン海軍準将指揮のフランス海軍部隊は、8時15分に出撃命令を出し、カサブランカからメルシェ海軍大佐率いる重巡洋艦「プリモゲ」、軽巡洋艦2隻と駆逐艦4隻が上陸船団へ出撃した。こうして1時間に渡る海

戦が行われ、軽巡洋艦「ミラン」は駆逐艦「ウィルクス」に命中弾多数を与えて舵がきかなくなるという損害を与えたが、駆逐艦「ブーロネー」は戦艦「マサチューセッツ」に遮られて砲撃で粉砕され、最後の一斉射撃により沈没し、駆逐艦「フーグー」も同様にアメリカ海軍の戦艦によって沈められた。また、重巡洋艦「プリモゲ」とその直衛駆逐艦「ブレストワ」と「フロンデュール」も命中弾を受けて駆逐艦は沈み、重巡洋艦は沈没を避けるために海岸へ乗り上げた。

航行不能で制限された戦闘能力を持つフランス戦艦「ジャン・バール」は、この決戦においては何の役にも立たず、最終的には母艦機からの激しい爆撃を受けた。ミシェリエ海軍少将はなおも諦めず、11月11日にはパットン少将の降伏勧告を次にような書簡により拒否している。

「フランス艦隊はモロッコ防衛のため、いかなる敵に対しても義務を遂行する」

しかしすでにこの時には、パットンは兵士３万７０００名と戦車２５０両の陸揚げに成功していた。

アルジェは政治的事情により連合軍に寝返った。（＊33）

注（＊33）：アルジェ防衛軍の指揮官は親英米派のジュアン将軍であり、密約により上陸時に連合軍側に寝返るはずであったが、たまたま居合わせたダルラン提督が指揮を執ることとなった。このため、アメリカ総領事マーフィーによる工作により、ダルラン提督を拘束して偽の署名入りの命令書を発行し、フランス軍の抵抗を止めさせた。

しかしオランにおいては、連合軍は何の障害もなく上陸したわけではなかった。オラン海軍部隊司令官のルー海軍準将は砲撃を開始し、彼の沿岸砲兵は最初の輸送船２隻を撃沈した。また、フランス艦隊がここにも投入され、軽巡洋艦「エペルヴィエ」が敵の駆逐艦、重巡洋艦と戦艦との戦いで失われ、脱出を拒んで甲板に残った艦長のロラン海軍中佐と伴に沈んだ。最終的にはさらに駆逐艦２隻と潜水艦６隻が失われ、潜水艦「フレネル」ただ1隻のみがツーロンへ脱出した。

悲しむべきことにフランス軍はこの劣勢な戦いで、戦死者８０３名、負傷者１０００名以上の損害を受けたが、しかし、名誉は守られた。すなわち、西側連合軍はこの戦闘で戦死者７００名と負傷者約８００名の損害を被り、29隻の船舶が失われたのである。

この戦闘の経緯でわかる通り、チュニジアにおいて侵略者として認識されたのは、ドイツ軍ではなく先に攻撃を仕掛けて来た西側連合軍であった。ペタン元帥はフランス国民に対するラジオ演説の中で、フランス海軍の行動に触れて次のような言葉でそれを擁護した。「私は常々、あらゆる攻撃に対して我々の植民地を防衛すると約束してきた。それは相手が誰であろうと全く関係はない。我々は攻撃されたので自衛の戦闘を行ったのであり、私が命令を下したものである」

しかしながら、アメリカ＝イギリスの秘密外交は、マーフィー大使やその支援者による言を借りると、見事に〝事態を鎮火〟することに成功した。すなわち、最初はフランス本国の元帥の命令に従っていたダルラン提督を懐柔し、北アフリカに展開するフランス軍部隊に対して「ペタン元帥の名の下において停戦を行う」旨の命令を発布させたのである。

　自由フランス軍司令官ド・ゴール大将は、奇襲上陸作戦によるフランス植民地の占領を知らされておらず、11月8日にロンドンのダウニング街10番地の首相官邸で、サー・ウィンストン・チャーチルから素っ気なく、連合軍が北アフリカに上陸したことを聞かされて初めてそれを知った。ド・ゴールは、上陸地点は港から射程外の離れた場所にあり、この作戦は失敗するであろうという自分の考えを述べたが、誰も聞こうともしなかった。

　翻って11月8日の夜の状況をドイツ軍側から見ると、ヒットラーは恒例の演説をその日の夜にビュルガーブロイケラー（＊34）で執り行なうべく、ヴォルフシャンツェ（狼の巣）からミュンヒェンへ移動中であった。

注（＊34）：ビュルガーブロイケラーはミュンヒェンにある市内最大のビアホールであり、1923年11月9日のミュンヒェン一揆は、前日の夜、まずここへヒットラーが突撃隊（SA）を率いて突入したことから始められた。ヒットラーはビアホールのテーブル上に立ち、拳銃を一発、天井に向けて発射した後、「国民革命が開始された。ホールは包囲されている！」と絶叫したと伝えられている。このことからこのビアホールは大戦中、ナチスの聖地となり、毎年11月8日にはヒットラーがここで演説会を開催して得意の獅子吼を披露する慣わしとなっていた。

　そのヒットラーは真っ先に、南方軍集団司令官ケッセルリング元帥へ電話をかけて次のような命令を下した。「持てるものすべてをアフリカへ投入せよ。我々はアフリカを決して手放しはしない。もしアフリカを手放したら、それは地中海を手放すことであり、年末までには我々は地中海戦線全体を失うことになるだろう。これはいいかね、ケッセルリング、想像もできない程の威信の失墜を意味し、イタリア人は心の底から衝撃を受けるだろう」（フランツ・クロヴスキー著『アルベアト・ケッセルリング元帥』参照）（＊35）

注（＊35）：電話におけるこの命令の前に、ヒットラーとケッセルリングは以下のような会話をしている。ヒットラー「チュニスの敵上陸に対しどのくらいの戦力を投入できるか？」ケッセルリンク「一握りの降下猟兵部隊と本官の本部中隊であります」

　ともかく主導権は西側連合軍にあり、ケッセルリングはアフリカの喪失を防がねばならなかった。1942年11月9日の朝ケッセルリング元帥は、アフリカを知り尽くしている在チュニジア航空軍司令官マルティン・ハーリングハウゼン大佐へ次のように厳命した。

「貴官の飛行部隊をもってチュニスとビゼルタを占領し、橋頭堡を構築して後続のドイツ戦闘部隊が到着するまで保持せよ」

　この日、チュニス近郊のエル・アウイナの飛行場へは最初のドイツ軍用機が着陸し、フランス軍兵士が捧げ筒で整列する中、チュニス総督であるエステファン提督が降り立ったドイツ軍兵士を出迎え、翌11月10日には上陸したアメリカ軍部隊に対して最初の出撃が行われた。

　チュニジア橋頭堡に投入されたドイツ軍部隊の指揮は、ヴァルター・K・ネーリング戦車兵大将（＊36）が任命された。フラスカティにおいて彼は、ケッセルリング元帥から簡単な戦況報告を聞き、そこで初めて自分が僅かな大隊が使用できるだけであり、指揮することになっている第90軍団を編成するために、できるだけ早く戦闘部隊を輸送する必要があることを知った。従って、第5降下猟兵連隊並びに師団HGの一部の投入は、避けられない状態となっていた。

　注（＊36）：ヴァルター・クアト・ネーリングは1892年8月15日、シュトレッツィンに生まれた。1911年9月に士官候補生として帝国陸軍に入隊、1915年2月には第152歩兵連隊にて少尉に任官。1937年10月にヴァイマール共和国陸軍第5戦車連隊長として復職し、1939年7月には第19軍団参謀長となった。第二次大戦勃発後、1939年9月にグデーリアン戦車集団参謀長、1940年6月に第18戦車師団長となり、ベレジナ河渡河作戦の戦功により1941年7月24日付で騎士十字章を授章。1942年3月にアフリカ戦線へ転出し、1942年11月に在チュニジアドイツ軍司令官となる。その後、第24戦車軍団長となりカザティンでの戦車戦の戦功により、1944年2月8日付で柏葉付騎士十字章を授与された。1945年の冬季戦では、包囲された第24戦車軍団その他を突破戦と巧みな機動防御戦を交互に行いながら西方へ撤退させ、味方戦線への脱出に成功させた。戦史上、「ネーリング移動包囲陣」として名高い撤退戦を指揮したネーリング大将は、1945年1月22日付で全軍124番目の剣付柏葉付騎士十字章を授与されている。終戦時は第1戦車軍司令官。

第5降下猟兵連隊の初陣

　カサブランカ、オランとアルジェ付近に上陸した兵員10万人以上の連合軍は、上陸地点とそこから数マイルほど東の地点に終結した。このためケッセルリング元帥は、第5降下猟兵連隊の2個大隊（＊37）と彼の護衛大隊をチュニスに投入することが可能となり、元帥はネーリング戦車兵大将に遂行するべき戦略、すなわち〝敵の作戦行動の遅延とチュニスの確保、強力なチュニジア橋頭堡の構築のための西方および南方への進出〟を授けた。

　注（＊37）：コッホ中佐率いる第5降下猟兵連隊は、マインドル突撃連隊を母体として1942年夏に編成されたもので、フランスでマルタ島降下作戦（「ヘラクレス」作戦）のため待機中であったが、緊急にチュニス橋頭堡へと投入された。第一陣は1942年11月11日に、

Ju52輸送機40機により早くもチュニスのエル・アウイナ飛行場に飛来した。

ケッセルリング元帥が11月19日にチュニスへ到着した時、ネーリング大将は敵を食い止めるべき前線は500㎞にもおよび、特に重火器と戦車が不可欠であると報告した。第501重戦車大隊（ティーガー）の第1中隊（＊38）に続き、第10戦車師団の最初の部隊がチュニスに到着し、チュニジアへ緊急に投入されたイタリア師団〝スペルガ〟の協力もあって、敵部隊を食い止めることに成功した。

注（＊38）：第501重戦車大隊の最初のティーガーⅠ型3両は、1942年11月23日に海上輸送によりビゼルタに到着し、ルーダー戦闘団を形成して11月25日から戦闘を開始した。また、フランスに駐留していた第10戦車師団の2個オートバイ中隊が、フェリーにより11月22日に最初の部隊として到着し、師団主力は11月29日に到着した。

ネーリング大将はフォン・アルニム上級大将（＊39）に指揮権を譲り、12月5日には第5戦車軍が編成され、12月の末まで橋頭堡を保持し、そのⅢ号、Ⅳ号戦車100両とティーガー11両をもって戦区を持ち堪えた。（＊40）

では師団〝HG〟はその間、どうしていたのだろうか？

注（＊39）：ハンス＝ユルゲン・フォン・アルニムは1889年4月4日、シュレージェンのエアンスドルフに生まれた。1908年4月に士官候補生として帝国陸軍に入隊、1914年3月に第4近衛連隊にて少尉に任官。1938年に陸軍省へ入省してヴァイマール共和国陸軍に復職。第二次大戦勃発後は第52歩兵師団長を経て第17戦車師団長となり、1941年9月4日付で騎士十字章を授章。その後、1941年11月には第39戦車軍団司令官となった。1942年12月3日に第5戦車軍司令官、1943年3月にはチュニジア軍集団司令官となり、チュニジア橋頭堡陥落の1943年5月12日に降伏、捕虜となった。

注（＊40）：戦車兵力の中心は第10戦車師団であり、北アフリカ戦役開始時における戦車戦力は、Ⅲ号指揮戦車9両、Ⅲ号戦車105両、Ⅳ号戦車短砲身型4両。Ⅳ号戦車長砲身型16両であった。第501重戦車大隊はその後増強逐次増強され、1943年12月31日現在でティーガーⅠ型12両、Ⅲ号7・5㎝短砲身N型16両を有していた。

アフリカにおける師団HG：初期の作戦概要

師団HGの最初の部隊は、1942年12月にアフリカへ輸送された。1943年1月には、フルマン中佐指揮の完全装備の高射砲連隊HGが、その第ⅠおよびⅡ大隊をもって後を追って海上輸送されたが、なにしろ連隊本部は次の部隊輸送の準備のため、まだ南フランスに止まっており、12月までは高射砲連隊HGはナポリ地区に投入されていた。当時、アメリカ第12航空団の戦術爆撃機と爆撃機、イギリス西部砂漠飛行団の軍用機が、アフリカ戦線のみならず南イタリアの長距離爆撃を始めており、この処置はナポリ地区の防空には有効であった。

　チュニジアへ輸送された連隊の高射砲中隊群は、本質的には敵機が跳梁跋扈《ちょうりょうばっこ》する状況を好転することができず、もっぱら地上戦において対戦車戦闘に投入された。

　南フランスからの師団部隊、オランダや本国からの補充部隊については、まず最初にナポリ、カゼルタ、アヴェルサ、サンタマーリヴェテーレとカステルヴォルトゥルノ地区まで輸送された。そして、そこから第２次兵担基地であるシシリー島のトラパニへ行き、そこから定期空輸便でアフリカへ運ばれたが、車両、重装備と兵器については、ヨーロッパ要塞から海上輸送でチュニスへ輸送された。

　海上輸送はナポリ港とリヴォルノ港から行われていたが、多くの船舶は遅延し、海上での爆撃や有名なマルタ島のイギリス第10潜水戦隊の潜水艦により一部は沈没した。（＊41）

　注（＊41）：ジョージ・シンプソン海軍大佐指揮する第10潜水戦隊は、マルタ島を根拠地として１９４１年９月に編成され、同年10月の時点でユニティ級潜水艦10隻を擁していた。なお、同級潜水艦は全長約60ｍ、排水量６００ｔで最大水上速度10ノット、最大潜航速度７ノットであった。

　新編成のノイバウアー少佐指揮の戦車連隊ＨＧ／第Ｉ大隊は、ガエタから２隻のイタリア駆逐艦と１隻のギリシャ駆逐艦（かつての駆逐艦「ヘルメス」で、ドイツ軍艦旗の下で再び任務についていた）（＊42）により、チュニジアまで移送された。この３隻は、一度は機雷布設海域により、二度目はイギリス空軍の爆撃により変針を余儀なくされ、入港することができなくなり、部隊はボン岬付近ではしけにより下船した。この場合も重装備を陸揚げすることができず、部隊をすぐに前線投入することはできなかった。

　注（＊42）：１９３８年に就役したばかりのギリシャ駆逐艦「ヴァシレフス・ゲオルギオス」は、基準排水量１３５０ｔ、最大速力36ノット、12・７㎝単装４門、３・７㎝機関砲４門、12・７㎜機関銃８挺、53・３㎝魚雷発射管８門を有する優秀艦であり、ギリシャ駆逐艦戦隊の旗艦となっていた。第１９４１年４月14日に空爆により損傷し、サラミス島の浮きドック内でドイツ軍に接収された。修理の過程で３・７㎝機関砲２門、２㎝機関砲５門を増設し、魚雷発射管は２門が撤去され、１９４２年６月より「ヘルメス」と命名されてエーゲ海における船団護衛任務に投入された。１９４３年５月１日に空爆により大破し、チュニスへかろうじて入港したが５月７日に自沈した。

　戦車連隊ＨＧ／第Ｉ大隊は、１９４３年１月に南フランスからイタリアへ移動してカステルヴォルトゥルノ付近で野営した。そして同年２月末にはヴィラサンジョヴァンニへ移動し、そこでわずか6km幅のメッシナ海峡を渡った。その後、北方の海岸通りを通ってチェファルとパレルモを経由し、マルサーラ地区に到着し、そこで再び野営となった。

陸路での待機は4月4日まで続き、その後、大隊は中隊毎に飛行場へ運ばれてJu52輸送機に分乗した。戦車は野営地のカステルヴォルトゥルノまで戻り、そこでリヴォルノへの行軍命令を受領して、そこから船積みされてアフリカへ後送されるとのことであった。

しかし、それはまったく違っていたのである！　最初の大隊の兵員部隊が離陸した後、トラパニの飛行場は4月5日に連合軍爆撃機によって激しく空爆され、そこで待機中であったJu52の大半が破壊され、代替機の在庫は皆無であった（大部分のJu52部隊は包囲されたスターリングラードへの空輸任務に投入されていた）。

アフリカへ投入された師団部隊の指揮は、ヨーゼフ・〝ベッポー〟・シュミット大佐（＊43）の手に委ねられた。シュミット大佐はすでに師団前衛部隊と伴に1943年1月1日にチュニスへ到着し、ひとまず戦闘団〝シュミット〟の名の下で部隊を率いていたが、後に少将となって本来の名前に復した部隊、すなわち師団HGの師団長として指揮を執ることになる。

注（＊43）：ヨーゼフ・シュミット少将は、1942年11月から1943年5月13日まで師団HGを率いてアフリカで戦った。チュニジア防衛戦の戦功により1943年5月21日付で騎士十字章を授与されている。1956年8月30日にアウグスブルクにて死去。

重装備もない制限された条件下で、量、装備とも優れた敵部隊を食い止めるため、師団前衛部隊の各自は最大の努力をすることを求められた。そしてここでも白い襟章の兵士達は見事にそれに応え、ケルワン（カイルワン）、グーベラート、メジェゼルバブ、ポン・ドゥ・ファー、ザグワンそして大チュニジア地区において、卓越した功績を挙げるのである。

シュミット大佐は戦車連隊HG／第I大隊の残りの兵員と戦車を諦めざるを得なかったが、彼はシシリーへ飛び、クアト・ギーアガ少佐指揮の陸軍戦車大隊の混成1個中隊の配属を受けた。戦車大隊の兵員はチュニスに集結したが、またしても乗用車や戦車は1両も装備されておらず、結局、彼等は貴重な戦車兵として教育されたにもかかわらず、ただの歩兵として投入された。

空輸‐輸送航空団の損害についての空軍最高司令部の報告がここにある。

「地中海上空とアフリカ戦線において、4月だけでMe323〝巨人《ギガント》〟14機とJu52〝おばさん《タンテ》〟76機が、搭乗員275名と物資212tと供に撃墜された。

一方、輸送飛行団は大規模な出撃により、兵員8388名と物資5040tをチュニジアへ空輸することに成功したが、

この作戦により第5輸送飛行戦隊（〝巨人〟を装備する大型輸送飛行戦隊）が全滅した」（＊44）

注（＊44）：全長28・15m、全幅54・99m、重量43t、航続距離1100㎞の大型輸送機Me323〝巨人（ギガント）〟は、元々1940年にイギリス侵攻作戦用グライダーと開発されたMe321をベースにフランス製エンジン6基を搭載したもので最大積載量は11tに達し、軽戦車や兵士100名以上を搭載することができた。しかしながら、最高速度は僅かに285㎞／h、武装も2㎝機関砲2門、13㎜機関銃7挺と貧弱で損害も多かった。

1843年2月19日にヴァルター・コッホ中佐率いる第5降下猟兵連隊が編入され、その後、師団HGの第5猟兵連隊としてシアマー少佐（＊45）が指揮を執ることとなった。部隊はその時までにチュニジアへ送られた最初の部隊として、伝説的とも言える戦いぶりを示しており、若干の降下猟兵とヘルマン・ゲーリング部隊の古参兵で構成されていた。

注（＊45）：ゲアハート・シアマーは1913年1月9日、ケムニッツに生まれた。1932年4月にザクセン州警察学校に入隊して州警察部隊の一員となったが1935年9月に空軍へ転じ、第62飛行教育連隊中隊長などを歴任。1941年4月より第2降下猟兵連隊／第6中隊長となり、1941年4月26日のコリント運河降下作戦の戦功により1941年6月14日付で騎士十字章を授章。1942年11月より第5降下猟兵連隊／第Ⅲ大隊長、1943年2月には第5降下猟兵連隊長（戦闘団〝シアマー〟）となり、劣勢のチュニジア戦線にあって奮戦した。その後、猟兵連隊HG連隊長を経て、1944年1月には第16降下猟兵連隊長を拝命し、ヴィルナ防衛戦、オストプロイセン国境付近の防衛戦で傑出した働きを見せ、1944年11月18日付で騎士十字章を授与された。同年9月24日、第16連隊は降下機甲擲弾兵連隊3HGと改名され、降下戦車軍団HGへ配属された。1944年11月7日にはヒットラー暗殺未遂事件の容疑で逮捕されたが、ゲーリングの働きかけにより釈放され、以後、西方軍集団司令部付連絡将校、降下猟兵教育師団首席参謀となって終戦を迎えた。戦後はドイツ共和国軍に奉職し、第25降下猟兵旅団長、第51防衛管区司令官などを歴任した。

師団HGへの編入にあたっては、第5降下猟兵連隊は内心嫌々であり、旧来の第5降下猟兵連隊の呼称に執着していたが、ともかく指揮権は師団へ委ねられた。連隊は単独投入されてほとんど独立部隊として一人の指揮官の下で戦い抜いて来ており、見知らぬ指揮官の下へ配属されるという事は、士気を悪化させることにもなりかねなかった。

しかしながら、連隊の兵士達は以前と変わらぬ熱意で戦い続けたのであり、その事は最初にご紹介したように、チュニジアにおける数々の戦闘によって見事に立証されている。

連隊の大隊はそれぞれ第Iおよび第Ⅲ大隊と言う新しい呼称を頂いて、前線に投入された。連隊の兵員配置リスト（アフリカでの作戦期間中のもの）には、部隊編成と中隊長名が次のように記載してあるが、何人かは戦闘中の負傷や死亡などにより連隊から離脱している。

第5降下猟兵連隊
連隊指揮官：ヴァルター・コッホ中佐
ゲアハート・シアマー少佐
ホルスト・ツィンマーマン大尉
第Ⅰ大隊：ハンス・ユングヴィアト大尉（少佐）
（4月20日まで）
クリスチャン・シュピーラー大尉
第1中隊：エーリヒ・シュスター少尉（戦死）
ヴェアナー・クラインフェルト中尉
第2中隊：ゲルト・マイアー中尉
リヒャルト・パルム少尉
ヘルムート・シュッツ中尉
第3中隊：オットー・ラングバイン大尉（戦死）
デヴェット・クラー中尉（戦死）
ヒューブナー中尉
ロルフ・ヴィンクラー中尉
第4中隊：フーゴ・パウル大尉
クリスチャン・シュピーラー大尉
ロベルト・ヘーフェルト大尉
第Ⅲ大隊：ヴィルヘルム・クノッヘ大尉
ゲアハート・シアマー大尉（少佐）
ホルスト・ツィンマーマン大尉
ロベルト・ヘーフェルト大尉
第9中隊：ルドルフ・ベッカー大尉
フリッツ・クヴェトノフ大尉（戦死）
第10中隊：ウルリヒ・ヤーン中尉（戦死）
ヴェアナー・ケムパ少尉（戦死）
ヴァルター・ガシュタイアー中尉
第11中隊：アルトゥール・シュナイダー中尉
ヴィルヘルム・クリストゥフェーク中尉
第12中隊：ハンス・ホーグ中尉
ヴェアナー・ヴェーラー大尉
第Ⅰ大隊軍医：クアト・シャイフェーレ軍医大尉
（医学博士）
第Ⅲ大隊軍医：フリッツ・ネートル軍医大尉（医学博士）
その他の軍医：ヴェアナー・ハーゼンフース軍医大尉
（医学博士）
レンナー軍医大尉（医学博士）
カール・ロイター軍医中尉
ルドルフ・ヴァインツェル軍医大尉
その他：エアンスト・フライベルク連隊査閲官（戦死）
ハンス・ハーン連隊査閲官
クアト・クロプファー連隊査閲官

回顧

すでに述べたように、ヴァルター・K・ネーリング戦車兵大将が第90軍団司令官として、ハーリングハウゼン大佐指揮の最初の飛行部隊と供にチュニジアへ到着した時、次のような部隊のみが投入可能であった。

・ユングヴィアト大尉指揮の第5降下猟兵連隊／第Ⅰ大隊
・クノッヘ大尉指揮の第5降下猟兵連隊／第Ⅲ大隊

連隊のヒューブナー大尉指揮の第Ⅱ大隊は、エル・アラメイン付近に投入されたラムケ降下猟兵旅団に配属されていた。

降下猟兵はまずカゼルタまで輸送され、11月10日に到着した。クノッヘ大尉は第10中隊からバイティンガー少尉指揮の前衛部隊を編成し、11月11日の朝、チュニジアへの最初のドイツ部隊として、敵の爆撃を受けたばかりのエル・アウイナ飛行場へ着陸した。

チュニジア橋頭堡における最上位職はハーリングハウゼン大佐であり、その命令によりバイティンガー少尉は部隊を率いて市街を抜けて南下し、西方への幹線道路が分岐する交通の要衝である十字路を確保した。

そこから伝令として市街へ戻る時、ヴィーン出身のフィクトーア・フィンク衛生上等兵は、車両の不足により市街電車を使ったが、それは驚くほどうまく行った。彼は「私は一度も切符を買う必要がなかった」と、第5降下猟兵連隊の行軍の様子を、メジェゼルバブの戦闘から25年後に著者に話してくれた。

第5降下猟兵連隊／第Ⅲ大隊の第二次輸送部隊は、ラ・マルサ飛行場へ突入し、シアマー大尉は第Ⅰ大隊の最初に到着した部隊を率いてチュニスへ到着した。チュニジア湾を望む地点にはフランス軍エステファン提督が居を構えており、ルントシュテット元帥は11月11日にペタン元帥の同意をヴィシー政府から引き出し、提督へドイツ軍のチュニジア進駐を通知した。

11月14日にヴァルター・K・ネーリング戦車兵大将はラ・マルサ飛行場に着陸し、続々と到着する部隊の指揮権を継承したが、チュニジアにおける政治的指揮権は棚上げされた。

１９４２年11月16日付の国防軍報告には次にように記されている。

「ドイツ軍およびイタリア軍部隊は、フランス共和国大統領の完全な了承を得て、ここにチュニジアにおける軍事的指揮権を確立した」

第90軍団司令部は１９４２年11月16日時点で次のような部隊を掌握していた。

・第5降下猟兵連隊　コッホ中佐
・降下工兵大隊　ヴィツィッヒ少佐

・第５行軍大隊
・８・８㎝高射砲４門を装備する１個高射砲中隊
（訳者注：第20高射砲師団の１個中隊である）
・７・５㎝砲装備の１個装甲車中隊　カーレ中尉
（訳者注：第１９０機甲偵察大隊の１個中隊である）
・ビゼルタにあるイタリア軍将軍が指揮する２個海軍陸戦大隊
・ポン・デュ・ファー地区のイタリア師団〝スペルガ〟の２個大隊

メジェゼルバブの戦闘は１９４２年11月19日に開始され、数日後に行われた降下猟兵部隊の夜襲によって戦況はドイツ軍に決定的に有利となった。

シアマー大尉はクヴェト・ザルガ（ウェド・ザルガ）までさらに前進し、そこで連隊の撤収命令を受領してメジェゼルバブ付近に展開した。

テブルバの戦闘（＊46）を通じて、ネーリング大将は多方面から進撃して来る優勢な敵部隊とのチュニスへの競争に勝つことができたが、これは降下猟兵部隊の再三再四にわたる活躍の賜物であり、まさに天秤上の最後の分銅（訳者注：小さくとも天秤の均衡を破るのに決定的な力を持つ錘のこと）であった。

注（＊46）：１９４２年12月１日から５日まで継続したテブルバの戦闘では、第10戦車師団を中心とするドイツ軍が連合軍先鋒部隊を捕捉し、イギリス第11旅団、アメリカ第１機甲師団は捕虜１０００名を出すなど大損害を蒙り、砲40門を鹵獲、戦車１３４両を撃破されるなどして一時的に撃退された。

そして、大チュニス地区の主要な丘陵地帯を占領するという目的で、「雄牛の頭」作戦が葡萄畑の広がるブー・アラダ付近で開始され、第５降下猟兵連隊と１９４３年１月に新編成予定のマントイフェル師団を構成することになった戦闘団〝ヴィツィッヒ〟と降下猟兵連隊〝バレンティン〟およびその他の部隊が投入された。（＊47）この時期に第５降下猟兵連隊が師団ＨＧへ猟兵連隊として編入されていたとすると、同連隊のために前線指揮所を設ける必要があったと推察されるが、事実、この時期の師団ＨＧの編成表には前線指揮所が認められる。

注（＊47）：１９４３年２月26日に発起された作戦で、攻勢部隊の主力はフォン・マントイフェル師団（イタリア第10狙撃兵連隊、戦闘団〝ヴィツィッヒ〟／降下工兵大隊、降下猟兵連隊〝バレンティン〟、特別編成部隊〝フォン・ケーネン〟、２個チュニス大隊と５個砲兵中隊からなる）、第47歩兵連隊、第３３４歩兵師団、師団ＨＧの一部および数個チュニス大隊であった。当初は奇襲により突破に成功したが、高地を占領するには兵力と砲兵が不足しており作戦は失敗した。

１９４３年1月から4月の時期、師団ＨＧのさらなる部隊がアフリカへ輸送されたが、チュニジア橋頭堡の最期が迫ると、他の部隊と同様に分割されて輸送準備を行っていたシフナー大尉指揮の機甲工兵大隊ＨＧは４月19日に輸送が取り止めとなった。しかし、４月18日までに２個擲弾兵大隊と砲兵連隊ＨＧ／第Ⅱ大隊が緊急にチュニジアに輸送され、それから1ヵ月も経たないうちに捕虜となった。

「ライラック」作戦までの期間

１９４３年2月から師団ＨＧは、メジェゼルバブからブー・アラダを経てローバまでの50㎞の戦区を防御していた。ここでは第5降下猟兵連隊が師団の第５猟兵連隊として、すでに11月19日より前線にあった。

師団ＨＧの右翼は第３３４歩兵師団、左翼は第10戦車師団であったが、師団ＨＧの所属で完全編成かつ実戦経験がある部隊は、擲弾兵連隊１ＨＧ、２個大隊編成の高射砲連隊ＨＧ、戦車猟兵大隊ＨＧの一部と機甲工兵大隊ＨＧ／第１中隊など数えるほどしかなく、その他に第5チュニジア大隊（旧第５行軍大隊）が配属された。

また、師団にはいくつかの兵種が欠けているため、新たに創設された第5戦車軍の命により、砲兵指揮官および砲兵本部、第１９０砲兵大隊／第２中隊、第１９０砲兵連隊／第Ⅱ大隊と第90機甲砲兵連隊／第Ⅰ大隊が配属され、１９４３年4月中旬からは第９９９砲兵連隊／第Ⅰ大隊と2個イタリア軍砲兵大隊が追加された。

師団の防衛陣地は、手元にあるだけの材料を可能な限り有効に活用して構築したものであったが、とりわけ南部地域を担当する擲弾兵連隊１ＨＧにとって、何よりも発見されにくい防衛陣地を構築すると言う特別な配慮が必要であった。

ドイツ軍の南部戦線の撤退後、敵はアンフィダヴィル陣地～アンフィダヴィル～ジェベルマンスール方面のチュニジア西部戦線において攻勢を開始し、その重点はヴェーバー中将（＊48）（後にクラウゼ少将）率いる第３３４歩兵師団の戦線に向けられた。

注（＊48）：フリードリヒ・ヴェーバーは1992年3月21日、メアゼブルクに生まれた。1914年8月に士官候補生として帝国陸軍に入隊、1915年1月にバイエルン第2行軍砲兵連隊にて少尉に任官。1937年にヴァイマール共和国陸軍第87歩兵連隊大隊長として復職。第二次大戦勃発後は1939年9月に第481歩兵連隊長となり、フランス戦役の戦功により1940年6月8日付で騎士十字章を授与された。1942年1月より第256歩兵師団長、1942年11月15日から1943年5月1日まで第334歩兵師団長、その後、第298師団長、第131歩兵師団長を歴任し、1944年12月からワルシャワ要塞師団長を勤める。

敵はクヴェト・ザルガの北東地点から迅速に突進し、師団

ＨＧの側面をも脅かすところとなった。

　師団の偵察により北地域から連合軍部隊がさらなる攻撃を準備中であることが明らかとなったため、この敵を撃滅して前線を再び旧位置に引き戻すため、シュミット少将（昇進）は敵の出撃準備陣地へ突進して攻撃を加えることを決心した。

　作戦の主目的は、師団の北翼に位置する敵部隊を牽制して、苦戦している第３３４歩兵師団の負担を軽減することにあり、作戦の秘匿名称《コードネーム》は「ライラック」と名付けられた。

　この作戦の実施にあたっては、シュミット少将自らが第５戦車軍司令官であるグスタフ・フォン・フェーアスト戦車兵大将（＊49）へ上申しており、作戦計画は新任のアフリカ戦車軍司令官フォン・アルニム上級大将の裁可を受けたものであった。

　注（＊49）：グスタフ・フォン・フェーアストは１９９４年４月19日、マイニンゲンに生まれた。１９１２年７月に士官候補生として帝国陸軍に入隊、１９１４年２月に第14軽騎兵連隊にて少尉に任官。１９３８年１月にヴァイマール共和国陸軍第２狙撃兵連隊長として復職。第二次大戦勃発後は第２狙撃旅団長となり、フランス戦役の戦功により１９４０年７月30日付で騎士十字章を授章。その後、１９４１年12月から第15戦車師団長としてアフリカ戦線に従事した。１９４３年３月より第５戦車軍司令官となり同年５月９日に捕虜となった。

４月17日と18日にこの攻撃に関する作戦会議が開催され、次のような兵力がシュミット少将に与えられた。

・第５猟兵連隊ＨＧ：シアマー少佐
・擲弾兵連隊１ＨＧ／第Ⅱ大隊：シュライバー大尉
・高射砲連隊ＨＧの一部
・擲弾兵連隊１ＨＧ／第14中隊
・高射砲連隊ＨＧ／第18中隊
・機甲工兵大隊ＨＧ／第１中隊
・戦車猟兵大隊／第４中隊（対戦車自走砲含む）の３分の２

「ライラック」作戦のための他部隊からの増援は、次の通り。

・第７戦車連隊（第10戦車師団）の２個大隊

これらの部隊は３つの攻撃部隊に編成された。

ａ）戦闘団〝アウドルフ〟：北翼の側面防御任務
ｂ）戦闘団〝シアマー〟：北および南からの突進部隊
ｃ）戦闘団〝フンク〟：南翼の側面防御任務

４月20日の夕方、すべての３個戦闘団に対して〝「ライラック」作戦開始！〟の攻撃命令が発せられた。

師団本部は前線の野戦指揮所へ移動し、攻撃部隊が23時に加わり、６時間の戦闘後、各部隊は次のような目標に達した。

・戦闘団〝アウドルフ〟、１５７高地、メジェゼルバブの東南６㎞地点

・戦闘団〝シアマー〟(北)、166高地、メジェゼルバブの東南5・5㎞の幹線道路から東方800m地点
・戦闘団〝シアマー〟(南)、381高地、ゴワベラの北西4・5㎞
・戦闘団〝フンク〟、ジェベル・リハレの北東山地であるジェベル・スリア、シ・ナセル・ラゲ、ララ・ハッダの南方峡谷

戦闘団〝シアマー〟は第5猟兵連隊HGから構成されており、敵の強力な防御地点に突進し、そのまま前進できないでいた。戦闘団〝アウドルフ〟も同様に攻撃目標に達することに失敗し、戦闘団〝シアマー〟はメジェゼルバブから側面を脅かされる状況となった。

このためシュミット少将は、4月21日3時30分に局地的な中止命令を出さざるを得なくなったが、直ちに各部隊の攻撃開始地点まで撤退させることは、急速に明るくなりつつある現状では大きな被害が出ることは明らかであり、不可能であった。

戦闘団〝シアマー〟(北)は14時から戦車大隊〝ブルク〟の援護により、無事に攻撃開始地点まで撤退できた。

戦闘団〝シアマー〟(南)は現状の陣地に残り、多方面から攻撃して来る敵戦車の攻撃を撃退したが、さらに敵歩兵部隊の攻撃が加わるのは時間の問題であった。

フンク少佐率いる擲弾兵連隊ⅠHG/第Ⅱ大隊は、現状の陣地において攻撃して来る敵の攻撃すべてを撃退し、これによって戦闘団〝シアマー〟の南翼側面の脅威を排除していた。

師団は18時にすべての戦闘団に敵から離脱するよう命令し、ここに「ライラック」作戦は終了した。すべてのドイツ軍部隊は攻撃開始地点まで撤退し、再び防御陣地に配備された。

ドイツ軍の被害は戦死者34名、負傷者92名、行方不明者201名(大多数は捕虜となった)だったが、この攻撃は一定に戦果を挙げ、敵の大規模な攻勢準備は中断することとなった。敵の準備陣地は破壊され、兵員と装備について甚大な損害を被った。しかしながら、敵はほとんど1日でこれを修復し、前線の裂け目を塞いだのに対し、弱体なドイツ軍の兵力と装備の損害は、補充ができないためにますます弱体化することとなった。

猟兵連隊HGに対する予期された敵の攻撃もまた中止され、僅かに擲弾兵連隊ⅠHGの戦区で敵は限定的な攻撃を仕掛けて来たが、撃退することができた。

味方の報告によると、敵は戦死者400名と同数の負傷者を失い、318名が捕虜として各戦闘団に収容された。

ドイツ軍は大量の物資を鹵獲した。特に重要なのは弾薬集積所2箇所であり、そこで8000発の砲弾と野砲も手に入れることができた。その他に1万5000リッターの燃料を満載したタンクローリー1両、3個砲兵中隊丸ごと、野砲数門、対戦車砲7門、戦車7両、装甲車10両、弾薬積載済みの

弾薬輸送車67両と大量の小火器が鹵獲された。

1943年4月26日の国防軍公報は次のように報じている。

「師団HGは、隣接部隊の一部と伴にチュニジア西部戦線の戦闘において要地に投入され、恐れを知らぬ勇気と模範となる戦闘精神を発揮し、敵の前線突破の企みを粉砕した」

ヨハネス・シャイト上級曹長は、この戦闘では擲弾兵連隊1HG／第11中隊の兵士として参加し、そのチュニジアにおける勇敢な戦いぶりにより騎士十字章を授与される運びとなったが、その後、彼はアメリカ軍の捕虜となり、1943年6月21日に捕虜収容所まで輸送した国際赤十字によってこの勲章を手渡された。

師団HGの各部隊の戦いぶりは、アルベアト・ケッセルリング元帥がその著書『生涯一兵士』の中でこう評価している。「チュニジアを訪れる度毎に、私は何物にも動かされない固い決意に何度となく遭遇した。これは機甲擲弾兵、猟兵、降下猟兵や師団HGの兵士に限ったことではなく、在チュニジア部隊に対しては、どのような賞賛も及ばないのである」

ここでさらに、1943年3月初めにアフリカへ来て最後の日まで戦った、もう一つの部隊に目を転じて見よう。

機甲偵察大隊HG：兵員配置と最初の戦闘

オットー・ブランデンブルク大尉指揮のこの部隊は、次のような兵員配置で編成された。

・大隊指揮官：ブランデンブルク大尉
・副官：レンマイアー中尉
・第1中隊（オートバイ中隊）：ヤーファー大尉
・第2中隊（キューベルヴァーゲン中隊）：ゲアハート中尉
・第3中隊（装甲車中隊）：レープホルツ大尉
・第4中隊（装甲偵察車中隊）：カラス大尉
・第5中隊（工兵中隊）：リンゲルシュテット大尉
・第6中隊（高射砲中隊）：リーケ大尉

編成後、大隊は1943年1月にナポリ～ヴォルトゥルノ地域に移動し、部隊はサンタ・マリア兵舎やカプア・ヴェーテレ兵舎に分宿した。

ここでさらなる訓練を行い、ヴォルトゥルノにおいて部隊演習と実弾射撃を実施した。

1943年3月初め、第1、第5および第6中隊はレッジオへ陸路で移動し、そこでフェリーに乗り換えてシシリー島のメッシナまで行き、さらにパレルモを経てトラパニへ到着し、オリーブ林の中で宿営した。第6中隊（高射砲中隊）が防空任務に就き、翌日、ヴィッカース・ウェリントンを1機撃墜した。

大隊本部は第1中隊と伴に直接チュニジアへ空輸され、後続して来る部隊のために、ポン・ドゥ・ファーの手前にあるワジ（涸谷）に沿って防衛陣地を構築した。左翼は擲弾兵連隊1ＨＧの擲弾兵達、右翼は旧第5降下猟兵連隊、すなわち第5猟兵連隊ＨＧの陣地が隣接しており、この時点で部隊はシアマー少佐の指揮下に入った。

猟兵連隊はメジェゼルバブまでの斜面を防御していた。フルマン中佐指揮の高射砲連隊ＨＧは、すでに述べた通り、その2個大隊を主要防衛力に組み込まれていた。

数日後に第2中隊がエル・アウイナ飛行場に到着し、そこから直接ブー・アラダの幹線道路左側面の新たな陣地に配備された。ブー・アラダへの十字路には第5中隊（工兵中隊）によって地雷が敷設され、僅かな対戦車砲と歩兵砲で封鎖された。

イタリアにはレープホルツ大尉指揮の第3中隊のみが残留したが、この中隊は後日、新生師団ＨＧの機甲偵察大隊編成の際にその母体となるのである。

4月に入り、通信小隊が兵士と伴に前衛部隊としてチュニジアへ空輸された。この小隊長はラインハルト・モーン少尉（後に世界的に有名な出版社ベアテルスマンの社長となる）であり、彼はポン・ドゥ・ファー手前の井戸がある地点に、第6高射砲中隊の兵士用塹壕を設営する任務が与えられた。翌日、第6中隊の第3小隊は2機の〝巨人《ギガント》〟（Ｍｅ３２３）に分乗して飛来したが、着陸の際に敵の空襲を受け、クレムメ軍曹とマックおよびレンツ上等兵が死亡した。

この日の夕方、小隊は高射砲3門と伴に陣地内の第1中隊付近に配置された。高射砲中隊の第2小隊および第4小隊はだいぶ遅れて後から着いたが、両隊とも同様に陣地へ配置された。

第1および第2中隊はこの陣地内で、ポン・ドゥ・ファー地域へ撤退して来るイタリア軍部隊と第21戦車師団の撤退を援護した。

戦闘団〝キーファー〟の戦闘状況

1943年4月25日、戦車猟兵大隊の第1中隊（オートバイ中隊）および第2中隊（キューベルヴァーゲン中隊）は、ブー・アラダの谷で敵の戦車攻撃を迎撃した後、ポン・ドゥ・ファー〜テベサ街道に沿って右翼に展開し、激戦に巻き込まれているイタリア師団〝スペルガ〟を援護するため、防衛陣地の定位置から離脱して救援に向かった。午後遅くなって両中隊は、外人部隊の第1主力連隊とハチ合わせしたが、迅速な包囲戦によりこの敵を一蹴して先鋒中隊を撃滅し、80名以上を捕虜とした。

さらに戦車猟兵大隊ＨＧの両中隊は、マトゥールにあるマントイフェル師団の援護のため急進を命じられ、セジェナーニュ渓谷からケファン・ヌスール〜マシヴの間で激しい防衛戦を展開している師団の戦線へ投入され、5月2日にはマトゥール戦区においてマントイフェル師団の撤退を援護した。

フォン・マントイフェル少将（＊50）の師団本部は、5月3日の夕方の時点でマトゥールの東方7～8㎞の地点にあり、マトゥールはすでに敵に占領されていた。

注（＊50）：ハッソー・フォン・マントイフェルは1897年1月14日、ポツダムに生まれた。1916年2月に士官候補生として帝国陸軍へ入隊、同年4月に第3軽騎兵連隊にて少尉に任官。1939年2月に戦車兵科学校教官としてヴァイマール共和国陸軍へ復職。第二次大戦勃発後は第3オートバイ狙撃兵大隊長などを経て1941年8月に第6狙撃兵連隊長となり、1941年11月28日のヴォルガ～モスクワ運河を巡る戦闘の戦功により騎士十字章を授与された。1942年7月に第7機甲擲弾兵旅団長、1943年2月8日にマントイフェル師団長、1943年8月には第7戦車師団長となり、1943年11月のキエフ～ジトーミル防衛戦での戦功により1943年11月23日付で柏葉付騎士十字章、同じくラドミシェル、テテレフ河付近の防衛戦での戦功により1944年2月22日付で剣付柏葉付騎士十字章を授章。1944年2月に機甲擲弾兵師団GD師団長、1944年9月には第5戦車軍司令官となり、アルデンヌ戦での戦功により1945年2月18日付で全軍24番目のダイヤモンド付剣付柏葉付騎士十字章を授与された。終戦時は第3戦車軍司令官としてオーデル河戦線で最後の防衛戦を指揮した。

5月4日の夜、フォン・マントイフェル少将は戦車猟兵大隊HG指揮官のブランデンブルク大尉とキーファー大尉、ゲアハート中尉の両中隊長に対し、味方前線の向こう側にあるジェベル・アケルを占領し、いかなる状況においても同地点を死守せよと命令を発した。この尾根は500mの高さにあり、眼下にチュニジアまでの平原全体を見渡すことができた。

渓流をジェベル・アケルに導くための二つの土手に接近するためには戦闘は不可避であり、部隊は短い準備砲撃の後に現地人ガイドを従えて、一歩一歩胸の高さまである渓流の中を前進した。下記はティルマン・キーヴェの報告である。

「この高地にはまだ100名ほどの味方守備隊がいたが、敵によって尾根の東端部分に追いやられていた。この日のうちに峡谷を通ってアメリカ第9歩兵師団を攻撃するため、60名の強力な突撃隊が編成された。敵が味方の弱兵力を大兵力と誤認させるのを目的としたこの作戦は成功し、敵は数度の短い戦闘の後に尾根の西側に退却し、5月6日の夜にはその地点も放棄した」

5月6日になってからは、朝から晩までジェベル・アケルは渓流の向こう側からアメリカ軍砲兵の自走砲による砲撃にさらされた。ジェベル・アケル攻撃のために動員された野砲は確認されただけで48門あり、その砲撃に続いて押し寄せる敵歩兵部隊をドイツ軍部隊は全力をもって防衛した。また、攻撃の度に25機から30機程度の戦術爆撃機の空襲を受けた。さらに、ジェラエ・ダケルの泥水を突撃ボートで渡河し、そこから尾根まで突進するという敵の企みも失敗に帰した。ここでさらに、ティルマン・キーヴェ（エデュアルト・キーファー）の優れた報告を見てみよう。

５月７日の夕方、連合軍はチュニス地区に到達し、ジェベル・アケルの保持はこれによって無意味となり、我々は無線を通じてこの日の夜に目標地点№83方向へ脱出せよとの命令を受領した。この地点はビゼルタとチュニスの間の海岸近くに位置していた。脱出作戦の準備をしている間に新たな命令が届く。

「ジェベル・アケルを保持せよ！」

次の朝の１９４３年５月８日、アメリカ軍は自走砲部隊へ重榴弾砲12門を増援し、すべての火砲による集中砲撃を1時間行い、それに続いて歩兵部隊が攻撃を加えたが、またもや撃退された。

５月９日に道路の土手の端に2名の将校を従えた軍使が現れた。我々は白旗を掲げている将校に対し、こちらに来ても大丈夫だと合図を送った。彼はアメリカ第2軍団司令部のグリーン少将であり、随伴する二人の将校も名を名乗ったのだが思い出せない。

通訳が言うには、軍団司令官は速やかなる降伏を望んでおり、重病のブランデンブルク少佐（最終的にはアメリカ軍捕虜収容所で死亡）の代理であるキーファー大尉へ、アメリカ第2軍団の従軍牧師からの降伏勧告書が手渡された。

「ジェベル・アケルの司令官殿へ

貴殿の故国と神の御名において：降伏せよ！

これはベッセンジおよびノイファー両大将（どちらも読みにくい名前である）が託送したものである。

我々は貴殿に願う：同意せよ！」

我々はまだ師団と無線連絡を保持しており、軍使は丁重に再び送り出された。５月10日の夜、マントイフェル師団の無線所から入電：

「敵戦車は師団指揮所前面にあり。貴軍の奮闘を誇りに思う。総統万歳！」

夜の間に我々の無線所は、敵を欺く偽物の無線電報を軍あてに打電した。

「マトゥールのジェベル・アケル５０８高地にて、偵察大隊ＨＧは敵の攻撃を撃退した。食料と弾薬の空輪を請う」

このニセ電報は軍のある無線部隊の傍受するところとなり、イタリアの南方軍集団司令部に転送された。

５月10日の朝、弾薬と食料の投下が了承された旨の無線連絡が、ローマ近郊フラスカッティにある南方軍集団司令部本営から届いた。しばらくして、３つの単語を並べた第二の無電が飛び込んで来た。

「中止！　中止！　中止！」

午後になってグリーン少将が、新たな降伏勧告と供に再び現れた。彼はフォン・フェーアスト大将が署名した次のような1枚のハガキを持って来たのである。

「ブランデンブルク少佐またはその代理宛て：アフリカ戦車軍は戦闘を中止する。同様の措置をされたし。フォン・フェーアスト」

ブランデンブルク少佐の代理としてキーファー大尉は、自らアメリカ軍団司令部において事実を確認するという提案を承諾した。彼はグリーン少将と供にマトゥールのアメリカ第2軍団司令部へ同行し、そこで司令官のウィルソン中将から状況を示した。

さらにある大佐をすでに捕虜となっていたバレンティン大佐を呼びにやり、これによって前例がないフォン・フェーアスト大将のハガキは事実だと保証し、状況は絶望的であることをキーファー大尉に説明した。

キーファー大尉は高地に帰る前に降伏交渉を行った。すでに5月11日以降、イタリアとの連絡は途絶え、ダーメン軍医大尉（医学博士）からは、医療薬品も軍需物資も底をつき、決断の時が来ていたのである。キーファー大尉は将校を通じてアメリカ軍司令官へ降伏条件を手渡し、それは即刻認知された。

ジェベル・アケルの捕虜達がアメリカ軍の捕虜収容所へ移管される時が来た。そこでは各部隊は、協定通りそのまま留まっていたのである。

5月12日、ウィルソン大佐は５０８高地に現れ、ここが僅か約２００名の兵士によって持ち堪えていたことを知ると呆然となった。

１９４３年5月18日付で騎士十字章を授与された当時のエデュアルト・キーファー大尉の報告は、以上で終わっている。

チュニジアの最期

〝サボテン農園〟と名付けられた密集したサボテンの藪に囲まれた１０７高地は、猟兵連隊ＨＧ／第４中隊のシェーファー小隊の兵士達が防衛しており、敵が直接チュニスへ突破することを阻止するため、この重要な高地で最後の戦闘を行っていた。4月29日の夜、敵は攻撃準備を完了し、射撃ができる明るさになった途端に攻撃を開始したが、撃退されて敗走した。午後になって爆撃機30機が高地に来襲し、〝サボテン農園〟は激しく爆撃され、戦術爆撃機が飛び去った後には砲兵が陣地へ観測砲撃を加えた。

これにより、最後に残っていた第４中隊の車両が撃破された。

4月30日早朝に敵は再び攻撃を行い、前進して来た敵戦車３両が頼みの綱の味方砲兵により撃破され、敵歩兵の攻撃も撃退された。

新たな空襲と随伴歩兵を伴う戦車攻撃が発起されたがまたもや撃退され、10両の敵戦車が煙と炎を上げて高地の斜面に横たわっていた。数両の戦車が前線を突破したが、シェーファー上級曹長は小隊を率いて爆薬と吸着式成形炸薬弾により撃破することができた。夕方にはさらに新手の敵戦車14両が、高地と平地に突入して来た。

日が落ちてから、猟兵連隊HG／第Ⅰ大隊のエントリヒ少尉が伝令として到着し、さらに24時間陣地を保持せよとの命令を受けた。

次の敵の攻撃は大隊規模であり、西と南から同時に戦車が突進して来た。味方砲兵は高地から弾幕射撃を張り巡らした。真夜中の正午前、シェーファー上級曹長は48名の兵士を引き連れて生還したが、その大半は負傷していた。

エントリヒ少尉は高地の上と斜面で、撃破された敵戦車37両を数えている。

シェーファー上級曹長は騎士十字章が申請され、１９４４年８月８日にテキサス州ハーネのアメリカ軍捕虜収容所キャンプにおいて、収容されたすべての捕虜が参列する中でアメリカ陸軍大佐より勲章が授与された。

５月６日、戦闘車両約１０００両を有する連合軍戦車部隊はビゼルタ西方のドイツ軍防衛線を突破し、ビゼルタの港湾施設はマントイフェル師団によって爆破された。

在アフリカ戦車部隊の新指揮官であるフランツ・J・イアケンス大佐は、配下のすべての戦車、すなわち第５０１および第５０４重戦車大隊の最後のティーガーと1個イタリア軍突撃砲大隊の戦車約70両以上を急派し、これによって直接チュニスへ突進して来る敵の無敵《アルマダ》戦車部隊を阻止しようとした。（＊51）

注（＊51）：１９４３年３月17日より第５０１重戦車大隊の残余は第５０４重戦車大隊に吸収され、５月６日現在の第５０４重戦車大隊の残存車両はティーガーI型14両であった。

シュネレ大尉率いる戦車30両は、楔形の巨大な戦車部隊に向って突進する一方、イアケンス大佐は残りのすべての戦車と突撃砲を、北側面と北翼面の雪崩のような敵戦車群に対して投入した。

敵の攻撃はしばらくしてストップし、シュネレ大尉は戦車10両を失い、イアケンス大佐は戦車８両を失ったが、戦場には撃破された敵戦車90両が横たわっていた。

５月７日の夜に戦闘団〝イアケンス〟はチュニス西方のエル・アリア飛行場へ撤退し、ここで最後の戦闘を行い、砲弾を撃ち尽くした最後の戦車が険しい峡谷へ突き落とされた。

５月７日に連合軍戦車部隊は、地響きを轟かせながらビゼルタ西方の防衛線を突破し、さらにチュニスとその近郊には激しい爆撃がもう一度加えられた。

17時40分に連合軍はチュニスへ侵入したが、敵にビゼルタの海岸東部分が突破されるまでの５月９日まで戦闘は続いた。５月９日15時25分に第５戦車軍から最後の無電が届いた。

「書類と武器は滅却せり！　さようなら。ドイツ万歳！」

ハマン＝リフにおいてイギリス軍戦車部隊が突破したのは５月10日のことであり、インド第４歩兵師団がボン岬を旋回して新たなコースを進み、５月12日までには半島全体を占領した。

すべてのドイツ軍師団は、１９４３年５月12日までに第５戦車軍へ別れを告げた。アフリカ戦車軍司令部のハンス・クラマー大将（＊52）は、最後の戦車２両によりサント・マリー・デュ・ジットまで血路を開き、そこからフォン・アルニム上級大将は11時にローマへ打電した。

「二方面から包囲される」

注（＊52）：ハンス・クラマーは１８９６年７月13日、ミンデンに生まれた。１９１４年８月に士官候補生として帝国陸軍に入隊、同年12月に第15歩兵連隊にて少尉任官。１９３９年１月にヴァイマール共和国陸軍騎兵教導大隊長として復職。第二次大戦勃発後は１９３９年９月に機甲偵察教導大隊長、１９４１年10月に第８戦車連隊長となり、北アフリカのソルーム戦での戦功により１９４１年６月27日付で騎士十字章を授章。その後、ＯＫＨなどを経て１９４２年10月には第48戦車軍団司令官、１９４３年３月１日から５月16日まで最後のアフリカ戦車軍司令官を勤めた。

その直後、彼は連合軍に対して降伏の申し出を行い、クラマー大将は最後の無電を国防軍総司令部（ＯＫＷ）へ送信した。

「ＯＫＷ宛て：弾薬尽く！　アフリカ軍団は戦闘継続不能まで戦い、命令を完遂せり」

在北アフリカ連合軍司令官リー・ハロルド・アレクサンダー大将は、翌日の午前中にイギリス戦時政府首相ウィルストン・チャーチルへ、次のように打電した。

「閣下へ謹んでご報告申し上げます。チュニジアの戦闘は終了いたしました。敵の抵抗はすべて止みました！　全アフリカは我々のものです！」

アフリカ軍集団の壊滅により、ドイツ軍兵士13万名、イタリア軍兵士18万名が捕虜となり、アフリカ戦線においては双方で合計10万名の兵士が戦死した。

この破局の嵐は師団ＨＧの各部隊にも吹き荒れた。アフリカから帰還した兵士は僅か約１０００名にすぎず、その中で白い襟章の兵士は10人ほどであった。

師団〝ヘルマン・ゲーリング〟はアフリカにおいて約１万名を失い、重大な損失を被った。この兵士の大部分と将校のほとんどは、州警察部隊か少なくとも１９３５年から旧連隊ＧＧへ志願して入隊した志願兵の出身であった。

「アフリカで失った部隊は、ヘルマン・ゲーリング部隊の最精鋭であった。何よりも師団ＨＧの再編成は、彼等抜きでやらねばならなかった」

■１９４３年初頭時点でのアフリカにおける師団ＨＧの兵員配置
師団長：ヨーゼフ・シュミット少将
・猟兵連隊ＨＧ：コッホ中佐（後にシアマー少佐）
・猟兵連隊ＨＧ／第Ⅰ大隊：ユングヴィアト大尉（１９４３年４月20日まで）、その後、シュピーラー大尉
・猟兵連隊ＨＧ／第Ⅲ大隊：シアマー大尉（少佐）、後にツィンマーマン大尉
・機甲擲弾兵連隊１ＨＧ
・機甲擲弾兵連隊１ＨＧ／第Ⅰ大隊：ノイバウァー少佐
・機甲擲弾兵連隊１ＨＧ／第Ⅱ大隊：シュライバー大尉
・機甲擲弾兵連隊１ＨＧ／第Ⅲ大隊：フンク少佐
・機甲擲弾兵連隊２ＨＧ／第Ⅱ大隊：プファイファー少佐
・高射砲連隊ＨＧ：フルマン中佐
・高射砲連隊ＨＧ／第Ⅰ大隊：シュレーター少佐
・高射砲連隊ＨＧ／第Ⅱ大隊：ゲアケ少佐
・戦車連隊ＨＧ：シュトラウプ中佐
・戦車連隊ＨＧ／第Ⅰ大隊
・戦車連隊ＨＧ／第Ⅱ大隊
・機甲砲兵連隊ＨＧ
・機甲砲兵連隊ＨＧ／第Ⅰ大隊
・機甲砲兵連隊ＨＧ／第Ⅱ大隊
・機甲砲兵連隊ＨＧ／第Ⅲ大隊
・機甲偵察大隊ＨＧ：ブランデンブルク大尉
・機甲工兵大隊ＨＧ
・機甲通信大隊ＨＧ
・補給連隊ＨＧ
・主計部隊：クレプフェル上級主計官
・衛生大隊ＨＧ

■配属されたその他の部隊：
・第69機甲擲弾兵連隊／第９中隊
・第１０４機甲擲弾兵連隊／第14中隊
・第90戦車猟兵大隊／第２および第４中隊
・アフリカ大隊〝Ｔ４〟
・第５チュニジア大隊
・第90砲兵連隊／第Ⅰおよび第Ⅱ大隊
・第１９０砲兵連隊／第２中隊
・ネーベルヴェルファー大隊〝フォン・ビューロウ〟
・第Ⅰネーベルヴェルファー大隊／第２中隊

アフリカでの捕虜生活

その時までに編成された戦車師団ＨＧの兵士の大半は、アフリカ戦役の終結後、長年にわたる捕虜生活を送ることとな

った。各々の兵士達の人生にとってもっとも惨めなこの出来事を明らかにするため、全般的に彼らがどのように最後を迎え、どのようにして捕虜収容所へ輸送されたか、残りのすべての者達を代弁する一つの報告書を紹介する。合計でドイツ軍兵士13万名が、1943年5月12日を境にして捕虜となったのである。

「我々はボン岬半島の中間地点までたどり着き、英軍将校達の怒りを買った自分達の車両を我々はそこで破壊しました。港湾については爆破するには大きすぎるので、結局そのまま彼らは出発しました。

我々はグループの中をうろつき回り、議論し、そして絶望の一夜を眠ろうと努めました。その後、さらに北方へと移動して、最終的にはボン岬の突端へと到着しました。

将来は海軍部隊が使用予定であった岩壁をくり貫いた洞窟の中で、我々は食糧と幾つかの大きなワイン樽を見つけました。それは私の興味を大いに惹きました。というのは、ソーセージやザワークラフト（酢漬けのキャベツ）の木箱にはジークマンス瓶詰め工場のスタンプがあり、それは私の故郷の街にある工場だったのです。こんなものは、前線では一度もお目にかかったことはありませんでした。我々はすべて平らげて満腹となり、やがて降りかかってくるべき出来事に備えました。しかし、イギリス人は急ぐ様子もありません。我々は座り込んでしまい、彼らは我々を一箇所に集めるためにたっぷりと時間をかけました。彼らの命令に対してきぱきと行動した後、我々はハチハチを牽引するために使われたクラウス・マッファイ社製牽引車両と伴に出発しました。この時、さらにオペル・ブリッツ1両と雑多なその他の車両が加わりました。この護送隊列は、ハマン・リフ付近の第二収容所の方向へ移動し、夜になってようやく停止して下車となりました。

翌日の更なる移動の途中、目的地の手前でイギリス軍の戦車が向こうから来るのに行き会いました。その時、我々は片側を爆破された橋梁の直前にあり、無傷な車線を通過しなければならなかったのですが、そういう時に正面から戦車が来たのです。戦車兵は身振り手振りで脇にどけるよう指示しましたが、その他の後続車両は走ることができませんでしたから、我々はまっすぐそのまま戦友達と進みました。イギリス戦車はあきらめて後退し、我々をやり過ごすはめになりました。こうして我々は、沿岸近くの目標であったハマン・リフへ到着しました。そこで全員が下車した後、私は冷却水がなくなって物凄い音で吼え立てるエンジンをなだめすかしながら、牽引車をその辺にある乗用車やトラックの群れの中へ移動しました。

この収容所には約2週間留め置かれたのですが、我々は食糧や洗面道具をあてがわれました。イギリス軍が折々に運んで来る食糧はドイツ軍の鹵獲品で、それは多数の捕虜にとっては十分な量ではなく、我々はいつも空腹に苛まれていました。

　時々、我々は水浴びのために砂浜まで輸送されました。誰もそこから先は想像できませんでした。イギリス工兵は鉄条網を設置し、すぐに別な工兵がコンプレッサー付きの圧縮空気式掘削機で、トイレ用の大きな孔を掘ったのです。喜んでやったであろう捕虜を使役せず、彼らはすべてのことを自分自身でやったのです。

　不足する配給食を公平に分けるため、我々の将校は捕虜中隊を編成しました。14日後にトラックへ乗るよう命令され、我々は知らされない目的地へと運ばれました。輸送はチュニスの競馬場で終わりとなり、ここで一夜を過ごしました。この日の夜、34名の我々に対して僅か1個の兵隊パンが食糧として支給されました。私は戦友の一人と伴に、別な収容施設をうろついて食べ物を捜し歩き、ドイツ軍のフィールドキッチン（野戦炊事車）の中にえんどう豆を圧縮した石のように硬いサイコロ状の物を2個見つけました。しかし、これを料理する水を手に入れるのは容易なことではありませんでしたが、ついに成功したのでした。チュニスからさらにアトラス山地を通り抜けて、ボーヌへと輸送されました。トラックはアメリカ軍によって管理されていましたが、これが我々にとって初めてのアメリカ兵との接触でした。特に我々が強い印象を受けたのは、彼らがあらゆる所で使用するオリーブグリーンのデニムの作業着とプラスチック製ヘルメットで、後者は必要な場合、その上にスチール製ヘルメットを容易にかぶることが出来ました。

　アメリカ軍は、幾つもの峠と渓谷を通過する困難な輸送をこともなげにやり遂げました。各トラックの後には小さな一輪式トレーラーが牽引されており、その中に機関短銃（MP）を持った歩哨が、戦時捕虜の脱走を監視していました。スーク・エル・アルバでもう一泊した後、我々はボーネへと到着しました。

　ここの一時収容所は開けた平地に設置された集合収容所で、鉄条網に囲われていました。ここで10グループに分けられた捕虜中隊が編成されました。ここで支給される食事は、レーション（携行食糧）やフィールドキッチンによる簡易食ではなく、袋や箱に入った小麦粉、バター、ビスケットや果物などで、えんどう豆やインゲン豆も袋のまま支給されました。これを意味するところは、彼らは膨大な量を加工しなければならなかったということです。各自に割り当てられた分量を受け取るということは、ここでは各捕虜中隊長の威信にかかわる問題でした。

　あるアメリカ兵と話しをした時、彼は我々にこう言いました。

「我々とあんた達の決定的な違いは、あんた達は祖国のために死のうと思い、我々はアメリカのために生きようとすることさ」

　このような知識は我々にとってたいして役立ちませんでしたが、我々の待遇が低下することもありませんでした。さらにボーネで感じたのは、アメリカ軍が物資、食糧や兵器を無尽蔵に供給していることでした。

　さらに我々は、フランスの貨物船の海上輸送によりボーネからオランへと移動しました。フランス人の准尉が護送隊の指揮官でした。貨物船は小さくて狭く、洗面所もトイレもなく、まるで浮かぶ伝染病施設でした。セネガル人からなる護送隊は、我々がまだ身につけている価値がある物すべてをパンと交換するという目的を持っていました。

　この奴隷商人達の仲立ちをしている件《くだん》のフランス人准尉は、刺繍をしたズボンをはいた優男で、板チョコを食べて残りを「下等民族」へ投げ与えるのを楽しみとしており、同じ様にタバコを使うこともありました。

　我々は最終的にオランに着き、またもや物凄い量の軍需物資と兵器について思い知らされました。ここでアメリカ軍に再び引き渡された際、我々は護送兵と指揮官についての抗議をしました。彼らは一列にさせられ、鞄とパン袋の中身を全部プレートの上に供出させられました。そして、電信柱のようなノッポなアメリカ兵士がプレートを受け取ると、桟橋まで行って勢い良くすべてを海に投げ捨てました。

　我々はみすぼらしい軽便鉄道のワゴンへ乗り、がたがた揺れながら収容所があるティズィまで輸送され、そこで4人一組でテントにすし詰めにされました。低い丘の上には、キャンプに収容されている捕虜1000名のための貯水タンクが一つあるきりでした。

　ここでは竜巻や暴風雨によりテントが度々吹き飛ばされて使用不能となり、我々にとって貴重な衣類も同じ様な目に遭いました。木造の監視塔の上から監視するアメリカ軍の看守は、粗野で無礼な兵士でした。我々は赤色の砂塵ですぐに赤銅色になり、これを洗い落とすのは容易なことではありませんでした。

　数週間後に我々はオランへ戻り、そこでまたもや船へ乗り込みました。航海の途中でUボート警報が数回出され、コンドル航空機（＊53）を肉眼で確認したこともありました。


注（＊53）：戦前に開発されたフォッケヴルフFw200コンドルは民間四発長距離機として優秀な機体であり、ベルリン～ニューヨーク間の無着陸飛行などの記録を樹立した。1940年4月から軍事転用されたC型が配備され、大西洋方面や北極回りの船団を目標にした長距離偵察／攻撃で活躍。ＢＭＷ空冷星型9気筒の1200馬力エンジン4基を搭載し、爆弾最大搭載量2100kg、巡航速度335km／h、航続距離3600km、武装は13mm機関銃5挺で約280機が生産された。

甲板で我々は四角形の白パンを受け取ったのですが、朝食用はその2枚切りで、ママレードが染みのように塗ってありました。我々は、木材の伐採にカナダへ行くのではないかと疑っていました。しかしながら、船はスコットランドのグラスゴーへと向かい、ちっぽけな寒村コムリーにある兎小屋のような小さな収容所へとたどり着きました。

理由は不明ながらも、コムリー収容所でスプーンとドイツ国防軍の野戦用食器セットを没収されました。朝食はオートミール、大粒のカラスムギで作ったおかゆの一種で、手で食べなければなりませんでした。認識票をまだ持っている者は、それをスプーン代わりにしていました。

制服は文字通り溶解し、私も含めた捕虜の大部分は化膿性の皮膚炎に苦しめられていました。これに対しては、衛生係が正体不明の茶色の軟膏を塗布しただけで処置は終わりとなりました。そして最終的に我々は、コムリーからアメリカへと海上輸送されました。

我々が舷門（船舶の横腹の出入口）を一列になって上る時、船の厨房を通り過ぎました。中では恐ろしく太った黒人が仕事をしていたのですが、我々は彼から十分な食事を提供されました。

もちろん、いつも野菜として付け合せで出てくる小さな茶色いインゲン豆は、最初から酸っぱい味がしましたし、少数のトイレは兵士が殺到することを予期してはいませんでした。

しかし、何はともあれ我々にはタバコの配給もあり、その航海は——もちろん退屈なものでしたが——今まで味わった辛酸と比べて悪いものではありませんでした。手作りのトランプで、スカート（ドイツで一般的な3人で行うトランプ遊び）に熱中さえしました。

一度、私は使役隊に配属されたのですが、空き缶を切り刻んで沈め、粉ミルク、小麦粉や砂糖が詰まった樽を甲板上から投げ捨てたりしなければなりませんでした。

後でわかったことですが、糧秣を供給する会社が次の美味しい（儲けの大きい）契約を結ぶために、渡航中のストック品は全部使い切らなければならなかったのです。

数週間後、我々は新世界へと到着しましたが、私は複雑な思いを抱いていたことを覚えています」（ギュンター・フリードリヒスマイアー著『アフリカでの捕虜抑留』参照）。

アフリカ戦線崩壊後の戦車連隊HG／第I戦車大隊

北西アフリカへ輸送が中止となった戦車連隊HG／第I大隊の少数の残余は、グロル中尉の指揮下で宿営地のシシリー島に留まった。そこで彼らは、クアト・ギーアガ大尉（アフリカで第5戦車連隊／第5中隊の指揮官として1941年6月30日付で騎士十字章を授章）率いる陸軍の第215戦車大隊の混成中隊を形成した。

アフリカ軍集団が大チュニス地区で壊滅して降伏した5月

12日以降、シシリー島並びにイタリア本土に留まっていた師団ＨＧの一部は、陸路でサンタマリアヴェテレへと引き返した。

そこで師団は戦車師団として新たに編成されることとなり、オランダの補充連隊からの人員補強や完全武装の部隊輸送などが行われた。戦車師団ＨＧの師団長には、パウル・コンラート中将が就任した。

戦車師団ＨＧの最初の部隊編成や出撃準備が開始された後、編成地はイタリア軍の部隊演習場カステルヴォルトゥルノへ移動となった。ここでロスマン大尉が戦車連隊ＨＧ／第Ⅰ大隊の指揮権を継承し、プロイス少佐が新しく編成されてナポリ近くのスパラニーゼで宿営している機甲偵察大隊の指揮官となった。この時点での戦車連隊ＨＧ／第Ⅰ大隊の編成は下記の通りである。

・大隊長：ロスマン大尉
・副官：シュスター少尉
・部隊軍医：補助軍医クルマン博士
・部隊管理：ギュンター上級主計官
・本部中隊：グロル中尉
・第1戦車中隊：ニッシェルスキー中尉
・第2戦車中隊：チーアシヴィッツ少尉
・第3戦車中隊：レンツ中尉
・第4戦車中隊：（編成中）

一方、同じ時期にミュンジンゲンの部隊演習場と南フランスにおいて、新たな戦車中隊が編成された。これらは基礎的な教育訓練の後に、順次戦車連隊ＨＧへと配属された。

１９４３年6月中旬、アドリア海沿岸で大規模な演習が開催され、イタリア皇太子ウンベルトによる全部隊の閲兵式が執り行われた。

この演習後、すぐに師団ＨＧはシシリー島へ移動し、カルタジローネ～グランミケーレの周辺に出撃準備陣地を構築した。移動はヴィラサンジョヴァンニまでは鉄道で行われ、そこからはドイツ海軍によりフェリーでシシリー島へと渡った。引き続いての陸路行軍は、東沿岸に沿って走っている主要街道を経由して行われた。

左手は海、右手は青々と茂った緑の絶景が広がり、時々エトナ山が見え隠れした。せっかくの風光明媚な景色ではあったが、部隊はさっそく敵の空襲に悩まされており、命令されるまでもなく一路作戦区域へと急いだ。

次の日も次の週も、敵の空襲は島にあるドイツ軍飛行場に対して加えられた。これが連合軍側の本格的な侵攻のための準備攻撃であることは、明らかであった。

大掛かりで計画された演習は満足の行く結果が収められ、１９４３年7月8日の師団全体で行われた大演習の後、アルベアト・ケッセルリング元帥が師団を視察した。この〝国家元帥の師団〟への訓示の中で、元帥は敵のシシリー島侵攻が目前に迫っていることを示唆し、番号を持たない名誉ある称号師団《ナーメンスディヴィジョン》として、来るべき戦闘の際には特別な勇気を持って戦う義務を、戦車師団HGに対して直接求めたのであった。

戦車連隊HG

この敵侵攻について述べる前に、戦車師団HGの装備と部隊編成について触れておくことにしよう。機甲部隊は2個戦車大隊と1個突撃砲大隊からなり、装備はⅢ号戦車、Ⅳ号戦車とⅢ号突撃砲であった。

Ⅲ号及びⅣ号の両戦車は重量が約23tで速度は40km／hであり、航続距離は路上で160kmであったが、路外はその数値は著しく低下した。

当初、Ⅲ号戦車はL／60口径（注：砲身長が砲口径の60倍を意味する）5cm戦車カノン砲搭載型が装備されていたが、後にはL／24口径7・5cm戦車カノン砲搭載型を受領した。これに対して、Ⅳ号戦車はL／43またはL／48口径長砲身7・5cm戦車カノン砲搭載型であったが、例外的にL／24口径短砲身7・5cm戦車カノン砲搭載型Ⅳ号戦車も装備された。すべての戦車については、各々機関銃2挺が備えられていた。

Ⅲ号突撃砲は重量が約25tで速度は35km／h、航続距離は路上で105kmであった。武装についてはL／24口径7・5cm突撃カノン砲を搭載していたが、機関銃が装備されておらず、近接戦闘の際には再三に渡って欠点を露呈した。（＊54）

注（＊54）：後述するが、L／24口径7・5cmⅢ号突撃砲を装備していたのは1942年11月までであり、その後、長砲身タイプへ装備改編された。1943年6月中旬時点で戦車連隊HG／第Ⅲ大隊が装備していた突撃砲は、長砲身タイプのⅢ号突撃砲F8型またはG型20両、Ⅲ号突撃榴弾砲G型9両であった。

1944年の秋、最初のV号戦車《パンター》が降下戦車連隊HG／第I大隊に配備された。この戦車は、量産型では過去のいかなる型式戦車よりも、あらゆる面で遥かに優れており、重量は約50tで速度は54km／hに達し、国防軍において最速の戦車であった。

武装はL／70口径7・5cm戦車カノン砲とMG34機関銃2挺（後にMG42）を装備し、航続距離は路上で180kmであり、東西両戦線においてパンターは最速で（Ⅵ号戦車ティーガーの火力はひとまず置いておくこととして）最強の戦車だった。

1個パンター大隊の作戦および戦闘力は、将校26名、下士官328名と兵士494名、すなわち将兵848名であり、装備はパンター76両、装甲車5両、乗用車31両、トラック75両、オートバイ4台、ケッテンクラート16両、トレーラー1両、牽引車両12両、マウルティーア（半装軌式トラック）8両、総計車両228両であった。

この他に小火器として、２cm４連装高射砲３門、軽機関銃168挺、機関短銃（MP）127挺と小銃331挺が装備された。ここに1944年秋時点の戦車連隊HGの編成を下記に示す。

降下戦車連隊HG本部：1個機甲通信小隊、1個軽戦車小隊を伴う
・高射砲小隊（自動車化）（２cm４連装高射砲３門）
・回収小隊を伴う1個戦車工場中隊
・第I大隊（パンターに改編中）
・本部中隊：軽戦車小隊、偵察および工兵小隊、高射砲小隊（マウルティーア搭載２cm４連装高射砲３門）
・第1中隊：パンター17両（３個小隊で各５両）、1個人員予備小隊（戦車装備なし）
・第2、第3および第4中隊：第1中隊と同様
・第II大隊
・本部中隊（第I大隊の本部中隊と同様）
・第5中隊：IV号戦車17両（３個小隊で各５両）、1個人員予備小隊（戦車装備なし）
・第6、第7および第8中隊：第5中隊と同様
・突撃砲大隊
・本部中隊：第9突撃砲中隊としてL／24口径7.5cm突撃カノン砲搭載III号突撃砲10両を装備（３個小隊で各３両）（＊55）
・第10突撃砲中隊：第9突撃砲中隊と同様
・第11重戦車猟兵中隊：自動車化牽引式対戦車砲12門

注（＊55）：事実誤認である。1944年8月の段階ですでに第III大隊は、３個中隊編成のIV号駆逐戦車31両に装備改編されていた。

総統高射砲大隊（要約）

空軍の機械化計画において、戦時の際には連隊GGの２cm高射砲機械化自走砲中隊は、いわゆる総統護衛中隊として総統大本営（FHG）の空襲に対する防衛任務を行い、２個鉄道高射砲小隊が専用特別装甲列車〝総統〟の防空を担務することとされていた。この場合、総統護衛中隊は総統護衛戦隊（コマンド）へ配属されることになっていた。総統護衛戦隊は、陸軍の機械化計画によって設立された歩兵連隊〝グロースドイッチュラント〟――1939年4月まではベルリン警備連隊――により大半が構成されていた。

総統護衛中隊は連隊GGの第II軽高射砲大隊に属しており、1939年には同大隊は次のような編成であった。

第II軽高射砲大隊本部：リューデル少佐（指揮官）
・本部中隊：ロベアト・シュルツ中尉
・第6中隊（3・7cm高射砲自動車化）：ティム大尉
・第7中隊（２cm高射砲自動車化自走式）：バーク大尉

・第８中隊（２㎝高射砲自動車化自走式）：ゼーガー大尉
・第９中隊（鉄道護衛中隊）（２㎝４連装高射砲）：ティルヒャー中尉

護衛中隊は自動車化自走式中隊でなくてはならないため、第７および第８中隊のみが該当したが、最優秀の中隊である必要があった。これを決定するため、１９３９年夏にポンメルン地方沿岸のコールブルクの南方にある高射砲射撃演習場ディープにおいて、演習および実弾射撃が繰り広げられた。最後に第７および第８中隊による決定的な比較射撃が、第Ⅲ防空管区ベルリン司令官ヴァイゼ大将の監督の下で行われ、第７中隊が勝者となった。

中隊長はバーク大尉、中隊将校はロスマン少尉（後に戦車連隊ＨＧ指揮官）およびファーバー少尉（後に戦闘機パイロット）であった。中隊は当初、２㎝高射砲30型を搭載する自走式車両を装備したが、２㎝高射砲38型を搭載して装甲化された１ｔハーフトラックを受領した。

連隊ＧＧ／第７中隊は戦争勃発の際に総統護衛戦隊へ配属され、ポーランド戦役で実戦投入された。

ポーランドから帰還後、総統護衛戦隊は１９３９年10月１日に総統護衛大隊に拡大された。同大隊は総統大本営における本部兵舎の指揮官、当時は少将だったロンメル（後に伝説の「砂漠の狐」となる）の指揮下にあった。

１９３９年10月に総統護衛中隊は、ベルリン-ライニッケンドルフの連隊ＧＧ兵舎へ帰還し、そこで連隊ＧＧ軍楽隊の吹奏パレードの下で歓迎式典が主催された。そして引き続いて、部隊旗の代わりに騎兵隊旗を靡かせてロンメル少将の前を分列行進し、これにより連隊ＧＧ／第７中隊は空軍の独立部隊となった。

１９３９年における総統護衛大隊の編成は、次の通りである。

総統護衛大隊本部：指揮官フォン・ブロムベルク騎兵大尉
総統運営戦隊：ライトホイザー大尉
・第１狙撃兵中隊：グルース中尉
・第２快速中隊：フォン・ブロムベルク騎兵大尉
・第３重装備中隊：ネーリング大尉
・総統-護衛中隊（第７中隊／ＲＧＧ）：バーク大尉
その他の部隊：
・鉄道高射砲列車Ⅰ（ＲＧＧ／第９中隊）：ティルヒャー中尉
・鉄道高射砲列車Ⅱ（ＲＧＧ／第９中隊）：キーファー中尉

総統運営戦隊は一種の本部中隊であり、特に補給や警備任務を担務しており、１個警備小隊が付属していた。

快速中隊は３個オートバイ狙撃兵小隊からなり、第Ⅳ小隊は装甲車小隊で指揮官はグデーリアン少尉、すなわち「韋駄天ハインツ」の異名をとるグデーリアン戦車大将の子息であった（その後グデーリアン少尉は、ドイツ連邦軍において少将まで昇進した）。（＊56）

注（＊56）：ハインツ・ギュンター・グデーリアンは１９１４年８月23日、ゴスラルに生まれた。１９３３年４月士官候補生としてヴァイマール共和国陸軍第３自動車大隊へ入隊、総統護衛大隊の小隊長、第１戦車連隊の大隊および連隊副官、第35戦車連隊の中隊長などを経て陸軍参謀本部勤務。１９４４年５月から第１１６戦車師団首席参謀となり、１９４４年10月５日付でファレーズにおける脱出戦の戦功により騎士十字章を授章。その後、ルール包囲陣において師団と伴に降伏した。戦後、新生共和国軍に奉職し、第３、第17戦車大隊長、第14戦車旅団長、陸軍参謀本部調査部長、戦車部隊査閲官などを歴任し、１９７２年12月12日付で大勲功十字章が授与され、１９７４年４月１日に退役した。

両鉄道高射砲列車は後に拡大され、空軍最高司令官ゲーリング用に「アジエン（アジア）」と「ロビンゾン（ロビンソン）」という２つの秘匿名称《コードネーム》が付与され、３つ目は帝国外務大臣リッベントロップ用とされた。鉄道-高射砲列車は先頭と最終尾に護衛ワゴンが連結されている特殊列車で、各護衛ワゴンには前後に２cm高射砲が搭載されており、当初は単砲身、後には４連装のタイプへ換装された。護衛ワゴンの上端にあるコンパートメントは、すべて高射砲連隊ＨＧのメンバーで構成される高射砲操作員の宿泊に供された。護衛ワゴンの中央部は、弾薬、武装、スペアパーツおよびその他の機器の貯蔵庫として使用された。

１９３９／40年の間、鉄道高射砲列車Ｉはシュトゥーデント少尉が指揮を執った。彼もシュトゥーデント上級大将の子息であったが、１９４４年に戦闘機パイロットとして戦死した。総統護衛大隊の兵士達は、１９３９年11月から毛織の上着、野戦用および飛行用ズボンと外套が支給された。外套の左腕には、黒地に黄金の題字で〝総統大本営〟と書かれたアームバンドがあり、連隊ＧＧの将兵達はそれとは別に青いアームバンド〝General Göring〟が上着に縫い付けられていた。１９４０年11月に総統護衛大隊の陸軍に所属する兵士は、右腕下部に黒いアームバンド〝Grossdeutschland（グロースドイッチュラント）〟を付ける許可が与えられた。１９４２年８月になると、外套のアームバンドは〝Fürler-Hauptquartier（総統大本営）〟に替わって同様な題字である〝Fühler-Begleitbataillon（総統護衛大隊）〟へ交換された。西方戦役後、総統護衛大隊は最初パリに駐屯したが、連隊ＧＧ／第７中隊は市内の大学街である国際大学地区が宿営地となった。

西方戦役終了の際には、連隊ＧＧ／第７中隊は特別な栄誉を受けた。彼らは１９４０年６月21日にコンピエーニュの森で主席代表ウンツィージュ大将への停戦条約の交付式が執り行われた際に、食堂列車前に整列した儀杖兵中隊の空軍代表として参列したのである。

その年の夏、連隊ＧＧ／第7中隊の指揮官はティム大尉からカスダ大尉に交替し、併せて中隊将校も交替となり、ディーケ中尉、ライマース中尉、カラス少尉、ゲアデス少尉およびパイン少尉が将校団を構成した。特にパイン少尉は、後に悲劇的な運命が待ち構えていた。すなわち、少尉はオストプロイセンの総統大本営で、不運な間違いにより警備歩哨所からの銃撃で射殺されてしまったのである。

東方戦役開始後、ラステンブルク／オストプロイセンの東方に、「ヴォルフスシャンツェ（狼の巣）」という秘匿名称《コードネーム》を有するさらなる総統大本営の宿営施設が設けられた。

１９４１年６月に、総統-護衛大隊もそこへ移動となった。

総統大本営の防空のために、そこではラウターバッヒャー大尉率いる第６０４高射砲連隊／第Ⅰ重高射砲大隊も投入された。この大隊は１９４２年末には〝総統高射砲大隊〟の名称となり、この関係で旧第7中隊である総統護衛中隊は総統護衛大隊から総統高射砲大隊の第7中隊として再編成されることとなった。

さらに警備大隊ＨＧの第2中隊も、総統高射砲大隊の第8（警備）中隊となった。

１９４３年には総統高射砲大隊は高射砲連隊ＨＧの第Ⅳ大隊に再編され、この時、第6と第7中隊の中隊番号が交替となった。さらに旧第7中隊と第8（警備）中隊およびすべての総統高射砲大隊であった兵士は、白い襟章と右腕下部に〝HermannGöring〟のアームバンドが付与された。

特筆すべきことは、新しい第Ⅳ大隊の中隊は高射砲連隊ＨＧの続き番号を継承せず、1番から始まる独自の列番を採用した点である。

１９４４年になると、第11から第14までの番号を持つ4個消防隊中隊が、総統高射砲大隊に増強された。

高射砲連隊ＨＧ／第Ⅳ大隊としての総統高射砲大隊は、戦術的には引き続いて総統大本営に配置され、人事的には戦車師団ＨＧ（１９４４年２月から降下戦車師団ＨＧ）の連絡本部に属していた。

第６０４高射砲連隊／第Ⅰ大隊からの総統高射砲大隊の編成と高射砲連隊ＨＧ／第Ⅳ大隊としての編入については、表を参照のこと。

総統高射砲大隊へ編入されなかった連隊ＧＧ／第9中隊の2個鉄道高射砲小隊は、１９４２年から高射砲連隊ＨＧ／第15（鉄道）高射砲中隊／と改称されたが、両小隊は戦術的に引き続いて総統大本営に止め置かれた。

「ヴォルフスシャンツェ」に主がいない場合、総統-護衛大隊の一部は前線部隊として投入された。１９４１／42年の冬季戦には戦闘団〝ネーリング〟としてヴォルホフへ、そして１９４２／43年の冬季戦にはドネツ河戦域のカラチ～ロストフ～ハリコフの三角地帯で戦闘を行った。旧連隊ＧＧ／第７中隊である第７中隊はこの戦闘に参加し、他のすべての部隊と同じ様に夥しい損害を受けた。特に１９４３年１月中旬にクライジング大将（＊57）指揮の戦闘団に属して、ミレロヴォ付近で前線航空基地と伴に防御拠点を防衛した際には大苦戦となった。

注（＊57）：ハンス・クライジングは１８９０年８月17日、ゲッチンゲンに生まれた。１９０９年10月に士官候補生として帝国陸軍に入隊、翌年８月に第10猟兵大隊にて少尉任官。１９３６年10月にヴァイマール共和国陸軍第16歩兵連隊長へ復職。第二次大戦勃発後、ワールハーフェンの戦闘の戦功により１９４０年５月29日付で騎士十字章を授章。１９４０年01月には第３山岳師団長へ昇進し、ミレロヴォでの頑強な防衛戦の戦功により１９４３年10月20日付で柏葉付騎士十字章を授与された。１９４３年11月には第17軍団司令官となり、ニコポリ橋頭堡での戦闘により全軍第63番目の剣付柏葉付騎士十字章を授章。その後、１９４４年12月28日には第８軍司令官に就任し、ハンガリーでの苦しい撤退戦を最後まで指揮した。

戦闘団は22日間にわたって包囲され、50回以上の激しい敵の攻撃を撃退し、ようやく包囲から脱出することに成功した。当時の戦闘報告書を以下に掲げる。

「夕方になって戦闘団は行軍を開始した。狙撃兵は散開し、軽高射砲は警戒する牧羊犬《シェパード》のように行軍部隊を取り囲んだ。ソ連戦車４両が姿を現わしたが、たちまち重火器の砲撃に捉えられ、２両が撃破されて１両が損傷で動かなくなり、４両目は引き返した。昼頃になってソ連軍の航空機が三波にわたって行軍部隊に攻撃を加えて来た。我々の高射砲はそのうち２機を撃墜した。次の日の夜には酷い寒波が襲来してすべてが凍りついた。25㎞離れている次の街の手前で敵は死の砲撃ゾーンを敷いており、我々はそこを突破しなければならなかった。高射砲が敵を側面から叩き、対戦車砲が鉄道土手の後方からソ連軍の陣地に向けて霰のような砲撃を加えた。その間に補給段列と荷馬車を従えた行軍部隊が物凄い速さで砲撃ゾーンを突き進んだ。再三にわたって似たような、あるいはこれと同じ様な戦闘が繰り返され、途中で再び敵戦車７両が撃破された。最終的に狙撃兵達と軽高射砲が、後衛として敵を振り払った。それから５㎞ほど進んで、我々は味方戦線に辿り着いた。三日三晩我々は行軍して３つのソ連軍包囲陣を突き進み、最後には突破することに成功した。

一つの光景が記憶の中でいつまでも残っている。鹿砦《ろくさい》から少し離れたところに馬が立ったまま凍りついて死んでおり、それはグロテスクで身の毛もよだつ光景だった」

１９４４年６月１日に総統護衛大隊は総統護衛連隊へと強化され、１９４４年末にはさらに旅団へと昇格して西部戦線へと輸送された。ここで旅団は、アルデンヌ攻勢に参加した。

１９４４年の秋に総統高射砲人隊は総統高射砲連隊へ拡大、

改編され、総統護衛旅団の固有部隊として戦線へ投入された。

総統高射砲連隊は、この時点では以下のような編成だった。

総統高射砲連隊：ロート少佐

第Ⅰ大隊：リュッケ（またはリュッケン）大尉

・第1中隊（8・8㎝）：クロプフ中尉

・第2中隊（8・8㎝）：パッハマイアー中尉

・第3中隊（8・8㎝）：スプリングシュタイン中尉

・第4中隊（8・8㎝）：ギュンター中尉

第Ⅱ大隊：デンツァー大尉

・第5中隊（2㎝自動車化自走砲）：ヴィルク中尉

・第6中隊（2㎝自動車化自走砲）

旧連隊GG／第7中隊：ミッターク中尉

・第7中隊（3・7㎝自動車化自走砲）：ラ・グランゲ中尉

1944年の終わり頃に、総統高射砲連隊は14個中隊にさらに拡大され、従来の第7中隊は中隊番号12が付与され第12中隊となった。

アルデンヌ攻勢後、総統高射砲連隊の主力は作戦軍団〝ムンツェル〟（＊58）に配属されて1945年1／2月にはヒンターポンメルンにあり、資料調査によると、連隊の一部、すなわち第1、第2、第4、第5、第8および第9中隊はシュレージェンへ投入されたようである。

注（＊58）：総統護衛師団および総統擲弾兵師団より構成された臨時作戦軍団で、オスカー・ムンツェル少将の指揮下にあった。

1942年6月からの高射砲連隊HG

1942年末に旅団HGの高射砲連隊へ、新たに第Ⅲ大隊として従来の第211予備高射砲大隊が、8・8㎝高射砲を装備する第11から第13中隊、2㎝高射砲を装備する第14および第15中隊と伴に編入された。この大隊は旅団から師団への拡大の際には、すぐさま第11から第13中隊を有する軽榴弾砲大隊へ改編され、最終的に機甲砲兵連隊HG／第Ⅰ大隊へ改称された。

その間に新たに編成された高射砲連隊HG／第Ⅳ大隊は、3・7㎝高射砲装備の第14中隊（旧連隊GG／第4中隊の残余からなる）、高射砲列車〝総統〟、〝外務大臣〟と〝国家元帥〟を伴う2㎝高射砲装備の第15（鉄道）護衛中隊（旧連隊GG／第9中隊）、並びに2㎝高射砲装備の第16中隊（旧連隊GG／第17中隊）と同じく2㎝高射砲装備の第17中隊から構成された。

1943年1月、高射砲連隊HG連隊本部および高射砲連隊HG／第Ⅰ、第Ⅲ大隊は、アフリカへ輸送され、チュニジア戦区へ投入された。彼らは過酷な戦闘の過程で、そこで死ぬか捕虜になるかして全滅した。

アフリカにおける高射砲連隊HGの両大隊の喪失後、

１９４３年５月には早くも強化が開始され、その年の６月には２個高射砲大隊が新編成された。

　高射砲連隊ＨＧ／第Ⅳ大隊は解隊されて新たな編成がナポリで開始され、２㎝高射砲を装備する第16および第17中隊が新しい連隊の第４と第５中隊の基幹となった。

　新しい高射砲連隊ＨＧ／第Ⅳ大隊は１９４３年中頃に編成され、高射砲連隊ＨＧ／総統高射砲大隊／第Ⅳ大隊となった。（総統高射砲大隊の章参照）

　１９４４年２月に戦車師団ＨＧはクアト・シュトゥーデント上級大将指揮の第１降下軍へ配属されるに伴い、戦車師団ＨＧのすべての部隊は降下戦車師団の部隊名称へ改称され、高射砲連隊ＨＧの名称も降下高射砲連隊ＨＧへと変更になった。

　１９４４年２月24日には第49高射砲連隊／第Ｉ大隊が師団ＨＧへ編入され、降下高射砲連隊ＨＧ／第Ⅲ大隊という名称が付与された。

　降下戦車師団ＨＧは１９４４年７月にイタリア戦線から東部戦線へ移動する際に、降下高射砲連隊ＨＧは改編されることとなり、部分的に器材などが一新された。例えば重高射砲中隊は２㎝高射砲が付加的に増強され、軽高射砲中隊は単装から４連装へと強化された。

　降下戦車師団ＨＧの編成においては、降下高射砲連隊ＨＧの第Ⅳ大隊、すなわち総統高射砲大隊は、降下戦車師団ＨＧを離れて新たに編成された総統護衛師団の固有部隊である総統高射砲連隊へ編入された。

　新しい降下高射砲連隊ＨＧ／第Ⅳ大隊として、従来の護衛連隊ＨＧの第Ⅱ大隊、すなわち高射砲大隊が用いられた。同じ時期に、降下高射砲連隊ＨＧは降下戦車軍団ＨＧの軍団直轄部隊となった。

　ここに降下高射砲連隊ＨＧの完全な編成を示す。

・第Ｉ（混成）大隊：第１〜３中隊は８・８㎝高射砲、第４〜５中隊は２㎝単装および４連装高射砲、第６中隊は４連装
・第Ⅱ（混成）大隊：第７〜９中隊は８・８㎝高射砲、第10中隊は３・７㎝高射砲、第11中隊は２㎝単装および４連装高射砲、第12中隊は４連装
・第Ⅲ（混成）大隊：第13〜15中隊は８・８㎝高射砲、第16中隊は３・７㎝高射砲および２㎝高射砲、第17中隊は２㎝高射砲、第18中隊は４連装
・第Ⅳ（混成）大隊：第19〜21中隊は８.８㎝高射砲、第22中隊は３・７㎝高射砲、第23〜24中隊は２㎝高射砲

　ここで重高射砲中隊は各高射砲６門、中型および軽高射砲は各12門を有していた。各大隊はこのために78ｔ級高射砲輸送段列が付属していた。これらについては、高射砲連隊ＨＧの拡大の過程でより明らかにすることとしたい。

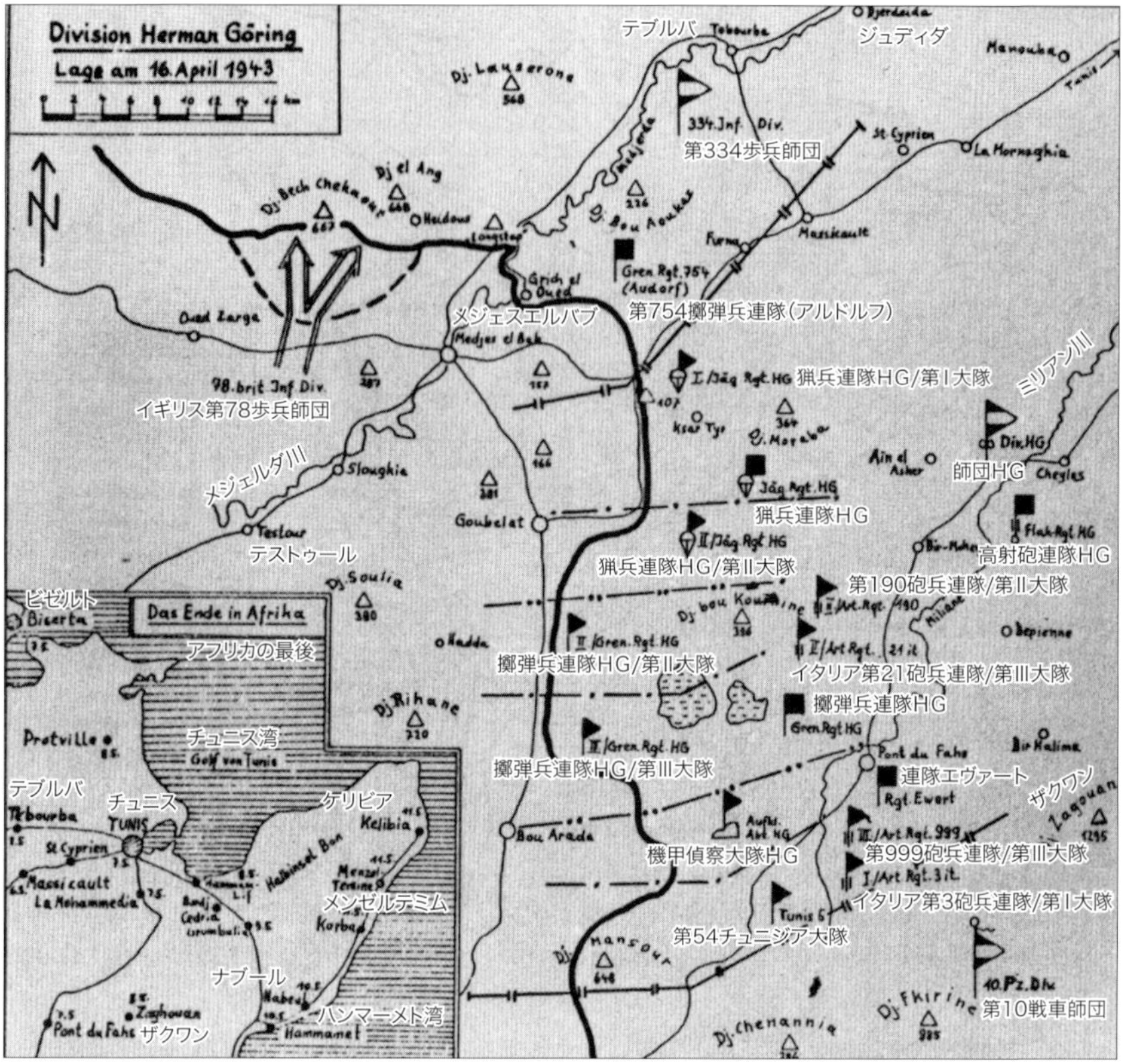

1943年4月16日現在の師団ヘルマン・ゲーリングの戦況図

総統高射砲大隊の編成と高射砲連隊HG ／第IV大隊への編入

1942年末時点	総統高射砲大隊時	連隊HGへの編入時、第IV大隊／高射砲	部隊種別での編成
第604高射砲大隊／第1中隊	総統高射砲大隊／第1中隊	高射砲連隊HG ／第IV大隊／第1中隊	8.8㎝高射砲中隊
第604高射砲大隊／第2中隊	総統高射砲大隊／第2中隊	高射砲連隊HG ／第IV大隊／第2中隊	8.8㎝高射砲中隊
第604高射砲大隊／第3中隊	総統高射砲大隊／第3中隊	高射砲連隊HG ／第IV大隊／第3中隊	8.8㎝高射砲中隊
第604高射砲大隊／第6中隊 （旧第407高射砲大隊／第1中隊）	総統高射砲大隊／第4中隊	高射砲連隊HG ／第IV大隊／第4中隊	8.8㎝高射砲中隊
第604高射砲大隊／第4中隊	総統高射砲大隊／第5中隊	高射砲連隊HG ／第IV大隊／第5中隊	8.8㎝高射砲中隊
RGG ／第7中隊	総統高射砲大隊／第7中隊	高射砲連隊HG ／第IV大隊／第7中隊	2㎝高射砲中隊
第604高射砲大隊／第5中隊	総統高射砲大隊／第6中隊	高射砲連隊HG ／第IV大隊／第6中隊	8.8㎝高射砲中隊
警備大隊HG ／第2中隊	総統高射砲大隊／第8中隊	高射砲連隊HG ／第IV大隊／第8中隊	警備中隊
第604高射砲大隊／第7中隊 （旧第321高射砲大隊／第4中隊）	総統高射砲大隊／第9中隊	高射砲連隊HG ／第IV大隊／第9中隊	2㎝高射砲中隊
第604高射砲大隊／第8中隊 （旧第321高射砲大隊／第5中隊）	総統高射砲大隊／第10中隊	高射砲連隊HG ／第IV大隊／第10中隊	2㎝高射砲中隊
新編成	総統高射砲大隊／第11中隊	高射砲連隊HG ／第IV大隊／第11中隊	消防中隊
新編成	総統高射砲大隊／第12中隊	高射砲連隊HG ／第IV大隊／第12中隊	消防中隊
新編成	総統高射砲大隊／第13中隊	高射砲連隊HG ／第IV大隊／第13中隊	消防中隊
新編成	総統高射砲大隊／第14中隊	高射砲連隊HG ／第IV大隊／第14中隊	消防中隊

地雷の有無を見張る助手席の兵士の指示で走行するキューベルヴァーゲン。1943年1月。

カーメルベアクの高射砲連隊HGのアーノルト中尉。チュニジア戦線にて。

アフリカ戦線におけるアーノルト中尉。

左から：戦闘団シュマルツの指揮官シュマルツ大佐、コンラート少将とHG師団の首席参謀（Ia）フォン・ベアゲングリューン中佐。

1943年5月12日、捕虜となって行進する兵士達。チュニジア戦の終焉。

左から旅団長シュマルツ大佐、師団長コンラート少将と首席参謀（Ia）フォン・ベアゲングリューン中佐（この写真の裏書には1943年11月付のコンラート少将の献辞があった）。

1943年9月22日、カーヴディティレーニ付近に設けられた師団野戦本部。

降下戦車師団HGの少尉（名前は不詳）。

レープホルツ中尉（左）と上級騎兵曹長（名前は不詳）。

第5章　ヨーロッパ大陸への入口

シシリー島：攻撃側の計画

すでに１９４０年において「インフラックス（流入）」という秘匿名称《コードネーム》下で、シシリー島侵攻の最初の計画がウィンストン・チャーチルの推奨により検討された。この計画は、後にすべてのシシリー島攻撃計画の土台となった。

次の攻撃計画「ホイップコード（鞭縄）」は、１９４１年10月に統合幕僚会議によって準備されたが、同じ様に机の引出しへしまい込まれた。

１９４２年９月28日にチャーチルは再び、統合参謀本部に対してシシリー島侵攻のための攻撃計画策定を要求した。この計画は秘匿名称《コードネーム》「ハスキー（エスキモー）」が与えられ、最終的には現実に実施されることとなった。

カサブランカ会談においてもシシリー島侵攻について議論がなされ、１９４３年１月19日にシシリー島に対する攻撃を今夏に実施することがそこで決定された。

サルジニア島とコルシカ島も攻撃可能な目標として挙げられたが、地中海の連合軍船舶が自由に航行できるようにするためには、次の作戦目標としてシシリー島を選ぶ必要があるとの見解をアイゼンハワー大将は主張した。シシリー島は地中海を二分しており、島を奪い取ることは必然的に連合軍の船舶交通のリスクを軽減するのは間違いなかった。

マーシャル大将は、計画される地中海での攻撃計画は補助的な支援行動にとどまることを指摘し、すべての関係者のコンセンサスを修復した。すなわち、１９４４年１月にフランスの大西洋沿岸へ上陸するという「オーバーロード」作戦が、すでに主要戦略として存在していたのである。

１９４３年１月22日、連合軍統合参謀長会議において作戦の開始は７月に決定した。参加するすべての部隊の最高司令官は、イギリス軍のハロルド・アレキサンダー大将とされ、以下のような部隊が投入されることとなった。

第15軍集団：アレキサンダー大将

・アメリカ第７軍：パットン大将
・第45歩兵師団：ミドルトン少将
・第１歩兵師団：アレン少将
・第３歩兵師団：トロスコット少将
・アメリカ第２軍団：ブラッドレー大将
・第５０５パラシュート戦闘団：ギャヴィン大佐
・イギリス第８軍：モントゴメリー大将
・第12軍団：デンプシー中将
・第５歩兵師団：バクナル少将
・第50歩兵師団：キルクマン少将
・第１空挺旅団：〝Ｐｉｐ〟ヒックス准将
・第30軍団：リース中将
・第２３１独立旅団：アーカート准将
（マルタ）

・第51ハイランド師団：ウィンバレー少将
・カナダ第1歩兵師団：シモンズ少将
・第40および第41イギリス海軍コマンド：レイコック准将、スレイター中佐

侵攻作戦の開始直前、アメリカ第7軍のＧ２(情報機関)が、アレン少将率いる第1歩兵師団の直接の進撃路にあたるジェーラ北方20マイル（32㎞）のカルタジローネ付近に、戦車師団ＨＧがいることを報告した。

イギリス地中海艦隊最高司令官ハニンガム海軍大将は、島の南および南東の上陸予定地点にある湾内偵察のために、第8および第10潜水戦隊の手空きの潜水艦をマルタおよびアルジェリアから派遣した。

イギリス軍部隊の積載、輸送と陸揚げはラムゼー海軍中将が指揮を執ることとなったが、彼は１９４０年にイギリス大陸派遣軍をダンケルクのストランドからイギリス本国まで連れ帰っており、信頼できる人物だった。

上陸の主要護衛艦隊はウィリス海軍中将指揮のＨ艦隊であり、戦艦4隻、空母2隻、巡洋艦4隻および駆逐艦18隻からなっていた。Ｈ艦隊は7月9日に集結し、イオニア海では同時に潜水艦がイタリア艦隊に対して侵攻海域を遮断し、ギリシャ沿岸に対して潜水攻撃を実施することとなった。

ヒューイット海軍中将指揮のアメリカ海軍Ｚ艦隊は、戦艦2隻、空母1隻、巡洋艦2隻と駆逐艦6隻からなり、予備艦隊として待機状態となった。イギリス第12および第15駆逐戦隊は、上陸の間、沿岸目標を砲撃して特に敵の沿岸砲兵を排除することとされ、アグニュー先任指揮官とハルコート少将が指揮した。アメリカ艦隊は「西部機動部隊（ウェスタンタスクフォース）」と命名され、ヒューイット海軍中将の指揮下に入った。これは１７００隻にも上る艦船、主に輸送船、上陸用舟艇および小型補助艦艇で構成されていた。ヒューイット海軍中将は、この部隊を島の３つの地点に上陸させる責任を負っていた。

・リカータ：「ジャス（偶像）」＝第86攻撃部隊／コノリー海軍少将と第13駆逐戦隊
・スコグリッティ：「セント（銅貨）」＝第1攻撃グループ／キルク海軍少将、旗艦「アンコン」(司令官オマー・Ｎ・ブラッドレー大将乗船)、戦艦数隻
・ジェーラ：「ダイム（10セント銀貨）」＝第81攻撃部隊／ハル海軍少将、旗艦「モンロヴィア」（ヒューイット海軍中将乗船)、巡洋艦2隻と駆逐艦11隻

ヨーロッパ要塞の入口をこじ開けるため、合計輸送船２５００隻と上陸用舟艇４００隻、護衛戦闘艦７５０隻に乗船した戦車６００両、火砲１８００門を伴う連合軍兵士16万人が、シシリー島に向けて行動を開始した。

7月9日の19時頃、イギリス第1空挺旅団のグライダーも飛び立った。その１３７機には島の上陸地点へ降下する１６００名が乗機していた。そのすぐ後には、アメリカ空輸戦隊（コマンド）の２２６機のダコタが、アメリカ第82空挺師団の連隊戦闘団のパラシュート兵２７００名と伴に続いていた。

空挺部隊は、チュニジアのカイルアン付近にある13箇所の航空基地から飛び立ち、シシリー島南東にあるパッセロ岬の無線方向探知装置へ向かって飛行した。その先頭には、島の敵探照灯（サーチライト）を無力化する任務を与えられたハリケーン夜間戦闘機が飛んでおり、同時にモスキートがカタニアの目標を爆撃することになっていた。

防衛側：イタリアおよびドイツ軍

アフリカ軍集団とすべてのイタリア部隊の降伏でアフリカ戦が終結した後、ドイツ側は連合軍が時を置かずにイタリア本土の前に横たわる島へ追撃することを恐れていた。何よりも、シシリー島への侵攻が心配の種であった。

シシリー島のイタリア第6軍は、最初はロアッタ大将、後にグッツォーニ大将が指揮を執っていた。その麾下には、５個沿岸警備師団、２個沿岸警備旅団と1個独立沿岸警備連隊を伴う２個軍団があり、野戦兵力は４個歩兵師団を有していた。その他に港湾部隊、砲兵部隊と民兵（巻末にあるシシリー戦区の部隊配置図参照）が存在していた。敵が上陸した場合、イタリア軍の沿岸警備師団はその沿岸戦区を防御し、待機している予備部隊が遅滞なく反撃することとされ、軍予備部隊として後方へ待機しているドイツおよびイタリア師団は、敵が上陸に成功した後に作戦行動を開始し、敵橋頭堡を排除することとされていた。この軍予備部隊は次の通りである。

西部戦闘群（攻撃群〝ヴェスト〟）
・第15機甲擲弾兵師団：ロート少将
・イタリア第26歩兵師団〝アッシエタ〟：パピーニ将軍
・イタリア第28歩兵師団〝アオスタ〟：ジャコモ将軍

東部戦闘群（攻撃群〝オスト〟）
・戦車師団〝ヘルマン・ゲーリング〟：コンラート中将
・イタリア第４歩兵師団〝リヴォルノ〟：キリエレイゾン将軍
・イタリア第54歩兵師団〝ナポリ〟：ポルチナーリ将軍

第15機甲擲弾兵師団はサレミ地区とその南東方面に展開していた。その第１０４機甲擲弾兵連隊／第I大隊は、特別に軍予備部隊としてエンナの南方に位置するピアッツァアルメリーナへ配置された。

侵攻開始の10日前、ケッセリング元帥はエンナにあるグッツォーニ大将の軍司令部を訪れ、上陸の場合に考えられる作戦指導、予期される上陸地点やそれから導き出される軍予備部隊の防御作戦について話し合った。

グッツォーニ大将は、島の南東部に対する敵の上陸が最も可能性があると見なしていた。すなわち、カタニア～ジェーラ地域である。ケッセルリング元帥は、島の西部にも上陸があり得るとして、第6軍に対して第15機甲擲弾兵師団を西部へ移動し、戦車師団ＨＧの各1個戦闘団をカタニア西方およびジェーラ北方で待機させるよう命令した。そして、これらの部隊は、敵がまだ上陸中に攻撃して撃退することとされた。

島内の戦車師団ＨＧ

戦車師団ＨＧの部隊の大半は、カルタジローネ地区にあり、師団のシュマルツ旅団はカタニア地区にあった。師団ＨＧと2個イタリア歩兵師団からなる攻撃群〝オスト〟は、４つの上陸地点が最も可能性があると認識していた。

1．ジェーラまたはジェーラ東方。敵上陸部隊にとって地形が最も有利であり重要拠点

2．コミゾの南方

3．シラクザ～アウグスタ地区

4．カタニア大地区

コンラート中将は、作戦指揮の技術的理由からヴィルヘルム・シュマルツ大佐指揮のシュマルツ特別編成旅団を師団から分遣し、3．および4．項の地区防御任務を移譲した。師団の大半を掌握する師団本部は、1．および2．項の地区防御任務を引き受け、7月初めにカタニア大地区からカルタジローネへ移動した。

敵上陸の際に直接無線で報告できるようにするため、戦車師団ＨＧは7月初めよりジェーラ～アウグスタ間の沿岸地区にある多数の防御拠点へ装甲偵察車を配置した。この注意深い措置は、イタリア軍の通信連絡状況が悲劇的であることを考えると、真に当を得たものであった。ドイツ軍指導部が考えなければならない最大の問題は、シシリー島に展開するドイツ部隊の生命線たるメッシナ海峡の安全を、確保できるか否かということであった。補給の問題だけではなく、後日、すべての部隊がイタリア本土へ撤退できるように保障しておく必要があったのだ。

アフリカでは連隊長、その後新編成された第90機甲擲弾兵師団の指揮官となったエルンスト・ギュンター・バーデ大佐（＊59）は、当時、〝メッシナ海峡〟指揮官に任命された。その任務は、すべての安全措置、すなわち能動的、受動的対空防御、海上目標に対する重高射砲と砲兵の投入、海上交通、非常時体制と交通規制などを統括的に組織し、実施することにあった。このため、彼は島の橋頭堡地区とイタリア本土のヴィラサンジョヴァンニにおいて、完全な指揮権を有していた。

注（＊59）：エアンスト＝ギュンター・バーデは1897年8月20日、ファルケンハーゲンに生まれた。1914年8月に志願兵として

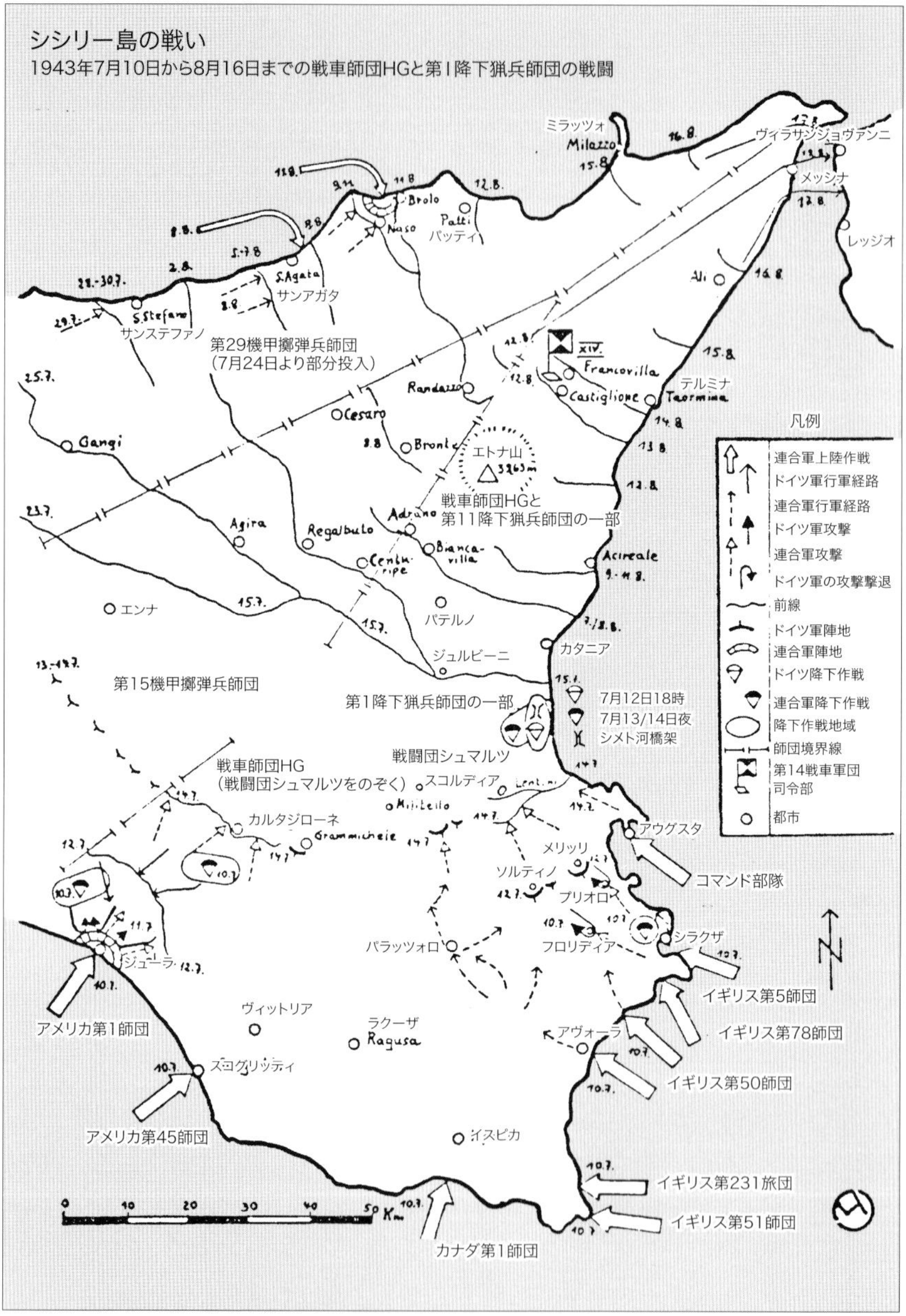

シシリー島の戦闘（1943年7月10日～8月16日）

帝国陸軍へ入隊、１９１６年8月に第6竜騎兵連隊にて少尉に任官。１９３５年10月にヴァイマール共和国陸軍第3騎兵連隊中隊長として復職。第二次大戦勃発後は第17砲兵連隊、第22騎兵連隊大隊長、第4オートバイ大隊長などを経て、１９４２年3月より第15戦車師団／第１１５狙撃兵連隊長となり、ビルハケイムの戦闘の戦功により１９４２年6月27日付で騎士十字章を授章。１９４２年12月に在イタリアドイツ軍司令部付、１９４３年4月から10月まで在イタリア国防軍作戦司令部指揮官となり、メッシナ海峡でのドイツ軍撤退作戦を成功に導いた。１９４３年10月から第90機甲擲弾兵師団長となり、カッシーノ防衛戦の戦功により１９４４年2月22日付で柏葉付騎士十字章を授章。さらに同年11月16日には全軍１１１番目の剣付柏葉付騎士十字章を授与された。１９４５年3月に第81軍団長となるが、ルール包囲陣で捕虜となった。

バーデ大佐は、第15機甲擲弾兵師団の17㎝野砲を装備する2個重砲兵中隊を師団から引き抜いてイタリア本土へ輸送し、主要渡航点の防御のためにヴィラサンジョヴァンニの両側面に配置した。

さらに第2航空団の支援のおかげで、メッシナ海峡の高射砲部隊が著しく強化された。イタリア本土のすべての飛行場、すべての工場施設は、その高射砲部隊の大部分を引き渡してくれた。これにより、約４００門（！）の高射砲防衛陣を形成することが可能となり、敵の空襲を防ぐことができた。

イタリア本土における撤退部隊の受け入れの組織化については、所定の時期に第1降下猟兵師団長リヒャルト・ハイドリヒ中将へ委任された。彼は、すでに部隊残余、補給部隊および他の部隊から、南カラブリアの沿岸防衛を組織するよう命令を受けていた。

連合軍の上陸作戦

１９４３年7月9日、カイロ付近の飛行場13箇所からアメリカ第82空挺師団とイギリス第1空挺師団の空挺部隊が飛び立った。イギリス第1空挺師団のヒックス准将指揮の空挺隊員が、19時頃、最初に離陸した。この部隊は次のような構成であった。

・ダコタ１０９機
・ハリファックス爆撃機9機
・アルベマール爆撃機12機

これらの飛行機は以下を曳航していた。

・アメリカ軍Ｗａｃｏグライダー１２０機
・イギリス軍ホルサグライダー8機

規定重量のホルサには武器とジープが積載されていた。他のすべてのグライダーには総計１６００名のパラシュート兵が乗っており、アメリカ部隊輸送部隊の第51輸送飛行団のパイロット達が、この空輸飛行を任されていた。彼らは発進前

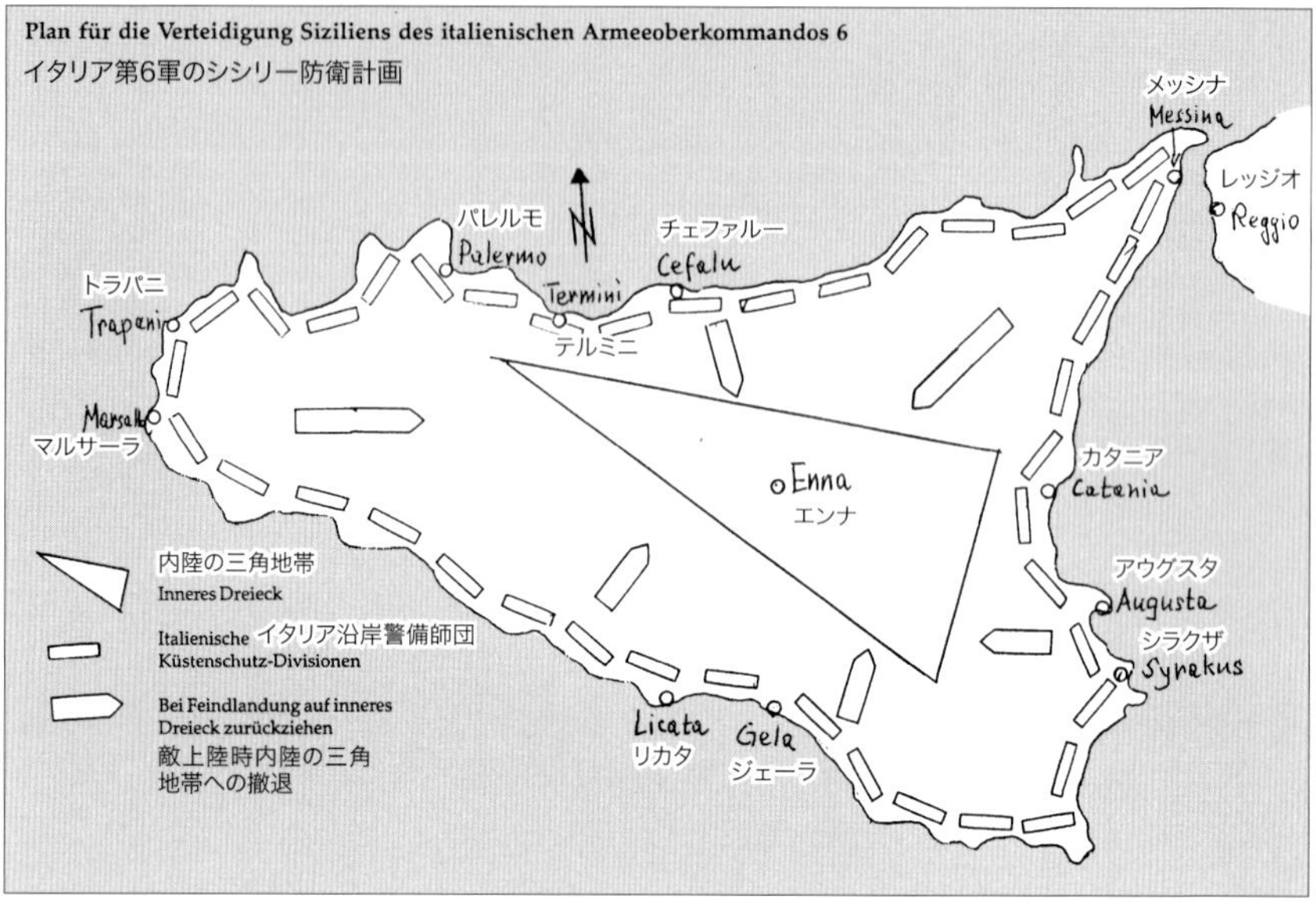

Plan für die Verteidigung Siziliens des italienischen Armeeoberkommandos 6
イタリア第6軍のシシリー防衛計画

に、沿岸に着く前に高度２８００ｍまで上昇し、Ｗａｃｏは高度６００ｍ、ホルサは高度１２００ｍに切り離すよう命令を受けていた。この戦闘団の作戦命令は次のようなものであった。

「22時10分から23時30分の間に、アナポ河に架かる重要な橋、ポンテグランデがあるシラクザ西方へ降下。

さらに：航空偵察によって確認された河の北方にある重沿岸砲の排除と付近に位置するイタリア海軍−空軍の防衛拠点の占領」

ヒックス准将とグライダー連隊長カッタートン中佐は、最初の編隊をマッダレーナ半島の西方、二番編隊は運河橋梁の北方にある岩原（シラクザ港の西方）に降下する計画を立てていた。両将校は、先頭のホルサ機で部隊を率いていた。

両編隊は、最初にマルタ島南東にあるデリマラからの無線誘導により飛行し、そこからシシリー島南東のパッセロ岬へと方向転回した。

両編隊がドイツ軍沿岸砲兵の射程内に進入した刹那、彼らは砲撃を受けた。最初の斉射によりバンガローネ魚雷を積んだホルサ1機が被弾し、赤く輝く火の玉となって粉微塵となった。これによって飛行コースを変更せざるを得なくなった一部のパイロットは、グライダーを早く切り離してしまい、合計47機のグライダーが風によって海上へと着水してしまい、搭乗員のほぼ全員が溺死した。数時間後に後から来た上陸用舟艇によって収容されたのは、僅かの人数であった。
残ったグライダーのうち、どうにか目標地区へ到達したのはたった12機であり、橋梁付近に直接降下できたのは僅か1機に過ぎなかった。それはL・ウィザース少尉指揮のサウス・スタッフォードシャー連隊の兵士を乗せ、ガルピン曹長が操縦するグライダー133号であった。ポンテグランデを両手で数えられるほどの人数で奪取した栄誉は、彼らに帰すべきものである。

同時に両岸から攻撃を仕掛けるために、ウィザー少尉はグループを率いて河を泳いで横断した。大胆な冒険は成功し、30分後の戦闘ではイタリア軍の橋梁防御部隊は壊滅した。仕掛けられた爆薬は除去されて河へ捨てられ、橋梁のすぐ北方には小さな橋頭堡が構築された。

夜明けと伴に、さらにワルシュ中佐を先頭とする旅団本部員7名が橋にたどり着き、このほかにワルシュが途中で〝拾い集めたパラシュート兵8名が加わった。

最終的には将校8名と兵士65名がここに集結し、最初はイタリア軍の反撃、後にはシュマルツ戦闘団の先鋒部隊の攻撃に対して、橋頭堡を保持した。

橋頭堡部隊はイギリス第5歩兵師団が到着するまで彼らの地点を死守することに成功したが、その時までには将校4名、兵士15名に減少していた。

ギャヴィン大佐指揮する増強された第82空挺師団の第505空挺連隊は、この作戦では第505空挺連隊戦闘団と呼称されていた。この連隊は、第52輸送飛行団によって目標へと運ばれた。(＊60)

注(＊60):第507空挺連隊戦闘団は、第505空挺連隊の3個大隊と第504空挺連隊／第Ⅲ大隊から編成されていた。

戦闘団は3405名の兵士よりなり、カイロ付近で何回も離陸と着陸訓練を行って来た。この戦闘団の任務は「ジェーラ北方4マイル(6・4km)にある十字路の遮断と高地の占領。アメリカ第1歩兵師団によるポンテグランデ飛行場奪取の支援」だった。

この連隊規模の戦闘団は、直前になって師団の対戦車砲大隊によって増強され、C47ダコタ227機で進発した。

戦闘団は大規模な橋頭堡を形成し、後続して海上から上陸するアメリカ第1歩兵師団により収容されることとなっており、ギャヴィン大佐は、マッケンリー中佐指揮する第316輸送グループの先頭機に乗機していた。

部隊が3時間の飛行の後にシシリー島南部沿岸へさしかかると、ドイツ高射砲群の激しい弾幕に包み込まれた。対戦車砲部隊を島上空まで運ぶ必要がある各部隊は、苦境に陥った。ドイツ軍が打ち上げる弾幕の中を突っ切る際に輸送機6機が撃墜され、飛行機のパイロットは平常心を失った。このため、彼らは曳航していたグライダー118機を盲滅法《めくらめっぽう》に切り離し、

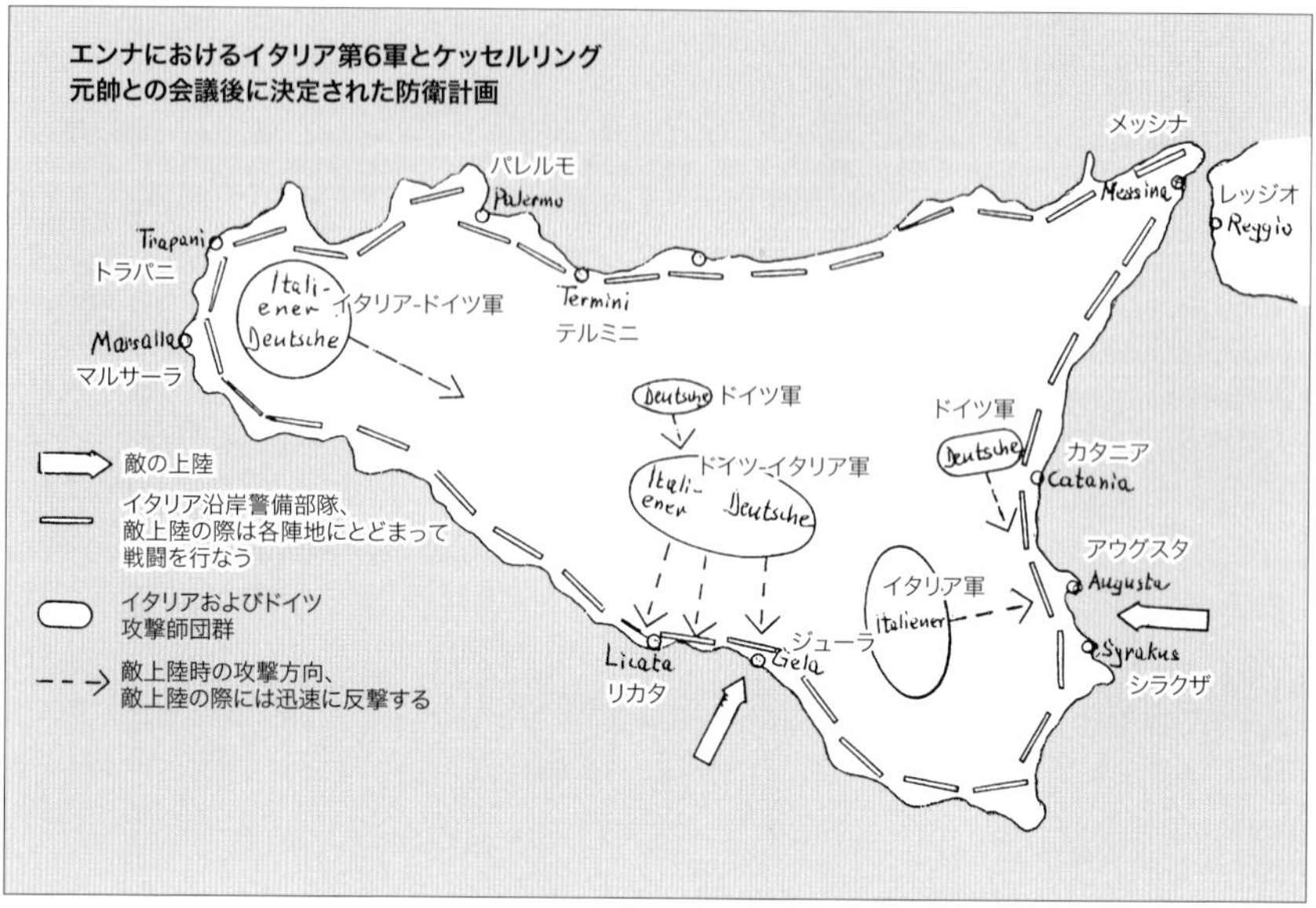

エンナにおけるイタリア第6軍とケッセルリング元帥との会議後に決定された防衛計画

輸送機に搭乗したパラシュート兵を降下させた。そして、それはもちろん目標地点ではなかった。

第505空挺連隊／第Ⅲ大隊のI中隊が、計画された目標地点に舞い降りた唯一の部隊であった。

第505空挺連隊／第Ⅲ大隊の大半は針路を変更して海へ逆戻りし、その後に再び方向転換をして、零時25分頃にアカテ河の南東6㎞の地点でパラシュート兵を降下させた。

ここでG中隊の85名が、十字路と渡河点を確保した。その他は、その時には上陸して進撃を開始したアメリカ第45歩兵師団と合流した。ギャヴィン大佐は、彼の本部要員と小さなグループと伴に、ヴィットリア南方15㎞の地点に自ら降下したが、作戦地点からは50㎞も離れていた。

第Ⅲ大隊のハリーズ少尉は、ヴィットリア付近でイタリア軍の捕虜となった。彼は7時間に渡って留置されたが、短時間の銃撃戦の末にイタリア兵は観念して白旗を掲げ、少尉は解放された。

320名の兵士からなる増強された連隊の大規模なグループは、アヴォーラ付近のイギリス軍の地域へ降下した。彼らはイタリア軍の微弱な攻撃を撃退し、すぐにイギリス第50歩兵師団に収容された。

第504連隊／第Ⅲ大隊も、カステルノチェッタ地域からニスチェミ南方まで広い範囲に散らばって降下した。ある小規模なグループは、ジェーラから東方80㎞の地点に降下したが、彼らはノートの街を攻撃してイタリア軍を街から追い払い、救援が来るまでそこを保持した。

　第５０４連隊／第Ⅲ大隊のⅠ中隊のトーマス中尉は数人の部下と伴に、シュマルツ旅団の前哨拠点の兵士に捕えられた。

　アレキサンダー少佐指揮する第５０４連隊／第Ⅲ大隊の大半もまた、目標地点から50㎞も離れた地点に降下した。それでも少佐は、大隊を率いてサンタクロスカメリーナ付近にあるイタリア軍の強力な防御拠点に対して攻撃を試みた。そして街に侵入してイタリア兵を追い払って占領することに成功した。45名のイタリア軍捕虜が後に残された。

　このように目標にはバラバラで逐次降下が行われたにもかかわらず、アメリカ軍の戦闘日誌には、この作戦について次のように報告されている。

「両戦闘団の作戦投入は、予期された成果を収めることができた。最低限の目標に到達する一方で、他方では分散降下したために、戦闘団はさらなる地域で作戦を遂行することとなったのである。さらに戦車師団ＨＧの介入を阻止することにも成功した」（第５０５および第５０４空挺連隊「戦闘日誌」参照）

　シシリー島におけるこれらのパラシュート部隊の戦闘は、アメリカ軍の空挺技術誕生の産婆役となった。イギリス軍のパラシュート部隊については、すでにチュニジア侵攻の際に砲火の洗礼を浴びた経験を有していたが、そこで彼らは同じ様に「赤い悪魔」の称号が誕生したのであった。

　そこで目撃者となったクアト・シュトゥーデント上級大将は、ニュールンベルクにおいて、連合軍パラシュート部隊の作戦をこう評している。

「シシリー島における連合軍の空挺作戦は、決定的であった。その分散された降下により、夜間空挺作戦は期待通りの成果を収めた。仮に連合軍部隊が師団〝ＨＧ〟の進出を阻止することに成功しなければ、国家元帥の師団は最初の上陸部隊を再び海へと撃退したであろうと、小官は確信するものである」

　上陸作戦のイギリス軍受け持ち地区においては、デンプシー大将率いる第13軍団、すなわち第5および第50歩兵師団が主目標のアヴォーラおよびカッシビレ、一方、モントゴメリー大将の第30軍団はリース大将の指揮の下、飛行場があるパキーノ半島とパキーノ市街を奪取し、確保することとされた。

　第50歩兵師団〝ダイン・アンド・ティース〟の第15旅団は、いの一番目にシシリー島の土を踏んだ。それは4時15分であり、予定された上陸時間から90分後のことであった。プンタジョルジオの北方へ上陸したのは、ダーラム軽歩兵連隊／第Ⅳ大隊のB中隊であり、リチャード・ゴロウェイ大尉率いるA中隊はカラベルナルド付近に上陸し、そこの地雷原で最初の犠牲を出した。

　C中隊は、すでに海上で重大な損害を蒙った。ウォルトン大尉は戦死し、大隊長のワトソン中佐も同様に戦死した。

ダーラム軽歩兵連隊／第Ⅲ大隊は、アヴォーラ付近の入り江であった。リドディアヴォーラにおいて、彼らは砲撃を受けたが、アヴォーラおよびサンタヴェネリーナの両イタリア軍拠点は、勇敢に防衛戦を展開した。

パキーノ半島に投入された第30軍団は、同じ様に4時15分から少し遅れてマルツァメミとポルトウリッセの中間の30㎞に渡る広さで上陸を行った。中央が第154旅団、左翼がレニー旅団、右翼がアッカート准将率いる第231マルタ旅団という序列で、軍団は最初にポルトパロ港を攻撃し、あっという間にこれを占領した。

モディカ南方で上陸する計画であったシモンズ大将指揮のカナダ第1歩兵師団は、二つの戦闘団のすぐ後方について突進した。二つの部隊とは、レイコック准将率いるロイヤル・マリーン部隊と、スレイター中佐率いる第3コマンド部隊であった。

すでに6時45分にはパキーノの飛行場へ達し、45分間の戦闘の後に飛行場は上陸部隊の手中に落ち、パキーノの市街も昼頃には陥落した。後方に悌陣配置されたイタリア軍の防衛拠点1箇所が午後まで抵抗を続けたが、昼頃には早くも最初の連合軍航空機がパキーノ飛行場へ離着陸を開始した。

これにより、すべてのイギリス軍部隊は作戦第一日目の目標に達し、ドイツ軍部隊は小さな数箇所での小競り合いを別とすれば、この日にイギリス軍と会敵することはなかったのである。この特殊な要因は、後述することにしよう。

イギリス第8軍の次なる目標であるシラクザは、この攻撃に対しては完全に無防備な状態にあった。と言うのは、この場所に駐屯する歩兵師団〝ナポリ〟は四散してしまい、シュマルツ旅団の戦区についてそれは著しかった。

アメリカ軍の上陸

〝ジャス（Joss）〟、〝ダイム（Dime）〟と〝セント（Cent）〟と名づけられた3個上陸部隊は、6月10日の真夜中の零時頃に掃海および集合海域に到着した。巡洋艦と駆逐艦は準備砲撃の火蓋を切った。H時間（攻撃開始時間）は2時45分。〝セント〟部隊の旗艦には、アメリカ軍最高司令官のオマー・N・ブラッドレー大将が乗船していた。

アメリカ第2機甲師団戦車大隊の支援の下、リカータ付近に上陸することになっていたトロスコット将軍指揮のアメリカ第3歩兵師団は、凄い進撃スピードで市街へ達し、飛行場への道路を確保した。トロスコ将軍は15時5分に占領した飛行場への着陸が可能となったことを報告した。

配置についていたミドルトン将軍率いるアメリカ第45歩兵師団は、プンタブラケットからジェーラ東方までの地域、並びにコミゾとビスカリ飛行場を占領することとされ、予定通りの正確な時刻にスコグリッティ東方の陸揚げ地点に到着した。3時45分に艦砲射撃による準備砲撃がイタリア軍沿岸要塞陣地と防衛拠点へ開始され、艦船集合地点の沿岸前面は完全な砲制下に置かれた。これによりイタリア軍砲兵は沈黙し、以前から防衛部隊が配置されていなかったこともあって上陸は易々と行われた。

すでに日の出の頃には、上陸部隊の最初の報告が〝アンコン〟に乗船したブラッドレー大将の下にもたらされた。それには、ダービー中佐指揮のレンジャー部隊がジェーラの防波堤の桟橋施設まで進撃し、イタリア軍1個戦車中隊の寝込みを襲ったことなどが報告されていた。

上陸作戦中においては、4時58分にＨｅ１１１が1機（！）船舶を攻撃した。この機はスターフィールド海軍少佐指揮の駆逐艦「マドックス」へと向かい、煙と炎によるきのこ雲の中で駆逐艦の船尾が宙に飛んだ。船首は急激に斜度を増して始め、水兵２０２名と将校8名と伴に海中へ没した。僅か74名が救助されただけであった。

もう1機のＨｅ１１１が同じ時刻に攻撃を行い、上陸用舟艇数隻を沈めたが、機銃弾薬が不足していたために、決定的戦果を収めることはできなかった。

作戦第一日目のドイツ軍：シュマルツ旅団

１９４３年6月初め、戦車師団ＨＧはシシリー島へ向けて発進せよとの命令を受領し、師団長代理として、ヴィルヘルム・シュマルツ大佐がエンナにある第6軍司令部へ出頭した。彼は師団の宿営の問題並びに敵上陸の際にどのような作戦指揮を執れば良いのかを議論するつもりであった。そこで大佐は、グッツォーニ大将率いるイタリア第6軍が考えている防衛作戦を聞くことができた。

イタリア軍司令部は、防衛作戦をこのように指揮するつもりだった。

『弱体な沿岸防衛体制と不充分な兵数を鑑みて、最初の敵上陸後には内陸の三角地帯へすべての部隊は撤退し、この三角地帯、すなわち険しい山岳地域で防衛戦を展開する』

これは、戦わずして沿岸からの撤退を意味していた。

そこで私は次のように反論した。

『ドイツ軍2個師団（第15機甲擲弾兵師団と戦車師団ＨＧ）は、敵上陸開始の際に速やかに戦闘が行えるように、上陸が予想されるカタニアおよびジェーラという敵攻撃地域に置くべきである』

これらの師団砲兵は、今すぐにカタニア、ジェーラの防御拠点へ移動して陣地を構えるべきであり、部隊のその周辺で宿営する。敵が別な地点へ上陸した際には、両師団は直接反撃するためにその地点へ行軍する。

私は、両師団が内陸部へ宿営して待機することは間違っていると主張した。しかし、私の提案は退けられ、イタリア軍による従来通りの作戦計画が我々に命じられた。

『これは、内陸から出撃して攻撃を行うためには許可が必要であり、それには状況を素早く判断することが求められることを意味した』

私が島防衛強化のために更なるドイツ軍師団（すでに予定されていた）について話をしたが、これ以上のドイツ軍師団は好まないような印象を受けた。

イタリア軍司令部においては、上陸に対してあらゆる手段をもって防衛するという真面目な気持ちが感じられず、私は暗い気持ちに沈んだ。

師団本部へ戻りよく熟考した後、私はケッセルリング元帥へ事の次第を報告し、敵上陸の際の防衛作戦についてイタリア第６軍と会議を行うため、個人的に島を訪問するように懇願し、待機するという作戦計画は間違いであることを主張した。

６月末にケッセルリング元帥はエンナを訪れ、シュマルツ大佐も同席した。我々は優雅な礼服で着飾った将校によって歓迎され、素晴らしいクーラーの効いた部屋に案内された。エトナ火山の灼熱のテントから来た野戦服姿の我々は、この平和過ぎる光景には似つかわしくなかった。

しかしながら、我々はこの牧歌的な田園絵画的雰囲気へ断固たる戦闘精神を持って来たのだった。同盟国たる友好的な雰囲気は必要ではなかった。ケッセルリング元帥の威厳と能弁のみが、この作戦会議を最終的な結論へと導き、我々の提案は非常に冷たく歓迎されぬまま受け入れられた。これは次のような成果をもたらした。

「イタリア軍の５個予備師団とドイツ軍２個師団は、予期される上陸地点の近傍に配置され、迅速な反撃を準備する」

最初、グッツォーニ大将は自分の防衛計画に固執し、沿岸では戦闘は不能で島の内陸のみが戦闘のチャンスがあると主張した。私は、彼自らがその見解が正当であると確信している風には見えなかった。

我々が会議室から退室する際、私はケッセルリング元帥にイタリア軍の戦闘に対する準備について自分の考えを述べ、そしてこう言った。

「私が思うに、グッツォーニ大将はただ単に我々を早く追い出したくて、提案に対して了解しただけです。彼は再び私の意見に対して、沿岸からの撤退という自分の計画を押し付けてくるでしょう」

元帥は私の考えをはっきりとたしなめた。彼が何か別な考えがあるのか、私はもちろん確認することはできなかった。我々との会議においては、同盟国たるイタリア軍を信頼している旨の発言をしており、それを確信しているようであった。

１９４３年７月25日、元帥の確信に対してバドリオによる最初の衝撃が加えられた。私は、約束された作戦計画をイタリア第６軍が守るとは到底考えていなかった。この事については、第15機甲擲弾兵師団長のロート中将（＊61）、それから私の師団長であるコンラート中将に対して、島への到着後に報告した。（ヴィルヘルム・シュマルツ著『シラクザ〜アウグスタ〜カタニア地区の１９４３年７月10日から15日におけるシュマルツ旅団の戦闘』参照）

注（＊61）：エーベアハート・ロートは１８９５年12月４日、ミュンヒェンに生まれた。１９１４年８月、志願兵として帝国陸軍へ入隊、翌年６月にバイエルン第２槍騎兵連隊にて少尉に任官。１９３６年10月にヴァイマール共和国陸軍第18騎兵連隊大隊長として復職。第二次大戦勃発後の１９３９年９月には第７騎兵連隊長、その後、第25偵察大隊長としてベルギー侵攻戦に参加し、ゲント攻撃戦の戦功により１９４０年６月25日付で騎士十字章を授章。以降、第２戦車師団本部付き、第66機甲擲弾兵連隊長、第２および第22戦車旅団長などを経て、１９４２年11月に第22戦車師団長、１９４３年６月には第15機甲擲弾兵師団長を拝命し、イタリア戦、西部戦線を戦い抜いた。ニーダーハイン防衛戦の戦功により、１９４５年４月28日付で柏葉付騎士十字章を授与された。

この新しいグッツォーニ大将とケッセルリンク元帥の申し合わせにより、すべての部隊に対して新たな状況に注意を向けさせるため、完全に新しい命令を与える必要があった。

しかしながら、この命令は少しずつ小出しに発せられ、何よりも不完全で部分的にはまったく到達しなかった。その証拠として、シラクザとアウグスタ大地区にあったイタリア軍は、連合軍の上陸においては戦闘を行わず、最初の命令通りに予定された〝内陸の三角地帯〟へと撤退したという事実がある。しかも、重火器を爆破してである。このことについて、もう一度、シュマルツ中将（最終階級）に聞いてみることにしよう。

「イタリア軍の将校、例えば７月10日にシラクザ‐レンティニ街道で出会ったシラクザから逃げてきた提督と大佐は、口々に命令は敵上陸の際には沿岸から撤退せよというものであったと語っていた。同じ様な話は、他のイタリア軍将校や兵士からも聞くことができた」

イタリア軍とドイツ軍師団が同時に迅速な反撃を行うと言うエンナの会議結果を信用したため、ドイツ軍司令部は沿岸防衛体制を完全に新しく切り替えた。これは、特にイタリア軍の攻撃用師団はほとんど期待できないか、できても少数が反撃へ参加できる程度であったためである。

エンナの会議により、次のような攻撃部隊が編成された。

・マルサーラ地区：第15機甲擲弾兵師団とイタリア２個師団
・ジェーラ地区：戦車師団ＨＧ主力とイタリア１個師団
・シラクザ〜アウグスタ〜カタニア地区：シュマルツ旅団とイタリア１個師団

ドイツ軍部隊の砲兵は、予想される上陸地点に対して迅速な砲撃を可能とするため、沿岸付近に駐屯した。

ヴィルヘルム・シュマルツ大佐率いるシュマルツ旅団は、以下のような編成であった。

戦車師団ＨＧの特別編成旅団本部

・歩兵連隊：マウケ大佐（旧アフリカ軍団の残余、休暇兵と傷病回復兵からなる）
・戦車師団ＨＧのＳＰＷ（兵員輸送装甲車）大隊
・同上砲兵大隊
・同上突撃砲中隊
・同上高射砲大隊
・1個イタリア戦車大隊

宿営地はカタニア〜ミステルビアンコ〜パテルノ〜ベルパッソであり、非常の場合はカタニア平野の北縁の陣地で準備を行って南方へ進出し、カタニア付近で東方へ方向転換した後に沿岸へ向かう。

7月初め、強力な連合軍の空襲が、通信施設、道路と鉄道並びに島内の飛行場に加えられた。

7月9日に旅団は、上陸船団がアフリカの港湾を出発した旨の偵察機の報告を受領した。さらなる偵察機の報告によれば、二群に分かれた上陸船団が確認され、これにより上陸地点が南部および南東沿岸であることが決定的となった。

旅団は、パレルモ〜ジェルビーニ〜カタニアの中間にあるカタニア平野の北縁の出撃準備陣地へ入った。この移動は7月9日の夜までに終了した。

すべての報告については、旅団から師団へと転送された。これに加えて、南および南東沿岸には無線装甲車が配置されており、すべての連絡の中継を確実に行っていた。

この味方無線部隊は、1943年7月10日早朝に〝シラクザ〜イスピカ〜ノート付近に敵上陸〟と報告した。

第6軍との取り決めにより、シュマルツ旅団は反撃のためにシラクザへと進発した。ジェーラ大地区に駐屯する戦車師団ＨＧにも、この旨が伝えられた。この電話連絡が、その後の数日に渡る戦闘や空襲による通信網の破壊により、ドイツ司令部との最後の連絡となった。

「シラクザ付近へ進撃しようとしてカタニアを出発した瞬間、カタニアは無防備となった。私はこれが正しい措置かどうか不安に駈られた。まだ連合軍部隊のカタニアに対する二次上陸の可能性があり、そこからメッシナまで素早く進撃すれば、迅速な勝利が得られるのだ。それは状況が不明な中にあっての決断であった。しかし、こういうことわざがある『待つより行動を起こすべし』。敵まで反撃を加えるのだ。私は、旅団が所属する師団〝ナポリ〟はヴィッツィーニ地区にあることを知っており、シラクザ方面へ攻撃を行えば、フロリディア地区で合流するはずだった。

早朝の薄いもやの中、偵察装甲車両群が進発し、ＳＰＷ大隊、突撃砲中隊、砲兵大隊と高射砲大隊が続いた。行軍針路はカタニア〜レンティニを経由してシラクザ方向。イタリア軽戦車大隊は、カタニア〜レンティニ〜フロリディアを経由し、ドイツ軍無線装甲車両部隊と伴にシラクザへと発進した。随伴させたドイツ無線部隊は前進し、フロリディア付近にて突進する敵部隊の一部と戦闘状態に入った。彼らは敵を停止させ、旅団へ状況を報告した。追及すると思われていたイタリア戦車大隊は、二度とその姿を見ることはなく、行方不明となった（後から判明した事実を、この大隊の名誉のために述べなければならない。この戦車大隊は、エネルギッシュなマキシミニ中佐の指揮の下で、フロリディア付近で非常に勇敢に戦った。これらが師団〝ナポリ〟と伴に共同で戦ったかどうかは不明である）。いずれにせよ、師団〝ナポリ〟の師団長は、自分の師団本部と伴に１９４３年７月13日に白旗を掲げ、パラッツォロ-ソラリーノ街道上で前進して来たＪ・Ｃ・クーリー准将（第４機甲旅団）率いるイギリス軍に降伏した。

シュマルツ旅団の機甲部隊は、プリオロ付近で会敵した。マウケ連隊は自動車化された2個大隊と伴に、カタニアを経由してレンティニへと行軍した。この連隊の第Ⅲ大隊は、装備がまだ完全ではなく、カタニア平野の北縁にある旧陣地に残置された」

７月10日の夕方、シュマルツ戦闘団が置かれた状況は次の通りであった『前述したイタリア戦車および装甲車部隊は、フロリディアで戦闘。ＳＰＷ大隊はプリオロ付近で作戦中』。アウグスタとシラクザの中間地帯のイタリア軍沿岸部隊は、各自の武器を遺棄して敗走した。艦砲射撃の支援による敵の圧力は強力であり、シラクザ方面へのさらなる進出も可能な状況にあった。このため、シュマルツ旅団はメリッリ付近で反撃から防衛戦闘に移行した。

師団〝ナポリ〟との共同作戦が必要であることを、７月10日に旅団戦域で出会ったイタリア軍上級司令部の連絡将校にもう一度確認したが、どこに歩兵師団〝ナポリ〟がいるのかも彼は答えられず、結局、１９４３年７月10日の夕方には、何も情報は得られなかった。

シュマルツ旅団によって、イタリア軍部隊が沿岸地域の陣地から戦わずして移動したことが確認された。これにより、イタリア軍部隊は沿岸の全防衛戦線から撤収し、各ドイツ軍部隊は見捨てられたのであった。シュマルツ旅団は、側面と後方を完全に剥き出しにして広い田園地帯で孤立した。

この撤退する戦闘部隊を急襲するため、敵が意図していること、すなわち、メッシナへのさらなる進撃を可能とするためにカタニアを目標としていることは明らかであった。

もしこの攻撃が成功した場合、島内に存在するすべてのドイツ軍およびイタリア軍部隊は、メッシナ海峡を通じた補給線が断ち切られることを意味した。

その他のドイツ軍部隊との連絡が不可能なため、シュマルツ大佐は一人で決断しなければならなかった。彼の最大の不安は、完全に無防備のカタニア平野であった。ここを失うと、メリッツリやレンティニでの防衛は無意味となってしまう。

ヴィルヘルム・シュマルツ大佐は、個人的にマウケ大佐へレンティニ付近の陣地へ行って塹壕を掘るよう命令した。3個砲兵大隊は、ＳＰＷ大隊の付近で戦闘を行っていた。フロリディア付近で戦闘を行っている部隊は損害を受け、敵の強力な圧力を受けて夜間にソルティノまでの撤退を余儀なくされた。

もしこれらの兵士が頑強な抵抗をせず、イギリス軍部隊が労せずしてソルティノを経由してレンティニに達したとしたら、シュマルツ旅団の最前線部隊の蝶番は外れ、マウケ連隊は早期に戦闘に巻き込まれていたであろう。

アウグスタでは、上陸するための連合軍の準備作業が認められた。このため、シュマルツ旅団の砲撃はそこへ誘導され、敵の陸揚げを遅延させた。

この状況について、戦後、シュマルツ中将はこう述べている「レンティニの防衛陣地は一時的なものにすぎないことは、私には良くわかっていた。もし、戦車師団ＨＧと第15機甲擲弾兵師団のジェーラでの反撃が成功しなかった場合、戦闘を継続するためにはカタニア平野の北縁まで撤退して部隊を再集結させる必要があった」

シュマルツ中将はさらに次のように述べた。「メリッツリでは、1個大隊を率いる勇気あるイタリア少佐が、シラクザから撤退して来たすべてのイタリア軍兵士を集めており、その日の午後に戦闘部隊として再編成するよう命令した。彼は7月10日夜に彼の部隊を連れてきて、我々ドイツ軍と肩を並べて戦った。このような事例、すなわち中級および下級のイタリア将校層が未だに戦闘精神が旺盛であることは、何度も身をもって体験しており、これに引き換え上級指導層は全く別な考えを抱いた。イタリアが枢軸同盟から脱落するということが、数週間後に話題として上ることを明らかに知っていたのである」

戦車師団ＨＧの戦闘

7月9日の夜、警戒態勢はレベルⅡおよびレベルⅢに引き揚げられた。これは初めてのことであった：アメリカ軍空挺部隊が、グランミケーレ飛行場の野営地のすぐ近くに降下した。ヨーロッパ大陸の戦いが始まったのである。

１９４３年7月10日の早朝、カルタジローネ地区に主力が展開していた戦車師団ＨＧは、速やかに反撃を行うべしとのケッセルリング元帥の命令を受領した。ケッセルリンクはシシリー島については指揮権を有していなかったが、何もしないという不作為を犯さないという意味でこの命令を発したのであった。

それについて元帥はこう述べている。「私が侵攻日の7月10日の早朝に戦車師団HGへの無線命令によって介入したのは、ただ単に怠慢を防ぎたいだけだった」

師団（シュマルツ旅団を除く）は、コミゾ南方とジェーラ付近または東方で起こり得る敵の上陸に対する防御と無線による状況報告のため、7月初めにジェーラとアウグスタの中間沿岸地域にある多数の拠点に偵察装甲車を配置していた。師団は、計画された反撃作戦が遅滞なく発起できるように、敵上陸の際には迅速に情報を収集する予定であった。

7月10日の午前中は第6軍からは何の命令も受領できず、師団はケッセルリング元帥の無線によって戦闘態勢に入った。コンラート中将は定められた作戦を開始した。すでに偵察装甲車数両から、シラクザとジェーラに敵上陸の報がもたらされていた。コンラート中将は、カルタジローネの主力の2個戦闘団（シュマルツ旅団を除く戦車師団HG）を、ケッセルリング元帥の命令受領直後に進発させた。この2個戦闘団には次のような任務が与えられた：「海までの突進と挟撃包囲によるジェーラ付近に上陸した敵の殲滅」

このため、右翼戦闘団はジェーラ平坦部の東方地区から、左翼戦闘団はカルタジローネ南東地区から出撃した。これらの戦闘団の編成は次の通りである。

・右翼戦闘団：機甲偵察大隊の1個中隊を伴う戦車連隊、2個重砲兵大隊からなる機甲砲兵連隊、機甲工兵大隊（1個中隊欠）

・左翼戦闘団：2個大隊からなる機甲擲弾兵連隊、2個中隊からなる1個砲兵大隊、1個ティーガー中隊（第５０４重戦車大隊／第2中隊）（＊62）

注（＊62）：フンメル中尉指揮の第５０４重戦車大隊／第2中隊は、チュニジアに渡ることなくシシリー島に残留した。１９４３年7月10日現在のティーガーI型保有数は17両であり、戦術上、戦車師団HGに配属されていた。

7月10日の午後遅く、コンラート中将は第6軍司令部から呼び出されてエンナへと向かった。そこで彼は、イタリア第6軍はジェーラでの反撃の可能性を検討していることを知った。そうであれば、戦車師団HGと師団〝リヴォルノ〟が同時に攻撃する必要があり、軍による攻撃命令は夕方には下されるとのことであった。

このジェーラへの攻撃命令に代わって、師団は夜になって第6軍からの無線により、ジャーラ付近に防衛線を構築し、主力をもって東方、すなわちコミゾ南方まで進撃せよという命令を受領した。この命令は、師団の戦力と戦況のいずれの面からも不適切で、実行不能なものであった。

7月10日の早朝からの戦車師団HGの進撃は、狭い山岳道路で再三に渡って停滞し、連合軍パラシュート兵がさらなる前進を阻んだ。

オリーブの段々畑が広がる地形は、前進する師団の重装備部隊は常に新しい障害物に行き当たった。特にティーガー中隊は、困難な状況と戦わざるを得なかった。戦車は何回も狭い田舎道で引っかかって動けなくなった。それでも師団は7月10日の夜遅くには、翌日に計画された攻撃に都合のよい出撃準備地点へと達した。

エンナの第6軍司令部のドイツ軍連絡本部司令官フォン・ゼンガー・ウント・エッターリン大将（訳注：当時は中将）（＊63）は、18時頃にコンラート中将の師団本部を訪れ、師団はすでに午前中にジェーラ～ヴィットリア街道に達したことを確認した。右翼戦闘団はその戦車部隊をもってニスチェミ南方にあり、一方、左翼戦闘団はビスカリ南西の地点に達していた。

注（＊63）：フリドリン・フォン・ゼンガー・ウント・エッターリンは1891年6月21日、ヴァルトシュートに生まれた。1910年9月に志願兵として帝国陸軍に入隊、1914年に予備役少尉に任官。1938年11月にヴァイマール共和国陸軍第3騎兵連隊長として復職。第二次大戦勃発後は、第22騎兵連隊長、第2騎兵旅団などを経て1942年10月に第17戦車師団長となり、スターリングラード戦以降のドン河戦線での防衛戦により騎士十字章を授章。1943年6月には在シシリー島ドイツ軍司令部付となり、イタリア第6軍の督戦にあたった。1943年10月に第14戦車軍団司令官に就任し、カッシーノ戦の戦功により1944年4月5日付で柏葉付騎士十字章を授与された。なお、彼はローズ奨学金によりオックスフォード大学を卒業しており、ベネディクト修道士のメンバーの一人でもあった。

フォン・ゼンガー・ウント・エッターリン大将は、この日の夕方にこうメモしている：「戦車師団ＨＧの両戦闘団はジェーラと沿岸地区奪回のため、遅くても7月11日の早朝に、中間地域を掃討後に南西方向へ攻撃する予定」

コンラート中将は7月17日の真夜中に戦況概況を次のように記している：「敵はジェーラを中心にして５㎞から６㎞の範囲にあるすべての丘陵を占領。リカータ地域では、北方への道路上を約10㎞進撃」

パウル・コンラート中将は、7月11日の反撃を実施して勝利に導くためには、すべての部隊を配置につけなければならなかった。

ここで、連隊首席参謀の記述した戦車連隊ＨＧ／第Ｉ大隊の戦闘報告書を掲げる。

「7月10日22時30分頃に大隊は、沿岸部のハインリーツィ戦闘団と合流するため、翌日の朝にプリオロの道路をさらに南下して攻撃せよとの師団命令を受領した。

味方の偵察情報を考慮し、攻撃は見通しの効かない道路上を行軍するのではなく、ここから５００ｍ西方のジェーラ平坦部で発起する予定であった。大隊は増強された機甲工兵中隊によって増援されていた。

　大隊は2時に整列したが、陣地を引き継ぐために、まず戦車連隊／第Ⅱ大隊が追いつくのをその場で待った。4時に第Ⅱ大隊が合流し、ようやく第Ⅰ大隊がニスチェミを経由して前進することができたが、出撃準備地域へ予定時刻に到達することは不可能となった。これにより、攻撃開始時刻は90分間延期された。

　すでに街道を数百m越えたところで、右翼を先行していた第2中隊が艦砲射撃によって挟叉された。中隊は、目標方向と斜向かいに延びる塹壕に沿って進んだが、平地を横断する道がなく砲撃下の攻撃は失敗に終わった。

　大隊はこの報告に基づいて編成替えを行い、平地の東方にある険しい丘の峰にある切り通しから、左翼中隊が偵察できた横断路から塹壕を渡って、敵が待ち受ける丘の峰の端後方、すなわち前方に位置したオリーブ畑で、新たな攻撃を加えることとした。

　この計画に沿って第3中隊が先頭に立って前進し、残りすべてが後に続いたが、起伏のある地形と険しい丘陵が海岸への攻撃を阻んだ。

　この時期から大隊は、6個の阻害気球を張り巡らした艦隊からの激しい艦砲射撃に見舞われ始めた。この砲撃により機甲工兵中隊が大隊から切り離され、そこに待機を余儀なくされた。擲弾筒と火焔放射器を装備する突撃中隊の一部のみで、さらなる攻撃を発起することが試みられた。

　第3および第4中隊は、北方から来るウアバン大隊と東方から前進してくるハインリーツィ戦闘団と合流するため、東方にある丘陵へ伸びる道路の左手を前進するよう命令を受けた。第1および第2中隊は、丘陵を直接目指して道路に沿って進むこととされた。

　第3および第4中隊のこの攻撃は、途中で強力な対戦車砲、砲撃と戦車砲撃により行く手を阻まれた。ウアバン大隊がいると思われる方向から、第3および第4中隊へ砲撃を加えるため、敵戦車約15両が丘を下ってその麓にある茂みへ陣取った。これによって、ここでの両中隊のさらなる前進が完全に頓挫してしまった。

　第1および第2中隊は、第4中隊と伴に列を組んで火線を構築して前進し、その間に第3中隊は〝戦車の茂み〟を左から回り込んで攻撃を行うチャンスを覗うこととなった。

　しかしながら、この火線も強力な敵艦砲射撃にさらされ、弾着を避けるために互いにジグザク走行を余儀なくされた。クライノフ中尉率いる機甲工兵突撃中隊は、遮蔽のないところから2度に渡って〝戦車の茂み〟へ擲弾筒と火焔放射の一斉射撃を行い、敵戦車を沈黙させることに成功した。

　このような戦況の中で、大隊は速やかにウアバン大隊と合流せよという師団命令を受領した。ここで問題となるのは、師団によって132および123高地と名付けられた地点が

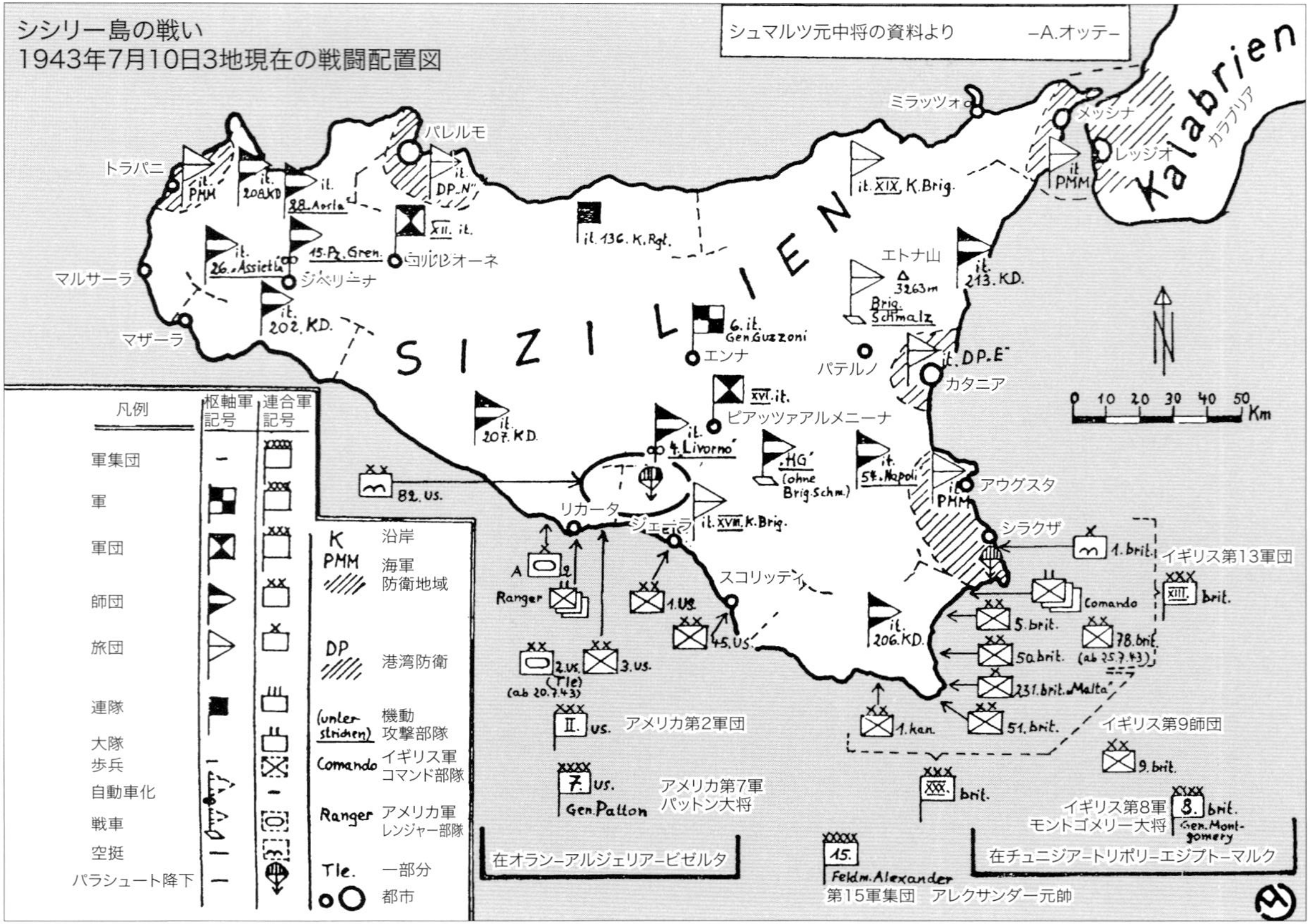
シシリー島の戦い
1943年7月10日3地現在の戦闘配置図
シュマルツ元中将の資料より
–A.オッテ–
SIZILIEN
Kalabrien
カラブリア
トラパニ
マルサーラ
マザーラ
パレルモ
ジベリーナ
コルレオーネ
ミラッツォ
メッシナ
レッジオ
エトナ山
3263m
エンナ
パテルノ
カタニア
ピアッツァアルメニーナ
リカータ
ジェーラ
スコリッティ
アウグスタ
シラクザ
it. PMM
it. 208.KD
it. 28.Aosta
it. DP.„N"
it. 26.„Assietta"
15.Pz.Gren.
XII. it.
it. 136. K.Rgt.
it. XIX. K.Brig.
it. PMM
it. 202. KD.
6. it. Gen.Guzzoni
Brig. Schmalz
it. 213. KD.
it. DP.„E"
XVI. it.
it. 207. KD.
it. 4. „Livorno"
„HG" (ohne Brig.Schm.)
it. 54. „Napoli"
it. XVIII. K.Brig.
it. PMM
it. 206. KD.
82. US.
A
Ranger
2.US. (Tle) (ab 20.7.43)
3. US.
1. US.
45. US.
II. US.
アメリカ第2軍団
7. US. Gen.Patton
アメリカ第7軍
パットン大将
在オラン–アルジェリア–ビゼルタ
1. brit.
イギリス第13軍団
XIII. brit.
Comando
5. brit.
78. brit. (ab 25.7.43)
50. brit.
231. brit. „Malta"
51. brit.
1. kan.
イギリス第9師団
9. brit.
XXX. brit.
イギリス第8軍
モントゴメリー大将
8. brit. Gen. Montgomery
15. Feldm. Alexander
第15軍集団　アレクサンダー元帥
在チュニジア–トリポリ–エジプト–マルク
0 10 20 30 40 50 Km
凡例
枢軸軍記号
連合軍記号
軍集団
軍
軍団
師団
旅団
連隊
大隊
歩兵
自動車化
戦車
空挺
パラシュート降下
K 沿岸
PMM 海軍防衛地域
DP 港湾防衛
(unterstrichen) 機動攻撃部隊
Comando イギリス軍コマンド部隊
Ranger アメリカ軍レンジャー部隊
Tle. 一部分
都市

敵の手中にあることであった。ようやく将校による偵察隊が、１７２高地の上と前方にいるウアバン大隊を見つけることに成功した。彼らは55地点への攻撃を準備しようとしていたのである。大隊は２㎞ばかり戻って、ウアバン大隊の右翼に展開した」

第1中隊を指揮して大隊の先鋒として前進したシュトロンク中尉の記述を基に、この報告を補足しよう。中隊は後続部隊のために通路を啓開することに成功し、師団長代理のセオドーア・ルーズベルト准将が指揮するアメリカ第26歩兵連隊の側面を衝いて混乱させることに成功した。シュトロンク中尉はここで敵戦車２両を撃破した。第1中隊と伴に彼の大隊は、浜辺から１０００ｍまで迫った。

まだ浜辺に留まっているアメリカ第1歩兵師団は煙幕弾を発射し、これに紛れて再び乗船を開始した。

後続の歩兵による側面と後方援護と支援もないまま、戦車は勢い良く前進した。師団は、蹂躙した敵歩兵を排除する十分な兵力を有していなかったのである。従って、戦車の後方にアメリカ軍無線部隊が潜んでいて、ドイツ部隊へ艦砲射撃を誘導した。

攻撃は艦砲射撃の中で滞り、そのまま第1中隊を殿部隊としてドイツ部隊は撤退しなければならなかった。大隊は戦車7両が全損となった。撃破された車両多数が残置され、一部は履帯やエンジンの損傷により擱座した。戦車師団ＨＧはこの日だけで、その戦闘で高い評価を受けたティーガー数両を含む戦車43両を喪失した。（＊64）

注（＊64）：１９４３年7月11日だけで、第５０４重戦車大隊／第2中隊はティーガーⅠ型5両を喪失している。

決定的だったのは艦砲射撃――それはそれで厳しい要素ではあったが――ではなく、予定されていたイタリア軍２個攻撃師団の歩兵支援部隊の欠如であった。

7月12日朝の状況を鑑み、コンラート中将は攻撃を中止し、強力な後衛部隊を残置してカタニア方面に伸びるカテナウオーヴァ鉄道線～カタニア間まで撤退し、そこでシュマルツ旅団と協力して連続した戦線を構築し、防衛することを命令した。しかしながら、この決定は前線の部隊へ命令として届かなかった。

唯一、シュマルツ旅団だけは、この命令を受領することができた。しかし、すでに旅団もこの決定と全く同じ結論を自ら導き出していた。予定された陣地では、シュマルツ旅団は再び戦車師団ＨＧへ配属されることとされ、フォン・ゼーガー・ウント・エッターリン大将を通じてイタリア第6軍へ報告された。同様に第15機甲擲弾兵師団も、戦車師団ＨＧの作戦計画が通知された。

ジェーラへの攻撃に関する第５０４重戦車大隊／第2中隊の戦闘報告

「我々の中隊は、7月11日にアメリカ軍上陸地点ジェーラへ向けて南西方向へ進撃するよう命令を受けた。第５０４重戦車大隊／第2中隊長のフンメル中尉は、まず地形を一目見て偵察するため、ハイム少尉とその小隊だけを伴って前進した。ゴルトシュミット少尉率いる残りの戦闘小隊は、2時間後に追及した。最初に中隊は、連合軍の圧倒的な制空権を感じ取った。ゴルトシュミット少尉のティーガーでは、煙幕弾発射装置が打ち抜かれて発火してしまい、その煙幕により乗員はほとんど窒息寸前の状態となった。戦闘中隊の残りが到着すると、攻撃は勢いを増して迅速に地点を奪回した。しかしながら、左側面は歩兵援護がない状態にあった。

フンメル中尉は停止して、給油をさせて弾薬を前へと運ばせた。ジェーラ方向の右翼側面への偵察攻撃のため、彼自らが中隊と伴に前進した。中尉はしばらくして非常用脱出ハッチを対戦車砲弾によって貫通され、これによって指揮戦車が擱座し、ハイム少尉が中隊指揮を執ることとなった。

指揮戦車を牽引することは、もはや不可能であった。

この時、ヴィットリアに対する敵の攻撃が報告された。ハイム少尉は、小隊をもって擱座戦車３両を援護するよう私に命令し、自ら戦闘中隊を引き連れて危険な差し迫った方面へと向かった。我々は戦場付近を捜索し、アメリカ兵数人を捕虜にした。

夕方、戦車師団ＨＧの大隊長ヴェーバー大尉が数人の戦い疲れた兵と伴に訪れ、明日4時をもって海岸に並行して西方に進み、道路交差地点のニスチェミまで突進せよとの師団命令を手渡した。北方からは戦車師団ＨＧが攻撃。私はその先鋒を仰せつかった。彼らと伴にジェーラへ進撃して海岸まで突進し、上陸した敵を海へ追い落とすのだ。我々はティーガー6両と伴に、即座にヴェーバー少佐（ママ）の指揮下となった。

7月11日の夜、前車（リンバー）付きの歩兵砲数門と兵士約１００名が集結した。故障戦車は夜のうちに修理されたが、指揮戦車は再び調子が悪くなり爆破するしかなかった。

翌朝、攻撃が開始されて我々は進発した。すでに数百ｍ行ったところで、戦車砲や塹壕からの射撃を受けた。跨乗した擲弾兵は降車したが、ヴェーバー大尉は私の戦車の上に留まった。彼の中隊長は次のティーガーに乗っていたため、たちまち擲弾兵への命令伝達ができなくなってしまった。

我々は舗装道路をさらに前進し、多数の命中弾を被りながらも対戦車砲や機関銃座やトーチカを殲滅した。

突然、敵戦車が姿を現した。私が最初に、次に二番目のティーガーが砲撃命令を下したが両方ともすぐに発砲しなかった。なぜなのか、原因は未だにわかっていない。

私の戦車が砲撃の口火を切り、最初のシャーマンは初弾が命中して炎が吹き上げた。ティーガーの射程距離は２６００ｍで有効なのだ。２両目は最初の戦車のそばに来たときに、同じ様に初弾が命中して炎に包まれた。残りは退却し、２８００ｍの距離で３番目の敵戦車を撃破した。その後最後の戦車を殲滅しようと試みたが、４番目は損傷を被って掩蔽壕に逃げこんだ。

さらに前進を続ける。ついに我々は、ニスチェミの北方にある道路の交差点に到着した。ここへ、戦車連隊ＨＧ／第Ｉ大隊の戦車が進撃してくるはずであった。先鋒のティーガー2両が角を曲がると、1両の戦車に行き当たり、咄嗟に発砲した。それはドイツ軍が遺棄した大きな穴が開いているⅣ号戦車であった。私は戦車長の二人に大目玉を食らわせたが、彼らの応答はなかった。

そして激しい砲撃が始まり、そのうち対戦車砲の砲撃も加わった。ヴェーバー大隊との連絡は失われた。私は信号弾を打ち上げ、無線手のケーラーは無線を通じてヴェーバー大尉に接触しようとしたが、連絡は失われたままであった。我々が信号拳銃によりオレンジ識別弾を打ち上げると、砲撃は激しさを増した。

我々は、ドイツ軍とドイツ軍が同士討ちしているのではないかという疑念をずっと持っていたのだが、夜のうちにドイツ軍の前線が50㎞後方へ下げられたことは全く知らされていなかった。

ともかく戦車師団ＨＧと合流するために北方へ進んだが、先鋒のティーガー2両は被弾して乗員は脱出し、遮蔽となる急斜面へ逃げ込んだ。

私はなんとか連絡を確保しようと試みたが、砲塔左側面に直撃弾を被った。幸い貫通するには至らなかったが、リベットが耳の周りを飛び回った。

軍曹ではあるが優れた指揮官であるフレット・ギュンターが、私に警告した。

「9時方向にシャーマン！」

今度は左側面だ。こちら側にも命中弾を受け、砲塔を回転させて反撃する。敵戦車が1両燃え出し、２番目は履帯に貫通弾を被って擱座した。谷間に位置する敵戦車は、射程距離外であったためこれ以上砲撃することはできなかった。急斜面の地形で――後方を無防備に晒したまま――我々は再び道路へ戻った。ギュンターと私のティーガーはさらに進んだが、ギュンターのティーガーがオーバーヒートを起こしたため、オリーブ園の遮蔽物の陰へ隠れた。私のティーガーは命中弾１１０発を数え、履帯はボロボロになっていた。変速段は第2および第5段しか入れることができず、右側の第1走行転輪は吹っ飛んでおり、左側の駆動輪も損傷していた。

徹甲弾は底を尽いており、ガソリンは補助タンクへ切り替える必要があった。もう36時間も寝ていない。

ドイツ軍側から見た戦線の推移による
1943年7月10日～8月17日の戦闘経緯

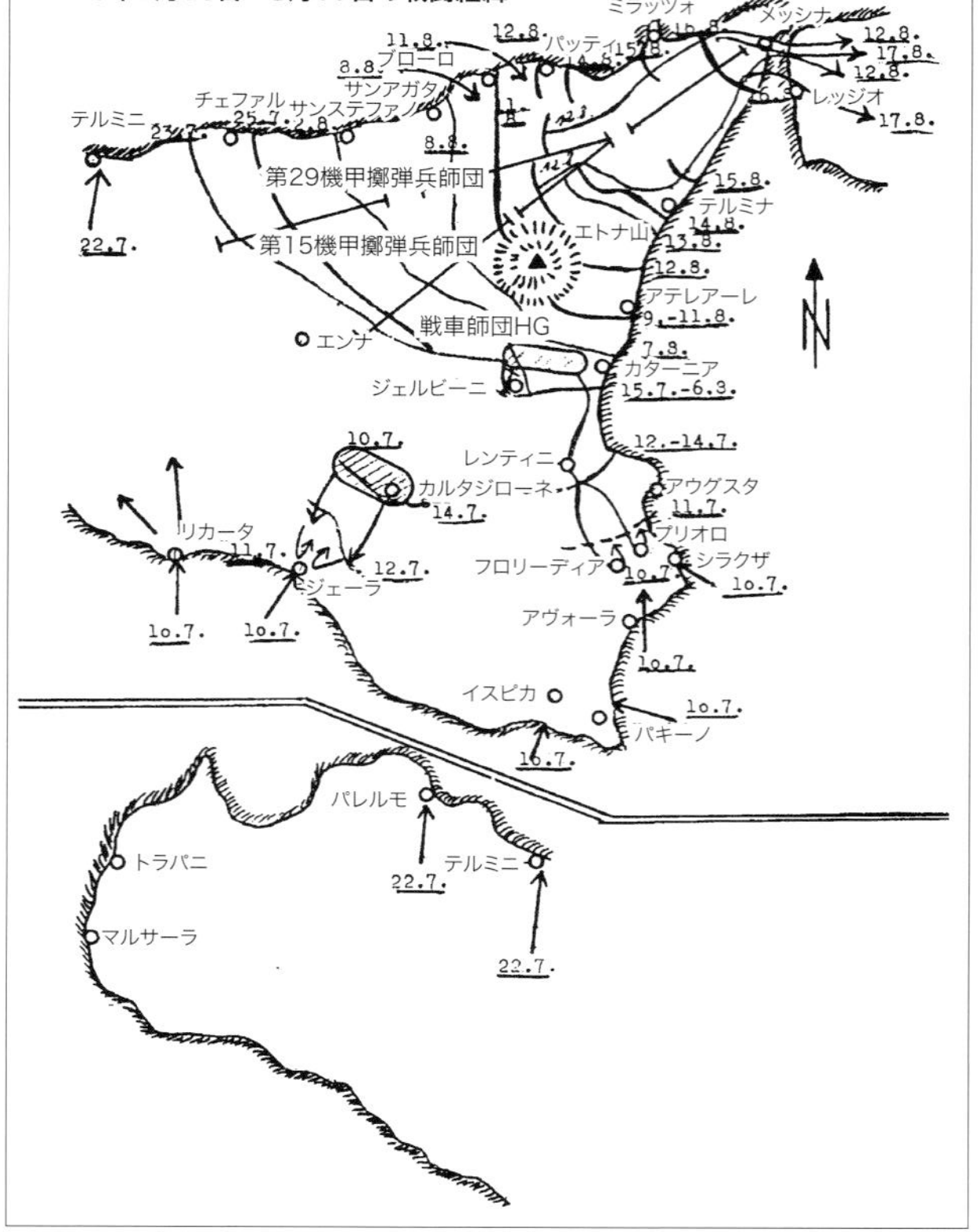

1943年7月10日の戦況

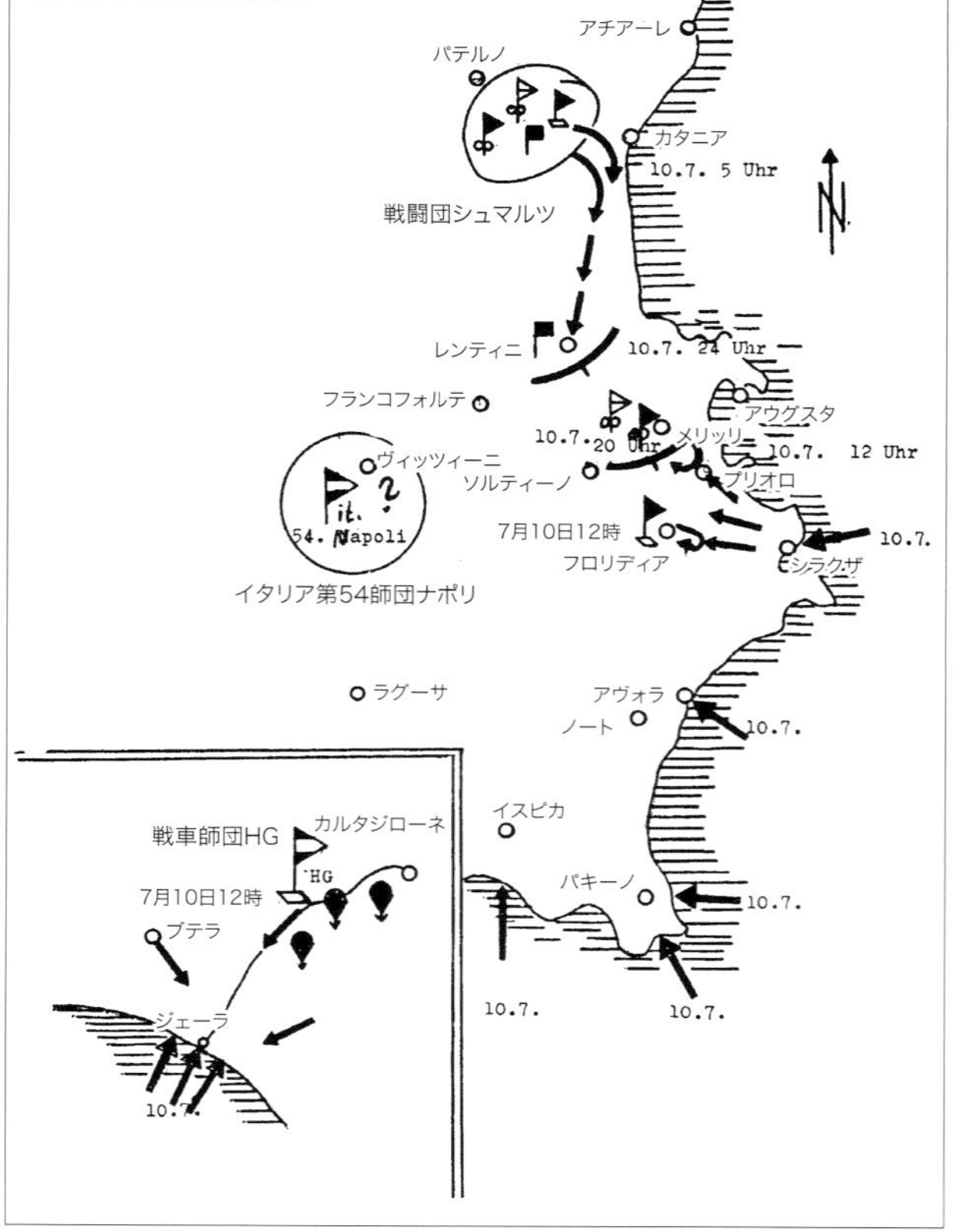

農園へ偵察に行かせたヴァッサーホーラーが戻って来ない。機関短銃の安全装置をはずして捜しに行く。農園に行くと敵味方入り混じった部隊に出くわした。我々の兵士２名とアメリカ兵士12名でトムソン少尉が率いている。農園には、味方の傷ついたＧＩとアメリカ軍パラシュート兵が横たわっていた。

少尉は彼が我々の無線を使ってアメリカ軍の軍医を呼ぶことができるかどうか私に尋ね、名誉に賭けて裏切りはしないことを誓った。

我々は同意し、ティーガー２両は不測の事態に備えて良好な射撃ポジションへ移動した。約40名からなるアメリカ部隊はティーガーを擬装して隠してくれ、食糧、タバコと飲料水を運んで来た。

１時間後、テキサス出身の１９０㎝の大男である大佐の階級を持つ軍医が現れた。ハーン上等兵が、彼を私のところに連れてきた。彼はこう言った。

「なるほど、今は仲良く同じ空気を吸っているが、危うい均衡の上に成り立っている。互いに状況を改善しようと思えば思うほど、二度と部隊同士が一緒にいることができなくなる。ドイツ軍部隊の前線は、昨日の夜のうちに50㎞ほど下がった」

我々は6時間の停戦協定を結び、ティーガー２両は爆破された。弾薬が爆発した時、敵は盲撃ちで迫撃砲や砲兵が砲撃を加えた。

何も荷物を持たないまま我々は、軍医が自分のカルテでその方向を指し示してくれた味方の主戦線がある北西へ歩き始めた。

途中、味方のコマンド部隊に止められ、あやうく射殺されそうになったが、何とか戦車師団ＨＧの師団本部に辿り着いた。ちょうど反撃の出撃準備であった第５０４重戦車大隊の残余部隊となっていた指揮官ハイム少尉は、二度と我々を見ることはあるまいと思っていたそうだ。

我々が中隊の残余と出会った時、すでにパテルノ方面への撤退が下令されていた。ここで前線は安定したが、カタニア付近のシメト河渓谷では、多数の兵士がハマダラ蚊を媒介とした感染によるマラリアに罹病した。

その後、我々の戦区はパテルノの丘陵地帯へと後退した。ここで我々は、敵を一歩たりとも前進させなかったが、イギリス軍部隊がカタニア方面から我々の側面へ攻撃を加えたために撤退した。ハイム少尉はパテルノで負傷したが、その後もそのまま中隊を指揮した。ベルパッソの戦闘で少尉は手榴弾により重傷を負い、私が中隊の指揮を執ることとなった。後に本国から将校２名が補充され、シュトイバー少尉は随伴歩兵小隊、ディートリヒ中尉は補給段列の指揮を執った。

我々の撤退行動は、敵の砲兵弾幕とヤーボ（地上襲撃機）攻撃と常に隣り合わせであった。たった一度だけ敵戦車を砲

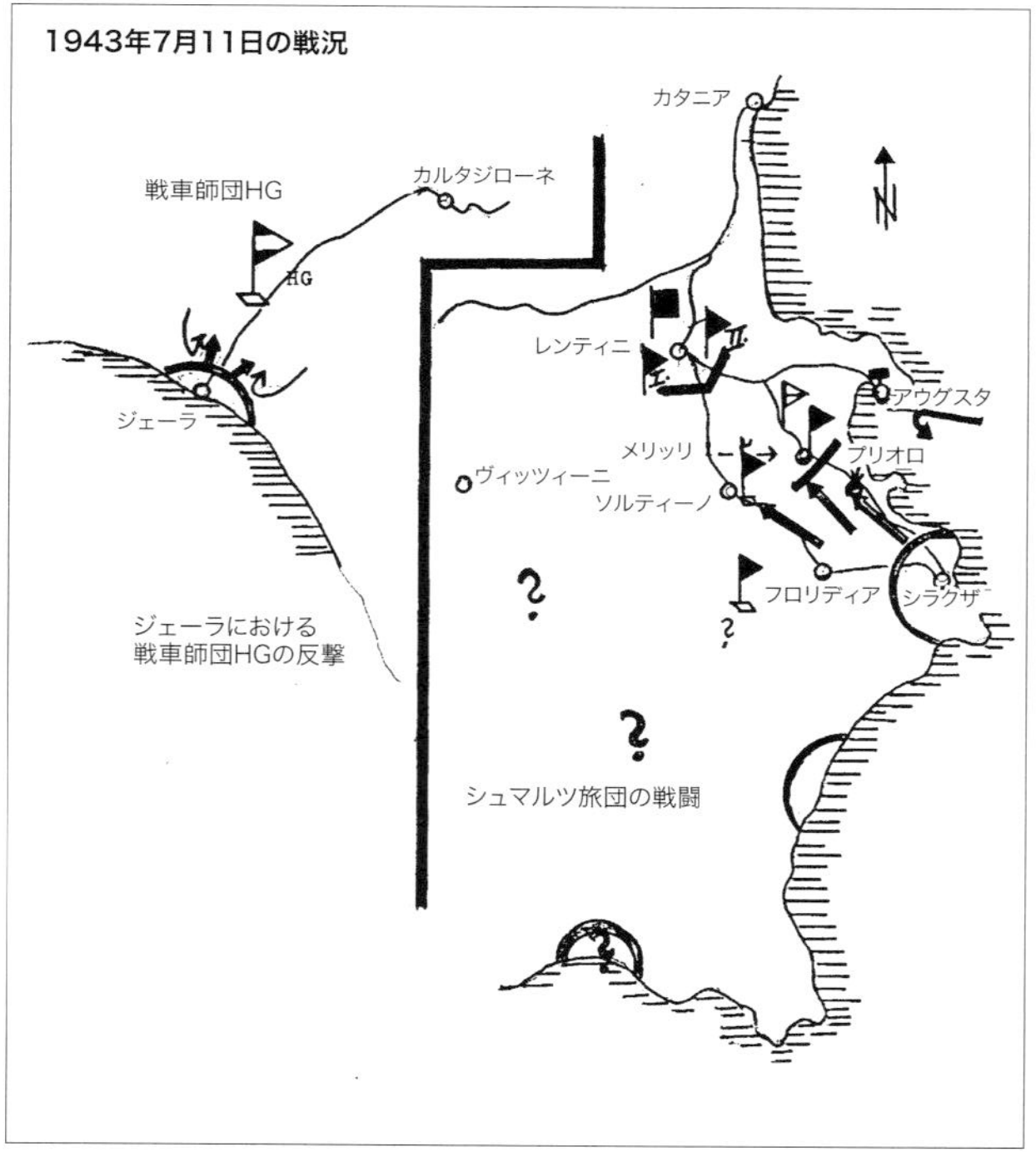
1943年7月11日の戦況
戦車師団HG
HG
カルタジローネ
カタニア
レンティニ
アウグスタ
ジェーラ
メリッリ
ブリオロ
ヴィッツィーニ
ソルティーノ
フロリディア
シラクザ
ジェーラにおける
戦車師団HGの反撃
シュマルツ旅団の戦闘

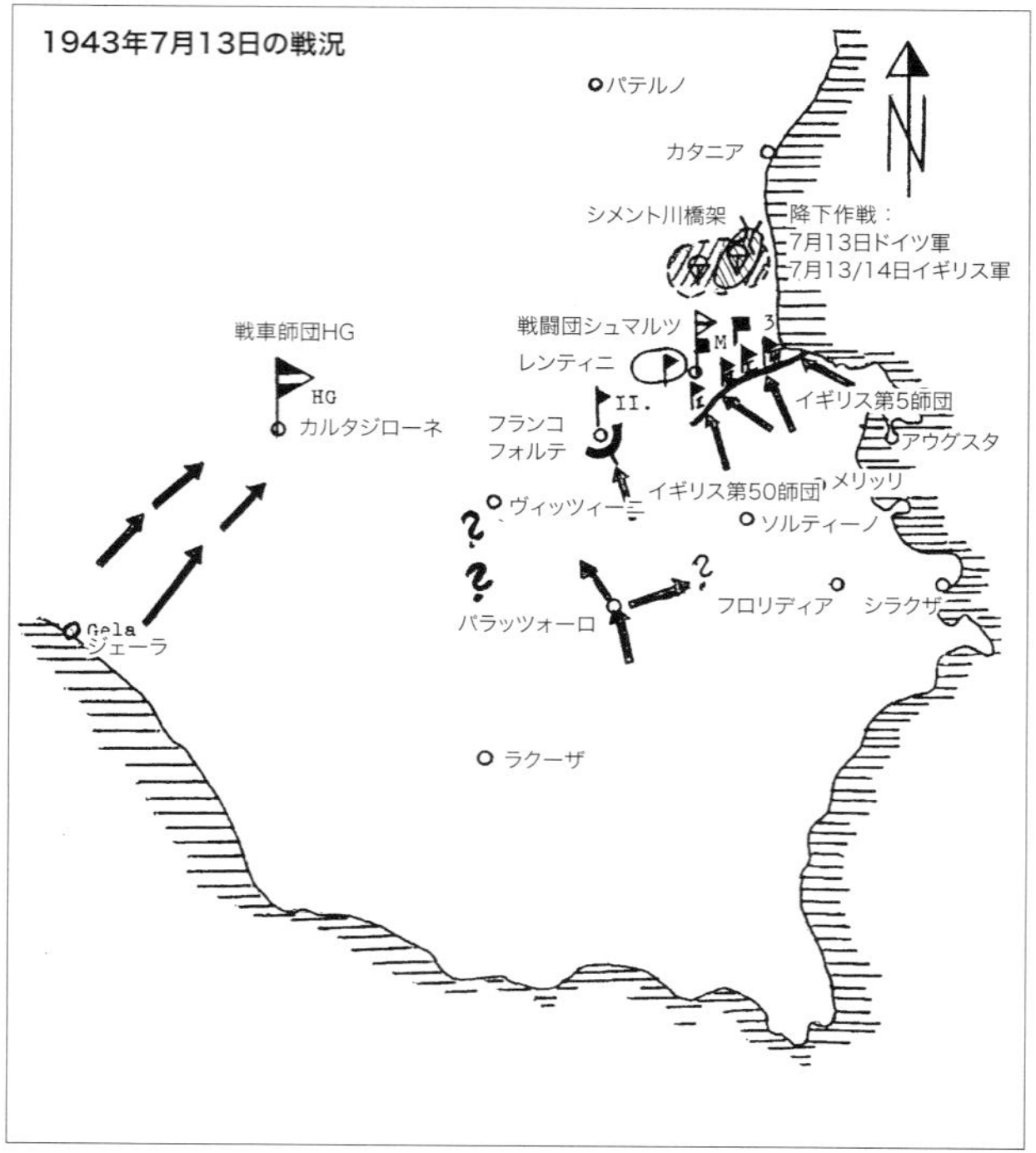
1943年7月13日の戦況
パテルノ
カタニア
シメント川橋架
降下作戦：
7月13日ドイツ軍
7月13/14日イギリス軍
戦闘団シュマルツ
レンティニ
戦車師団HG
HG
カルタジローネ
フランコ
フォルテ
イギリス第5師団
アウグスタ
イギリス第50師団
メリッリ
ヴィッツィーニ
ソルティーノ
フロリディア
シラクザ
パラッツォーロ
Gela
ジェーラ
ラクーザ

撃することができたが、その後は敵も警戒して距離を十分置くようになった。

　ニコロッシ～トレスカティーニ地区で、東方と南方と西方に向かってハリネズミの陣地を構築した。

　私の考えでは、エトナ山塊は長期間保持することが可能であったが、高所大所からの判断により撤退することとなった。連合軍の大陸への上陸が予期されたためである。強力な敵の砲撃下で、私はティーガー４両をもってもう一度反撃を試みた。そこでウーリヒ曹長のティーガーが命中弾を被って炎上した。火は消し止めることができたが、ティーガーが歩兵部隊の方へ戻って来た時、小さな爆発が発生して爆風が操縦席から後方へ抜け、弾薬が誘爆した。弾薬が車内で爆発し始め、私は大やけどを負った操縦手を変形したハッチから引きずり出した。ティーガーは車道上で斜めになり、そのまま動かなくなった。後続の救急車と連絡車両が立ち往生したが、メーター幅の道路は石垣に囲まれていて迂回路はない。ところが、松明のように燃え盛っていたティーガーを良く見ると、後面のスターターの騒々しい音と伴に、乗員もいないのに独りでに前進しているではないか！　そのうちティーガーは左側の履帯で石垣を壊して乗り上げ、車体はちょうど道路の左側へ寄る形で停止した。火災の際にケーブルが燃えて溶けたために、ショートしてイグニッションが始動し、前進ギアが入ったままだったのでバッテリーの力で戦車が動いたのだ。これで道路は通れるようになった。

　２時間かけて私はフーベ大将へ戦闘報告を行った。大将は、最後のティーガー４両を速やかに大陸へ輸送するよう命じた。夜になって準備陣地へ戻って見ると、損傷が激しいティーガー３両はすでに乗員によって爆破された後であった。こうして我々の中隊は、僅かティーガー１両しか大陸へ引き揚げることはできなかったのである（その最後の１両も、カラブリアの曲がりくねった山道で変速機が故障してしまい、そこで爆破された）。

　次の朝、乗員と伴に私はメッシナ海峡を渡った。第５０４重戦車大隊第２中隊の残りは、僅かに65名。当初、我々は戦車師団ＨＧへ転属することとなっていたが、重傷の中隊長がグデーリアン上級大将へ直訴して、これは実現しなかった。サッシーノ近郊のポンテコルヴォへ我々は移動し、そこへ次第に第５０４重戦車大隊の兵士が集って来て１８０名ほどになった。これを基幹とした新たな大隊が、オットー少佐（後にキューン少佐）の下、ヴェーツェップ／オランダで再編成されることとなった」（カール・ゴルトシュミット著『回想録：１９４３年シシリー島における我らティーガー５０４の戦闘』参照）

シュマルツ旅団から見た戦闘経緯

旅団の戦闘に関するヴィルヘルム・シュマルツ中将の報告

「7月12日の時点で、私は広範囲の戦線に渡ってイギリス軍が総攻撃を掛けて来ることを予期していた。我々の作戦は、最前線の部隊が攻撃を受け止め、激しく圧迫されているレンティニ付近の防御ラインを下げるというものであった。

しかし、西方では何が起こっていたか？　私は、そこにはおそらく師団〝ナポリ〟が展開しているものと考えていた。しかしながら、我が偵察部隊は、そこからフランコフォルテ方向へ進撃するイギリス軍の姿を報告して来た。私には、レンティニまでに至るこの突破口を塞ぐ部隊はもはやない。

7月12日に敵がさらに前進することが予想された。彼らはなんの妨げもなくフランコフォルテ～スコルディアを経て、重要な防衛拠点であるカタニア平原へと到達することができる状況にあった。

私は伝令将校を通じて師団へこのことを知らせた。実際、ジェーラでは何が起こっていたか？　一部はトラパニ地区、その他はエンナ地区に展開していた第15機甲擲弾兵師団がいたはずだが？

どうすれば我が部隊は、明日予期される攻撃に対して持ち堪えることができるだろうか？　これは私の最大の懸念であった。敵をレンティニ付近で食い止めることができるか？　私には戦車はなく、突撃砲数両、3個中隊と高射砲のみであり、それも戦闘初日より最前線で戦っている部隊だった。

実際、心配の最大の種は、背後のカタニアで何がどうなっているかであった」

7月12日の夜が明けると、シュマルツ旅団の兵士達は、小銃と機関銃の銃声と多数の野砲による一斉射撃で起こされた。旅団長は指揮車両の前進を命じた。できるだけ前進して状況を自ら把握して、入って来つつある戦況報告を補完するためである。旅団長の運転手であるシューマッヒャー曹長は、指揮車両の出発準備完了を報告した。

「シューマッヒャーは、5年間ずっと私のそばにいた。我々二人は、戦前から戦争中にかけて、すでに8万km以上を伴に走破して来た」と、ヴィルヘルム・シュマルツは彼の運転手について語った。「この1kmごとに、忘れ得ぬ苦楽が刻まれていた。ドイツ、ポーランド、フランス、バルカンとロシア、そしてその街、村、平原と山々、暑さ、氷と雪、航空機攻撃と榴弾の恐怖、我々は運命共同体であり、互いに協力し合って生き抜いてきたのであった。彼は沈着冷静で確かな信頼があり、私が彼に何か言うと、決まって揺るぎのない長く伸ばしたアクセントで「りょーかい（ヤーヴォール）」という声が返って来た。

さらに私の当番下士官のブッシュ曹長は、シューマッヒャーと同じように常に私の傍らにいて、細かな気配りをしてくれた。それに加えて、兵士達からは〝ゼクストロ・エネルゲン（エネルギー）〟と呼ばれた私の伝令将校であるクライネ・ゼクストロ少尉がいた。少尉は血気盛んで、いつも新しい情報を仕入れるべく耳をそばだてており、彼が運悪く不在の時には、私は〝とんでもない思い違い〟をしてしまうことがしばしばであった。彼は常に私の世話を焼き、素晴らしい有能な戦友であった。

我々が進発するやいなや、4番目が仲間に加わった。それは私の忠節な当番兵のカール・ヴィットハーンであり、シューマッヒャーと同じように長く私の傍らにいて、常に私が命令された場所へ自発的に同行した。彼が私に聞いたことと言えば、昼は何が食べたいか？　であった」

ヴィルヘルム・シュマルツのような優秀な指揮官はいなかったというのが、すべてのこれらの部下達の一致した評価であり、彼らは献身的に働き、可能な限り常に出撃準備態勢を怠らなかった。それこそが、ドイツ国防軍中将として、後に降下戦車軍団〝ヘルマン・ゲーリング〟の最後の司令官となるヴィルヘルム・シュマルツの人間的魅力であった。

驚くべきことに、彼の側近のこれらの兵士達は捕虜となっても、力ずくで指揮官と隔離されるまで彼の傍を片時も離れようとしなかった。

戦線への走行が開始された。丘陵のここかしこで煙がたなびいている。最初に、砲撃をしている味方砲兵中隊に行き当たった。指揮官が駆けつけ、旅団長に状況報告を行う。

一行は、衛生兵にも出くわした。衛生兵は、最初の負傷兵を連れ帰って後送し、再び前進して最前線で彼らの仕事をするのであった。シュマルツ中将のシシリー島の報告書の中に、彼らの姿が描写されている。

「赤十字の腕章をつけて、彼らはあらゆる戦場を駆け回る。まるですべての弾丸が、ジュネーブ協定を尊重しているかのように。疲れを知らぬタフさで、戦友と助けを求める人々のために困難な任務を遂行している。彼らの勇敢さに対しては、私はいついかなる場所でも可能な限り顕彰した」

大隊野戦本部へ到着した。車から慰問袋を差し出す。クルーゲ少佐が旅団長に状況を報告する。少佐は古参の生え抜きの〝国家元帥の兵士〟である。

クルーゲ少佐は、旅団長を前方の眺望できる場所へと案内した。ちょうど、艦砲射撃の激しい一斉射撃が巻き起こり、すべてがそれに覆い尽くされた。

「そこにある小さな丘まで登って匍匐前進すると、そこの上からは素晴らしいパノラマが広がっていた。我々の後方にはメリッリ、前方にはプリオロがあり、右翼には岩だらけの高原、左翼にはまばらに植物が生えた海に向かって傾斜した斜面があった。さらに海の沖には敵艦船があって、そこから砲煙が立ち昇り、片舷斉射によって我々に砲撃を加えており、長時間に渡ってここから前方は着弾地点となっていた。

ずっと下の方を見ると、密集したオリーブ林に覆われた道を突撃砲3両が進んでおり、その前方の蛸壺《たこつぼ》陣地から機関銃砲火が煌《きらめ》いているのがわかる。味方前線のそこかしこにイギリス軍の砲弾が降り注いでおり、岩や土が噴水のように宙に舞った。砲弾の着弾地点は、土埃と煙が密に立ちこめており、その砲火をかいくぐって2名の兵士が脱兎のごとく飛び出して負傷者の方へ走る。彼らは負傷者を介抱して担架で搬送し、テントへと無事帰り着くことができた。

一方、後方ではオリーブ畑を左右に走る道路に敵戦車が現れ、矢継ぎ早に砲撃を加えている。その左翼では何か特別なことが起こっているらしい。そこへ砲撃は集中し、敵歩兵部隊が見える。彼らは匍匐前進して起き上がって突進し、再び地面に伏せる。そして再び突進して、数メートルのゲインを得ようとしている。これが予期された敵の攻勢だ！」

シュマルツ大佐が師団野戦本部へ戻ると、一通の報告が提出されていた。

「敵の攻撃を撃退！」

今度は陣地構築の状況を確認するため、旅団長を乗せた指揮車両は全速力でレンティニへと向かった。彼は仕事の成り行きに満足し、いつも持ち歩いているタバコとチョコレートで労をねぎらった。

数隻の軍艦がアウグスタの港口に接近した時、付近に展開していた重高射砲中隊に砲撃命令が出され、僅か数秒後に中隊は砲撃を開始した。高射砲指揮官が、これが絶好の願ってもないチャンスと認識した証だ。4門の8・8㎝高射砲が、凄まじい音を立てて砲撃する。最初の斉射が1隻の艦船の前方に落下し、2回目の斉射で命中弾1発を確認。敵は煙幕を張り、もうもうとした煙がたなびく。

「高射砲中隊へ、シューマッヒャー」

シュマルツ大佐は彼の運転手へ命令した。中隊長が大佐へ出頭し、装塡手の一人が状況を報告した。

「あいつ（敵艦）はもうダメですよ、大佐殿！　俺はやつが深く沈んで行くところを見ました。そうしたらあのいまいましい煙幕が割って入ってきたんです」

数秒後、警報が発せられて高射砲の砲口は天を指し、爆撃機が来ると思われる方向へ向いた。

旅団長は爆撃機の方向へさらに走行する。前方に道路上で移動に苦労している部隊が見える。

仰ぎ見ると、爆撃機は死の爆弾を投下したのが同時だった。

「止まれ！道路の側溝へ飛び込め」私はシューマッヒャーに向かって叫んだ。だがその声は聞こえず、彼は狭い道を全速力で爆撃機の下を走っている。私は大目玉を彼に食らわそうとしたが、その前に私が飛び込もうとしていた側溝が、爆弾により漏斗状にえぐれて粉々になったのが目に入った。

「うまくやったな、シューマッヒャー！」

「ヤーヴォール！」

彼は軽く笑うと、最速ギアにチェンジしてさらに進んだ」

この報告に述べられた日の昼頃にシュマルツ大佐が旅団野

戦本部へ戻った時、副官が新しい報告を提出した。一方、当番兵のヴィットハーンは、彼が買ったご馳走を食卓へ並べた。オランダ風ソースのジャガイモとアーティチョーク（朝鮮アザミ）の和え物、グラスジュース。最前線には敵から離脱せよとの命令が届いていたが、報告によれば敵の砲撃はさらに激しくなる一方で、夥しい損害を蒙った。しばらくして、オートバイ伝令が来て叫んだ。

「ケッセルリング元帥が来るぞ！」

カルレンティーニ付近で道路が封鎖されて早く来ることができなかった元帥に対して、シュマルツ大佐は状況を報告した。元帥は全体的な戦況と作戦を説明し、大佐は元帥の説明によってジェーラに上陸した連合軍の詳細と、戦車師団ＨＧ単独で実施されたそこでの反撃は成功しなかったことを知らされた。そして元帥は、大佐に対して第1降下猟兵師団の一部と合流するよう命じた。第3降下猟兵連隊が、カタニア平原に降下する予定であった。

この打ち合わせの重要な点は、速やかに戦車師団ＨＧとの協調をとることが必要不可欠であるということであった。元帥は、明日は成功すると約束した。それでも大佐は少なくとも、師団は防衛のためにカタニア平原の戦線を縮小するため、カタニア平原の戦線の移動を決定したことを知ったのである。

シュマルツ戦闘団の戦区に、7月12日の18時頃、第1降下猟兵師団の最初の部隊が着陸し、すでに準備されていたトラック部隊に乗車して前線へと運ばれた。それは第3降下猟兵連隊の3個大隊であったが、重火器は装備していなかった。シュマルツ大佐は、2個大隊はマウケ連隊の東方へ投入したが、第3大隊は1個高射砲中隊と伴に即刻フランコフォルテ方面へ移動するはめとなった。ちょうどそこで、敵が前線突破を試みたのである。

この集落を保持することは極めて重要であり、ここが陥落すると前線全体が危機に瀕するのであった。

7月13日の戦闘は、新たな防衛線で行われた。フランコフォルテはなんとしてでも保持する必要があり、この戦区を敵が占領すれば戦線全体が崩壊して、ドイツ軍の撤退が困難になる可能性があった。7月13日の夕方、そこに降下猟兵機関銃大隊が降下して、シメト河口地区で戦闘に介入し、危機は去ったように思えた。この日の夕方、敵はパンカルド方面へ強力な攻撃を発起した。圧力はメリッリ〜レンティニ街道とアウグスタ〜カステルッツォ方面へと激しくなる一方であった。レンティニ付近では2個砲兵中隊が戦闘を行い、フランコフォルテ付近では同1個中隊が投入されており、すでにその砲兵支援力は消耗し限定的なものとなっていた。高射砲部隊は、レンティニとその東方から海へと配置されていた。

シュマルツ大佐は、歩兵部隊については次のように作戦投入を行っていた。すなわち、フランコフォルテに1個大隊、レンティニおよびその東方から海にかけて4個大隊、そして

ＳＰＷ大隊は機動予備部隊としてレンティニ北西方面で出撃準備態勢をとっていた。この部隊は、最初の日の防衛戦闘において甚大な損害を蒙っていた。降下猟兵機関銃大隊は、シメト河に架かる橋を防衛していた。

予備としてパテルノ南方に待機していた1個歩兵大隊は、マウケ連隊の補充として7月13日に作戦投入された。第1降下猟兵師団の兵士達は、輸送機の欠乏により少しずつしか送られてこなかったし、重火器の欠如という弱点を有していた。従って現実には、戦車師団ＨＧの右翼戦線には、大きな穴が常に開いていたのである。

シュマルツ戦闘団には、相変わらずイタリア第6軍の命令が届いていた。その多くは実行不能なものであり、とりわけイタリア師団に当てた命令は無意味で、軍司令部が推定した場所からはとっくの昔にいなくなっているのであった。

7月13日の午後遅く、コンラート師団長と電話回線により連絡することができた。そこでシュマルツ大佐は次のような命令を受けた。「１９４３年7月15日朝、すべての師団部隊はカタニア平原の北縁の準備陣地に集合。そこでレオンフォルテ〜カタニアヌォヴァ〜ジェルビーニ〜カタニアまでの主戦線を構築。後衛部隊はそのまま留まり、敵に対して遅滞戦闘を行う」

増強されたシュマルツ戦闘団にとってこの意味するところは、7月13日から14日にかけて遅滞戦闘を行い、敵が味方陣地を越えて進撃するのを阻止することであった。

7月13日の夕方に新たに敵空軍が攻撃した際、街の南縁にある幾つかの橋梁が破壊されたが、幸いなことに、旅団は重火器をすでに橋梁の北側へ移動した後であった。

7月13日の戦闘において、ドイツ軍の脆弱な主戦線、中でも南縁戦線のレンティニ〜メネッラ〜カステルッツォは強力な敵の攻勢のために圧迫された。この陣地は、カタニア陣地の手前にある最後の陣地であり、あらゆる手段をとって保持する必要があった。そして次の日は、決定的な日となることが予想された。

7月13日の夕方、第1降下猟兵機関銃大隊指揮官のヴェアナー・シュミット少佐が旅団長に報告した際、シュマルツ大佐は快活であった。彼は少佐にこう言った。

「気をつけたまえ！　今晩は敵がカタニア平原へ奇襲をかけてくるぞ。もっとも我々もお見通しだがね。さらに敵は海から上陸する可能性もあるし、空挺部隊を投入してくるかもしれん。敵の意図は、我々を寸断してカタニア平原を占領することだ。貴官は、カタニア南方のシメト橋に展開する大隊と伴に、最高レベルの緊急出撃態勢をとってくれたまえ」

シュマルツ大佐のこの予測は、まったく正確であることが証明された。7月13日から14日にかけての夜、カタニアレンティニ街道に架かるシメト橋付近に、イギリス軍空挺部隊が降下したのである。敵の意図を理解するために、ここで我々は、シュミット少佐率いる第1降下猟兵機関銃大隊による、決定的な戦闘投入と防御戦に焦点を当ててみることにしよう。

モントゴメリー大将：「第13軍団は強襲突破してカタニア平原を占領せよ」

「7月13日、イギリス第8軍が進撃速度を落とす一方で、アメリカ第7軍は、カルタジローネの南方まで進撃していた第45歩兵師団に対して、沿岸街道を逆戻りして7月14日の朝にはヴィッツィニ～カルタジローネ街道を突進し、イタリア軍司令部が所在するエンナへの道を啓開するよう命じた。このような状況の中で、アメリカ第7軍司令官パットン大将は、司令部からジェーラのアメリカ第2軍団長オマー・N・ブラッドレー大将に電話した。大将はそこで、第45歩兵師団は北方への攻撃を中止し、南方の沿岸街道を通って西方へ進撃せよと命じた。ブラッドレー大将は、第45歩兵師団を沿岸まで呼び戻し、左翼には第1歩兵師団を新たに投入しなければならなかった。ブラッドレーはなんの戦果も得られないと抗議した。それについては、連合軍部隊総司令官アレキサンダー大将から、イギリス第8軍の戦局を好転させるためであるとの説明がなされていた。モントゴメリーは、イギリス第30軍団の攻撃により、レンティニ付近でカタニア平原までの突破を計画していたのである。

この目的のため、2箇所の橋、すなわちポンテデイマラティとプリマソーレにあるシメト河に架かる橋およびレンティニ高地の北方を奇襲により占領するべく、ラスベリー准将率いるイギリス第1パラシュート旅団と1個コマンド部隊が投入された。第1パラシュート旅団は、シメト橋の奪取と北岸における橋頭堡の構築を命じられる一方、コマンド大隊は、アグノネ西方に降下した後にポンテデイマラティを奇襲により奪取し、橋を確保してラスベリー旅団との連絡を図り、最終的にイギリス第50歩兵師団に拠点を引き渡すこととされた。

カイロからスースの間に展開する6つの航空基地から、7月13日の日没の頃、パラシュート兵を乗せたダコタ輸送機105機が飛び立った。ハリファックスおよびスターリング爆撃機19機とアルベマール11機は、ホルサグライダー30機を曳航しており、対戦車砲、ジープおよび軽砲が目標のために積載されていた。

発進の時、パラシュート兵を乗せた最初の爆撃機3機とグライダー3機が脱落したが、後者の脱落は後で重要な意味を持つのであった。

この連合軍の編隊が上空に差し掛かった時、連合軍艦船はドイツ軍爆撃部隊と誤認して砲火を開いた。数分前にドイツ軍Ju88数機がアウグスタの港湾を攻撃しており、編隊はこの敵爆撃部隊の主力であり、あらゆる兵器で攻撃すべき対象であると思い込んだのである。多数の輸送機は地上砲火を浴び、ドイツ軍高射砲によっても撃ち落された。燃えながら墜落する輸送機とグライダーを見て、兵士は喝采した。パイロットは輸送機をなるべく早く旋回させ、敵味方から浴びせられる砲火を回避するため、パラシュート兵を闇雲に降下させた。（＊65）

注（＊65）：この降下作戦の2日前、第82空挺師団／第504空挺連隊戦闘団の2304名がC47ダコタ輸送機144機に搭乗して第二次降下作戦を行った際、ジューラとスコグリッティの上空で味方高射砲の誤射により輸送機23機が撃墜され、318名のパラシュート兵と数十人の搭乗員が降下前に死亡するという悲劇が起こっている。

直接プリマソーレに向かった輸送機は、強力な機関銃砲火を浴びた。これはシュミット大尉（ママ）率いる降下猟兵機関銃大隊であり、敵の空挺作戦を〝歓迎〟するために、その他の郵便番号の降下猟兵（様々な兵科という意味）を集結させていたのだった。ここで機関銃1個小隊は、積載グライダー3機を撃ち落とし、その他は密集した弾幕により反転を余儀なくされた。別な機関銃小隊は、パラシュート兵を乗せた輸送機3機を撃墜することに成功した。

この作戦で輸送機20機以上を喪失し、多数が被弾して反転した。ラスベリーの第1パラシュート旅団だけで300名のパラシュート兵が失われ、82名が降下猟兵大隊の捕虜となった。

さらにプリマソーレ橋周辺では、パラシュート兵の22％を失い、ラスベリー准将が掌握する兵力は定数の5分の1に過ぎなかった。降下部隊の先鋒は、ドイツ軍の接触がないまま橋の南端に辿り着いたが、その刹那、橋の北端から銃火が煌いた。旅団の第Ⅰ大隊の一部はそこで応射を開始し、ちょうど橋を渡る途中であったドイツ軍補給部隊のトラック4両が火に包まれた。イギリス軍工兵は、シメト橋の橋脚と橋桁に仕掛けられた点火装置と爆薬をはずした。旅団の第Ⅰおよび第Ⅲ大隊の一部がさらに橋に到着し、橋の周りに半円状に塹壕を構築した。イタリア軍の橋の守備隊は、一目散に〝ずらかってしまった〟。

7月14日の10時頃、この上空にドイツ軍空軍のMe109が数機姿を現し、橋の防衛部隊に対して機銃掃射を加え、機関砲をもって橋の南端を攻撃し、そこに立て篭もる第Ⅱ大隊は機関銃でMe109に対して応戦した。

しばらくすると、今度はカタニアのドイツ軍重高射砲が橋に向けて砲撃を開始した。その少し後、一人のドイツ兵がオートバイに跨って疾走して来た。それは、第1降下猟兵師団本部から第3降下猟兵連隊へ急ぐシュタンゲンベルク大尉であった。

彼は敵の銃撃を受けると反転し、イギリス軍パラシュート兵がシメト橋を占領し、シュマルツ戦闘団と第3降下猟兵連隊の唯一の連絡路を遮断している旨を師団へ急報した。

シュタンゲンベルク大尉は1個重高射砲中隊と数ダースの兵士と伴に、橋の北方の道路を遮断してカタニアへ戻り、ローマにまだいる彼の師団長ハイドリヒ中将と連絡をとり、敵の奇襲を報告した。

大尉はカタニアにある師団無線中隊を抽出するよう依頼してこの願いは了承され、15時頃には彼はファッセル中尉の部隊と橋付近で合流した。

スレイター中佐率いる第3コマンド部隊は、アグノネ付近へのパラシュート降下と同時期に突撃ボートにより上陸した。彼らも海上で第3降下猟兵連隊／第II大隊とまだここで頑張っていた砲兵1個中隊の砲撃を受けた。アグノネ駅付近には、フェート大尉率いる第3降下猟兵連隊／第III大隊の本部部隊が敵の攻撃を撃退し、敵は北方へ退却した。

一方、ヤング少佐率いる戦闘団は、レンティニ渓谷まで進撃した。7月14日の3時頃にポンテデイマラティに辿り着き、そこに装着された爆薬を取り外し、北岸の橋頭堡を構築した。コマンド部隊はさらに橋を渡って南岸へ移動しようとしたが、シュマルツ戦闘団から派遣されて橋を砲火管制下に置いていたティーガー戦車1両によって阻まれた。軽武装のコマンド部隊が、これを排除することは不可能であった。

午前中になっても第50歩兵師団の姿は見えず、ドイツ軍の圧力は刻々と大きくなったため、スレイター中佐は部隊を小グループに分け、橋の東方で渡河地点を見つけて味方部隊まで突破せよとの命令を下令した。これらの個々のグループは第3降下猟兵連隊へ突進したが、捕虜となった。しかしながら、このコマンド部隊は大きな戦果を挙げた。すなわち、レンティニ橋に仕掛けられた爆薬を除去することに成功したのである。

もちろん、イギリス第50歩兵師団は、全力を挙げて進撃していた。師団は7月14日の午後遅くなってから、戦車の援護の下、ドイツ軍防御線の東翼を迂回してレンティニを越えて進撃することに成功した。

7月15日の朝、戦車部隊の先鋒はプリマソーレ橋に達したが、これは弾薬が尽きたためイギリス第1パラシュート旅団が予定した撤退より数時間前のことであった。

数で劣るドイツ軍防衛部隊は、北岸から橋へ取り付いて地雷により橋の破壊を試みたが、作戦は失敗した」

敵側の報告は以上である（シシリー島の全体戦闘のその他情報や資料については、フランツ・クロヴスキー著『ヨーロッパ要塞の入口――1943年夏　シシリー島における第14戦車軍団の防衛および撤退戦』参照）。さて、ここで再びシュマルツ旅団に話題を戻すことにしよう。

カタニア陣地への撤退

一方、カタニアへ降下した降下猟兵工兵大隊と降下猟兵軽砲兵大隊は、降下地点に留まって平原の北縁付近に準備陣地を構築し、シメト付近に位置する機関銃大隊と連絡をとり、橋の拠点を巡る戦闘を支援せよとの命令を受領した。

シュマルツ旅団は、7月14日の午後遅くから翌朝にかけてフォヴォットの橋を渡って撤退した。この夜間撤退行動は、一本道を通って狭い橋を渡るという神経を消耗するものであった。もし敵がこの撤退行動を素早く察知し、圧倒的な兵力で追撃して来た場合、すべてが危険に晒される可能性があった。

主力が夜間に撤退して後退する一方で、弱小部隊が戦線に留まっていた。突撃砲と高射砲に増強されたSPW大隊は、すべての交通可能な道路に薄い閉鎖陣地を構築し、そこで突進してきた敵を砲撃して撃退しようとした。南からライターノ～スコルディア街道を北上して来た敵の場合、砲撃により少数だが強力な敵部隊を食い止めることができた。

すべては決められた通り順番で出発し、無用な物音は絶対に避けなければならなかった。

ライターノ南方において1回だけ短い銃撃戦があり、フランコフォルテにおいて圧倒的な敵圧力の中を撤退しなければならなかった部隊が、スコルディアで敵と接触した。

各部隊の伝令による意思疎通はうまくいき、すべての部隊は命じられた通りに撤退することができた。唯一、14日から15日にかけての夜に、旅団野戦本部へ第3降下猟兵連隊からのオートバイ伝令が単身で駆け込み、ルートヴィヒ・ハイルマン大佐(＊66)の言葉を伝えた。

「ドイツ降下猟兵のあるところ、撤退の文字なし」

注(＊66):セバスチャン・ルートヴィヒ・ハイルマンは1903年8月9日、ヴィルツブルクに生まれた。1921年2月にヴァイマール共和国陸軍第21歩兵連隊に入隊、第63、第91歩兵連隊、第423歩兵連隊などを経て1939年8月に第91歩兵連隊大隊付となった。1940年7月に降下狙撃兵教程で教習後に第3降下猟兵連隊／第III大隊長となり、1941年6月14日付でクレタ島戦の戦功により騎士十字章を授章し、1942年11月から第3降下猟兵連隊長となった。以後、一貫して降下猟兵と伴に最前線にあり、カッシーノ戦の戦功により1944年3月2日付で柏葉付騎士十字章、同年5月15日付で全軍67番目の剣付柏葉付騎士十字章を授与された。1944年11月より第5降下猟兵師団長。

これは前線の状況が原因ではなく、軍事的絶対服従という見地からすると一種の抗命であった。シュマルツ大佐は現地に行くことは不可能であり、無線を通じてハイルマンに対し、速やかに進発するよう命令した。しかしながら、ハイルマン大佐が行軍を開始した時にはすでに包囲されており、彼の連隊はここを突破しなければならなかった(3個大隊のうちの2個大隊:フランコフォルテで包囲された第II大隊は、ギュンター大尉の指揮下でそこを突破することに成功した。ギュンター大尉はこの脱出戦で捕虜となり、連隊の第13中隊長のマゴルト中尉も捕虜となった)。

残りの2個大隊は確実に捕虜になると思われたが、ハイルマン大佐は敵防御線を突破して多数を引き連れて戻ることに成功した。しかしながら、大佐は優秀な兵士200名を失ったのであった。

このことについて、戦後、シュマルツ中将はこう語っている。

「7月15日の朝の時点での心配事といえば、ハイルマンが彼の兵800名と伴に姿を現さないことであった。私は伝令を送り出し、我々はすでに新しい陣地に到着したことを知らせてやらなければならなかった。しかしながら、第3降下猟兵連隊は来ない。これは心痛の思いであり、上級司令部からは非難ごうごうだった。しかしながら、私は連隊長が私の命令に不服従であったという報告をするつもりはなかった。

7月16日の午後、第3降下猟兵連隊のオートバイ伝令が私の所へ申告し、連隊長はすべての兵士と伴に密集隊形でイギリス軍のすぐ背後に位置し、7月16日から17日にかけての夜に旅団まで突破する予定である旨が報告され、心中に鉛の石のようにあった心配事は取り除かれた。そこで私はすべての前線部隊へ、今夜、友軍が敵中を突破する旨を告知した。

7月17日の朝になっても、降下猟兵は姿を見せなかった。そのため、ケッセルリンク元帥が私の野戦本部が現れた。元帥はすべての私の命令については理解していたが、彼は私に対して総統大本営の激昂を伝えに来たのである。私は、今日も連隊を待つつもりであるとだけそっけなく返事をした。

信じられないほど驚いたことには、ケッセルリンク元帥が私のためにそうなることを願っているという慰めの言葉を私に掛けてくれたのであった。

しばらくして、私の下に報告が入った。

「第3降下猟兵連隊は、我が前線を横断中!」

少ししてから、連隊長が旅団野戦本部に姿を現し、このことを待っていたケッセルリング元帥へ報告を行った。満面の笑みを浮かべてケッセルリングは出発し、私は素晴らしい朝食を摂って元気が戻った。

今日の日まで（シシリー島の戦闘記録においても）、私はなぜ連隊が定められた時刻に配置につかなかったかを言及することはなかった。このことはハイルマン大佐にとって、好ましい話ではなかったからだ。それ故、第3降下猟兵連隊長は元帥に対して何も言わなかったのである。いずれにしても歳月は流れ、もうすべては済んでしまったことだ。

平原の北縁に構築した新しい陣地を視察した後、ジェルビーニ地区の右翼に位置するシュマルツ大佐の下へ、ジェーラから撤退して来た師団部隊と合流せよとの連絡が届いた。防衛部隊の前面にはカタニア平原が広がっており、左手にはカタニア市街とイギリス軍艦が遊弋する海があった。南方は平原の端でレンティニ高地が控えていた。軍事的には、この戦場地形を細部にいたるまで隅々を観察する必要があった。この新しいレオンフォルテ～カタニア戦区は、戦車師団HGに引き継がれることになった。シュマルツ旅団は、例の第3降下猟兵連隊と7月16日に戦線に加わったばかりのエーリヒ・ヴァルター中佐指揮の第4降下猟兵連隊を指揮下に置いた。この連隊は、カタニア飛行場へ投入された。降下猟兵工兵大隊は、ライターノ付近のシメト河橋梁に配置されたが、ここでの戦闘は夥しい損害を受けた。大隊長のパウル・アドルフ少佐は、個人的には何度も橋の爆破を試みた。

そして、爆薬をセットしたトラックを橋の上まで動かし、そこで点火するという作戦を敢行して7月17日に戦死した（この勇敢な兵士と彼の大隊の作戦を顕彰して、パウル・アドルフ少佐に対し7月20日付で騎士十字章が歿後授与された）。

イタリア軍の1個砲兵大隊が、トートンデッラにおいてSPW大隊に合流した。指揮官はググリエリ中佐であり、この強力な弾薬も十分に装備した大隊は、貴重な得がたい助けとなった。大隊の射撃は傑出していた。目標標準のための観測兵は勇敢であり、将校団は模範的な戦闘を行った。ググリエリ中佐は、一級鉄十字章をシュマルツ大佐自らの手で授与された。

しばらくして、二番目のイタリア軍砲兵大隊が砲撃戦に参加した。この大隊はミステルビアンコに展開していた沿岸重砲兵であり、この2個大隊は最後の砲弾まで撃ち尽くし、自らの砲を爆破するまで戦ってくれた。

戦闘および撤退の第二段階

すでに7月12日の段階で、第14戦車軍団司令官ハンス・フーベ戦車兵大将（＊67）は、彼のエネルギッシュな司令部をシシリー島へ設置していた。7月14日にこの戦車軍団へ指揮権の移譲が行われ、これによりイタリア第6軍に対する命令、報告や指令が不必要となった。なんとなれば、まだ島で防衛戦を展開戦しているイタリア軍部隊など存在しなかったのである。第6軍司令部はそれ以降も、しばらくは影のような彼らの部隊を指揮することとなった。

注（＊67）：ハンス・ファレンティン・フーベは1890年10月29日、ナウムブルクに生まれた。1909年2月に士官候補生として帝国陸軍へ入隊、翌年8月に第26歩兵連隊にて少尉に任官。1935年1月に歩兵学校指揮官としてヴァイマール共和国陸軍に復職。第二次大戦勃発後は1939年10月に第3歩兵連隊長、1940年6月には第16戦車師団長となった。コンスタンチノフの戦闘における戦功により1941年8月1日付で騎士十字章を授章。キエフ戦の戦功により1942年1月16日付で柏葉付騎士十字章を授与された。1942年9月に第14戦車軍団司令官となり、スターリングラード戦における戦功により1942年12月21日付で全軍22番目の剣付柏葉付騎士十字章を授与された。その後、軍団と伴にイタリア戦線に

転じ、1943年10月より第1戦車軍司令官として東部戦線での苦しい撤退戦を戦った。1944年冬季戦では戦史上「フーベ包囲陣戦」で名高い包囲突破作戦を指揮して見事に成功させ、1944年4月20日付で全軍13番目のダイヤモンド付剣付柏葉付騎士十字章を授与されたが、翌日に惜しくも搭乗した輸送機が墜落して事故死した。

フォン・ゼンガー・ウント・エッターリン大将（訳注：当時は中将）は、7月15日に連絡司令本部をカタニア北部に移設した。そこから大将は、直接有線電信をケッセルリング元帥へと敷設し、同様に戦車師団HGとシュマルツ戦闘団とも連絡が可能なようにした。フーベ大将のキャラクターにより、たちまち堅い統率力と組織立った作戦指導力が確立された。これにより7月10日以来、ドイツ軍とイタリア軍の指導部内にあった危機は取り除かれ、すべての力を傾注して段階的な撤退作戦指導に集中することができるようになった。

公式には7月17日に、フーベ大将は島での指揮権を引き継いだ。第14戦車軍団司令部の最大の心配事は、島に展開する部隊の補給を確保し、将来の大陸への撤退を可能とするため、メッシナ海峡の交通を保持しなければならないということにあった。

撤退命令と大陸での必要な措置については、国防軍総司令部（OKW）の許可は必要とされず、フーベ大将に権限を一任された。

すべての整然と準備された。エアンスト・ギュンター・バーデ大佐がメッシナ海峡司令官に任命された。対岸のカラブリア地区の指揮はハイドリヒ中将が執った。というのは、彼の第1降下猟兵師団は戦車師団HGに配属されており、さしあたって手が空いていたのである。

増強された戦車師団HGの戦区では、敵はさらなるゲイン獲得のため攻勢を目論んでいた。激しい戦闘が、プリマソーレ橋の拠点で燃え盛った。ジェルビーニでは、敵の強力な攻撃を撃退し、敵の突破はならなかった。

7月17日にケッセルリング元帥は、再びシュマルツ大佐の野戦本部を訪れた。元帥の考えでは、シメト河の主戦線はなんとしてでも確保しなければならないが、一方でシュマルツ戦闘団は開けた平原で敵を迎え撃たねばならず、非常に困難な状況となるということであった。大佐は確信を持って元帥に対してこう代弁した。

「なるほど、敵は開けた平原を通って来るに違いありませんが、補給は味方の目をかいくぐって行う必要があるでしょうし、砲兵部隊にしても開けた平原の陣地へと移動しなければなりません。防御側にとって、動く必要がないのは大きな利点です」

アルベアト・ケッセルリング元帥はシュマルツ大佐のこの意見に同意した。こうして、敵のあらゆる努力にもかかわらず、敵はドイツ軍陣地を突破することはできなかった。この陣地は、最初の全体的な撤退行動において、すなわち８月５日から６日にかけての夜に自発的に放棄されるまで保持された。

カタニアは、連合軍爆撃隊によりほとんど常時空襲状態にあった。無線傍受したところによると、敵は新たな攻撃の準備を企画しているとのことであった。ドイツ軍側としては戦闘を少しでも遅延させ、最終目標として将来予期される戦闘のために、すべての部隊をイタリア本土へ移動させる必要があった。この固い決心は、士気をいやが上にも高揚させた。軍団はさらなる戦闘継続のため、敵の圧力に直面している前線部隊に対して次の防衛線まで撤退することを下令した。敵に対しては、常に強力な後衛部隊を配して撤退を支援した。

7月16日にモントゴメリー大将は第51歩兵師団に対して、第30軍団の攻撃作戦を支援するため、パテルノ方面へ進撃するよう命じた。この日の夕方、師団はシメト河を越えて進撃し、このため夜に橋は事前に放棄された。

7月19日から20日にかけての夜、まだ戦車師団ＨＧに配属されていた第１２９機甲擲弾兵連隊はアリメーナを経て北方へ退却し、敵がこれに気づいたのは7月21日になってからのことであった。

同じ日、ロート中将指揮の第15機甲擲弾兵師団が位置するレオンフォルテ地区では激しい戦闘が展開されたが、ここは保持することができた。

この日時点での戦車師団ＨＧは次のような部隊編成であった。

■１９４３年7月21日現在の戦車師団ＨＧの兵員配置リスト

師団本部：パウル・コンラート中将

戦闘団フォン・カルナップ：フォン・カルナップ中佐
第３降下猟兵連隊／第Ⅰ大隊
機甲砲兵連隊ＨＧ／第Ⅳ大隊
第９２３要塞大隊
第５偵察部隊

戦闘団シュマルツ：ヴィルヘルム・シュマルツ大佐
第１１５機甲擲弾兵連隊（旧戦闘団〝ケアナー〟）
機甲砲兵連隊ＨＧ／第Ⅲ大隊
戦車連隊ＨＧ／第Ⅲ大隊
大隊〝シャハトレーベン〟
第４降下猟兵連隊：エーリヒ・ヴァルター中佐
高射砲戦闘団〝カタニア〟／第２中隊
第３８２歩兵連隊／２個中隊
第９０４要塞大隊
高射砲連隊ＨＧ／第Ⅰ大隊

戦闘団プロイス：ヨアヒム・プロイス少佐
戦車連隊ＨＧ／第Ⅱ大隊
１個高射砲部隊

戦闘団クルーゲ：ヴァルデマー・クルーゲ少佐
機甲擲弾兵連隊ＨＧ／第Ⅰ大隊
機甲砲兵連隊ＨＧ／第Ⅰ大隊
戦車大隊〝オリア〟
第10偵察部隊
戦車連隊ＨＧ／第Ⅰ大隊（師団予備より）

戦闘団レープホルツ：ロベアト・レープホルツ大尉
機甲偵察大隊ＨＧ
機甲砲兵連隊ＨＧ／第Ⅱ大隊
要塞大隊〝レッジオ〟
第９偵察部隊
機甲擲弾兵連隊ＨＧ／第Ⅱ大隊

師団予備：
戦車連隊ＨＧ／第Ⅰ大隊
第３降下猟兵連隊（第１大隊欠）

最終戦――撤退と海峡横断

第14戦車軍団の一義的な任務は、少なくともドイツ軍部隊と武器を携行するすべての兵士をイタリア本土へ連れ帰ることであった。その上、重火器、車両や機材を救うためには、あらゆる努力を行う必要があった。

約５万人の部隊を運ぶには、手元にあるフェリーとジーベル型フェリーを使って五昼夜が必要であった。フーベ大将と第14戦車軍団の作戦は、このような最小必要条件に基づいていた。

８月７日にフーベ大将は、３人のドイツ師団長（第29機甲擲弾兵師団は７月25日までに最初の３分の１が島へ上陸し、その後逐次増強されて島の北部戦区へ投入され、アメリカ軍の北街道を越えての突進を食い止めることができた）とシシリー島とメッシナ海峡に展開するすべての高射砲部隊司令官のシュターエル少将、メッシナ海峡のフェリー運用の指揮官である海軍将校、それから対岸のカラブリア沿岸の防衛任務に就いていた第１降下猟兵師団長ハイドリヒ中将をエンナ北方にある軍団司令部に招致した。また、フォン・ゼンガー・ウント・エッターリン大将（訳注：当時は中将）もこれに同席した。

すべての将校に対して、フーベ大将はこれから決定されるＸ-デイから５日間以内に島からの撤退を実施する旨を口頭伝達した。

指揮官全員は、すでに入念にこの作戦の準備作業を行っていた。北翼戦区のアメリカ第3歩兵師団が、その一部をもって第29機甲擲弾兵師団の背後にあたるアガタへ8月8日、同じくブロドへ8月11日に上陸した時、撤退の〝号砲〟はすでに鳴り響いていた。すなわち、その8月11日こそがX‐デイだったのである。

すべての師団群に対して、8月11日の決められた時刻、決められた停留所と集結場所が文書で周知された。軍団野戦本部は、最初はバルセロナ、最終的にはメッシナの南西方面へと移動した。軍団の撤退計画は、何の妨害もなくプログラム通り進んだ。しかしながら、すべての重火器を輸送するには、師団群は中間防衛線において一昼夜も頑張り通すこととなった。

模範的な組織はよどみなく運営され、そのお陰で最後の兵士と最後の車両がプログラム通りにイタリア本土へたどり着くことができた。

8月16日の午後、この大胆なプランの完全な成功が確定すると、ようやく指導層と軍団本部はイタリア本土へと渡り、レッジオ付近に新しい軍団野戦本部を構えた。フーベ大将は連絡将校数人とともになおも島に留まっていたが、ドイツ軍の良き伝統に則《のっと》り、１９４３年8月17日の朝に最後の船でシシリー島を後にした。司令部とドイツ軍部隊は島で38日間に渡って数倍の敵に対して防衛戦闘を行い、イタリア軍に見捨てられながらも、遅滞なく撤退に成功した。その中で波濤にそびえる巌《いわお》のような存在がフーベ戦車兵大将であり、これについては第14戦車軍団参謀長ボニン大佐が次のように述べている。

「フーベ大将は不必要なリスクは犯さず、たとえもっと時間を稼ぐことができたとしても、基本的には24時間しか作戦期間を延長せず、俗受けするパフォーマンスは徹底的に排除した。軍団が成し得た任務の完全な成功は、大半は彼に帰するものである。勇敢で戦闘準備を怠らず、常に冷静で、熟慮し、優柔不断さがなく、必要とされる処置については、それが危険に満ちて彼の立場を危うくするようなものであっても、常に全責任を負うことを覚悟していた」

１９４３年8月17日、3個ドイツ師団は彼の指導のお陰で、完全な戦闘力を維持してイタリア本土にあった。彼らは、4倍の戦力を誇り、特にその海軍力と空軍力はドイツ軍と比較にならないぐらい強大である敵の鼻を明かし、イタリア本土へと撤収することに成功した。

しかしながら、戦死、負傷および大半が行方不明となったドイツ軍兵士約1万人が島に残されたのである。

客観的に見ると、ドイツ最高指導層、すなわちドイツ国防軍最高司令部（ＯＫＷ）と総統大本営（ＦＨＱ）にとっては撤退成功という成果を得ることとなったが、これは実際問題として必要最小限の、しかも決定的な要素であった。両者ともフーベ大将のこの措置に関して介入することはなかった。明らかにスターリングラード戦とチュニジア戦以降、新たな不幸は避けたいと誰もが思っており、更なる災難を引き起こすようなまねはしたくなかったのである。しかしながら、ヒットラーにとっては不興であり、このためにケッセルリンク元帥が上申しても、ドイツ軍部隊の島からの撤退と撤退指揮に係わるいかなる勲功も表彰も拒絶した。

そうした中で、8月30日にイタリア皇太子ウンベルト公により、イタリアの勲章（サボイヤ武勲騎士団長十字章）が授与されたが、これは同国における最高位の勲章の一つであり、ドイツ最高指導層に平手打ちを食わせるようなものであった。この叙勲については繰り返し指摘されている通り、イタリア指導部がイタリア戦区におけるドイツ軍の特別な功績を好ましく評価したという点では奇跡的なことであった。エアヴィン・ロンメル元帥がイタリアから、特にムッソリーニから彼の業績に対して何も報いられなかったというのは、覆い隠しようもない事実であったのである。さて、話をシシリー島に戻して、シシリー戦に係わる書籍で無視されている、あるいは不十分な記述しかされていない重要な結語でこの章を締めくくることとする。

ドイツ軍部隊が空手ではなくすべての機材と重火器をもってイタリア本土に帰還することができたのは、ひとえに個々の部隊のお陰によるものである。

メッシナ海峡のフェリー船団

シシリー戦の最終段階で、戦車師団HG、第15および第29機甲擲弾兵師団、第1降下猟兵師団の一部とわずかなイタリア軍部隊が撤退を実施した際、パウル大尉指揮する第771工兵揚陸大隊が六昼夜に渡って戦闘の焦点にあった。これに空軍のフェリー船団が加わった。

空軍の各フェリー船団は、戦闘フェリー4隻と輸送フェリー4隻、その他に歩兵ボート（I-ボート）1隻から構成されていた（＊68）。フェリーはジーベルフェリーと呼ばれるもので、その開発者であるジーベル空軍大佐に因んで名づけられたものであった。長さ24m、幅16mで喫水下は僅かに0.6mであり、工兵用浮き舟(ポントーン)をカタマラン(双胴艇)構造で組み立てたもので、浮き舟は10m間隔で平行に互いに連結され、その上を幅が広い積載能力が大きい甲板が強固な防水ボルトで架橋されていた。両方の浮き舟の前部は、波切りを良好にするため下に向かって単一の船首のように面取りがされており、両後部は丸みのある面取りが施されていた。この怪獣の外観は、ほとんど一つの幅広いボートのようであり、BMW6タイプのエンジン2基が搭載されていた。

注（＊68）：原典ではI-ボートはInstandsetzungboot（整備ボート）の略語と扱われているが、正しくは「アシカ」作戦（英本

土上陸作戦）用に空軍で開発されたInfanterieboot（歩兵ボート）の略語であり、筆者の事実誤認である。

フェリー中央部には高さ２・５ｍの高射砲架台があり、２㎝４連装高射機関砲４門と２㎝高射機関砲1門または３・７㎝高射砲1門が装備されていた。後者は高射砲架台の真上に位置していた。これは戦闘フェリー用の装備であり、これに対して輸送用フェリーは２㎝または３・７㎝高射砲が僅かに1門のみであった。

歩兵ボートは揚陸用舟艇の能力を有しており、重要な貨物の輸送などにも使用された。フェリーの乗組員は指揮官、無線員２名、信号員２名、エンジン整備員２名と高射砲操作員からなっていた。

戦闘フェリーの高射砲操作員は曹長1名、下士官と兵士29名から構成されていたが、輸送フェリーは僅かに下士官1名と兵士５名であった。

フェリー船団Ⅱは、ＬＺ１２９〝ヒンデンブルク〟の元飛行船長であるカール・プロイス少佐が指揮していた。少佐はこの船団をもって、１９４３年初頭から大西洋およびジロンド島とボルドー間の警備任務に就いた。その主要任務はドイツ商船とU-ボートならびにU-ボート根拠地のボルドーを攻撃する敵機との防空戦闘であった。１９４３年初め、船団はシェーンヘア大尉の指揮下となり、フェリーは分解されて陸路でナポリ湾のポルティチまで輸送され、フェリーはそこで再び組み立てられて補給輸送任務のためにアフリカへ投入される予定であった。しかしながらそれは中止となり、南イタリア沿岸における多くの防空任務でその真価を大いに発揮した後、まさにドイツ軍部隊がシシリー島からイタリア本土へ撤退するその時に、メッシナ海峡へ移動して来たのであった。

１９４３年８月10日　作戦開始

メッシナ海峡の両岸にはフェリー発着所が工兵架橋部隊により設営され、対空兵器群の谷間で乗船する兵士が武器を携行して申告のために並び、迅速へ前へと進んだ。

全体的に乗船は概ね規律良く行われた。この作戦の期間中、フェリーは隅々まで利用尽くされた。撤退作戦においては、1隻のフェリーの損失も許されなかった。各フェリーは弾薬を積載した装甲兵員輸送車２両、または牽引輸送車を伴った野砲２門が積載され、その他に小火器と荷物を携行する兵士４名が加えられた。各I-ボートも小さな予備パーツなどが積載され、その他に兵士50名が乗船した。

８００ｍから１０００ｍ間隔で完全武装の戦闘フェリーが航行し、その中間に輸送フェリーやI-ボートが随伴し、それは24時間ぶっ続けで継続された。船団指揮官と高射砲指揮官は同じ戦闘フェリーに同乗した。船から船への連絡手段は点滅信号または無線によったが、昼間は手旗信号も利用された。

　フェリー船団Ⅱは海峡の両側で各3箇所の船着場が利用可能とされたが、高射砲は積載、荷卸し作業の際にも完全に戦闘態勢にあった。

　空襲警報の際には、すべてのフェリー乗員と高射砲操作員は甲板へと集合した。多数の低空攻撃が濃密な対空砲火で阻止され、この弾幕を突破した低空攻撃機は皆無であった。空中からの投下された魚雷も、浅い平底を通り過ぎてしまった。

　フェリー船団Ⅱは、6日間の輸送作戦で次のような成果を挙げた。

・武器および荷物を携行する兵士1万3120名
・機材および弾薬を積載したトラックおよびSPW256両
・牽引車両付き野砲256両

　さらにフェリー船団Ⅱは、上述したパウル大尉率いる第771工兵揚陸大隊として1943年8月1日から15日までに海峡の輸送作戦に従事し、その18隻の揚陸ボートをもって8月1日から休みなく多数の負傷者をイタリア本土に運搬し続けたのであった。全面的撤退作戦の実施前のこの期間中、揚陸ボート11隻が失われ、そのうち4隻は病院船とわかるように目印をつけたものであった。

　この船団は8月1日から15日までの間に、シシリー島からイタリア本土への撤退輸送で次のような輸送成果を挙げた。

・トラック3305両、乗用車1255両、オートバイ488両
・牽引車両37両、Ⅳ号戦車6両、野砲35門
・兵員2万7814名（このうち1万3532名はシッラへの傷病兵）および遺体9930体

最後の夜にはフェリー4隻で次のような機材を輸送した。

・兵員413名、トラック35両、8・8㎝高射砲34門、牽引車両8両、トレーラー1両、Ⅳ号戦車1両：合計6262t（ドイツ公文書館／軍事公文書館フライブルク：ⅢM（F）129／14および戦闘日誌KTB1・／Skl419ページ参照）

　海軍輸送司令部〝イタリア〟は、1943年8月22日に海軍最高司令部へ次のような報告を行っている。

「シシリー島――イタリア本土の輸送作戦におけるドイツ海軍の成果は、次のような輸送量に達している。
・兵士3万8836名、負傷者5069名、車両1万3556両
・野砲110門、戦車47両、弾薬1122t
・燃料970t、機材1万5736t」
　この先例のない成果に対しては、論評は不要である。数字

がすべてを物語っている。

　この章の最後として、シシリー島に投入されたすべてのドイツ軍師団の戦力と編成ならびに師団本部要員について掲載することにしたい。これらの部隊は、師団本部の指揮下において１９４３年7月10日から8月17日までの間、灼熱の太陽が照りつける厳しい自然の中で4倍もの優勢な敵に対して戦闘を行う必要があった。そして、現実の戦闘指揮においては、敵は圧倒的な空軍力を有し、しかも艦砲射撃の支援下にあったにもかかわらず、敵の進撃を再三に渡って阻止し、あるいは遅滞させることに見事に成功した。

　しかしながら、この成功を獲得するためには、戦車師団HGもまた戦死、傷病を通じて重大な損害を蒙ることとなったのである。

■シシリー島におけるドイツ軍の人員配置

第14戦車軍団
　軍団長：フーベ戦車兵大将
　軍団参謀長：フォン・ボニン大佐（先任はトゥナート大佐）
　第1参謀将校（首席参謀）：ビアク大佐

第29機甲擲弾兵師団
　師団長：フリース中将
　第1参謀将校：シュトゥンツナー中佐

第15機甲擲弾兵師団
　師団長：ロート少将
　第1参謀将校：ヘッケル大佐

戦車師団〝ヘルマン・ゲーリング〟
　師団長：コンラート中将
　第1参謀将校：フォン・ベアゲングリューン中佐

メッシナ海峡指揮官：バーデ大佐

メッシナ海峡海軍指揮官：フォン・リーベンシュタイン海軍中佐

カラブリア沿岸基地司令官：ハイドリヒ中将（第1降下猟兵師団長）

イタリア第6軍との連絡責任者：フォン・ゼンガー・ウント・エッターリン少将（＊69）

注（＊69）：フォン・ゼンガー・ウント・エッターリンは１９４３年5月1日付で中将に昇進しており、中将の誤記である。なお、大将の昇進は１９４４年1月1日付である。

■シシリー島における師団の戦力と編成

1．第29機甲擲弾兵師団
・師団本部：オートバイ伝令小隊、地図小隊、野戦憲兵隊
・2個機甲擲弾兵連隊（各3個大隊）
・機甲偵察大隊（5個中隊）

・戦車大隊（3個中隊：各突撃砲10両）
・砲兵連隊：2個軽砲兵大隊（うち1個は自走砲大隊）および1個重砲兵大隊
・工兵大隊
・軍直轄高射砲大隊（2個重高射砲中隊、1個軽高射砲中隊）
・通信大隊
・補給部隊：段列および2個整備中隊
・2個衛生中隊
・1個救急車小隊
・兵担局（糧秣《りょうまつ》中隊）
・1個パン焼き中隊
・1個屠殺中隊
・野戦郵便局

注釈：

a）師団編成はシシリー島作戦投入時の定数で、装備についても同様。車両装備については定数ではなく可動車両数。

b）機甲偵察大隊、戦車大隊（第1中隊欠）および後方支援部隊は、シシリー島には作戦投入されず、イタリア本土に残留した。

2．第15機甲擲弾兵師団（報告書上ではロート中将）

・師団本部：オートバイ伝令小隊、地図小隊、野戦憲兵隊
・2個機甲擲弾兵連隊（各3個大隊）
・機甲偵察大隊（3個中隊）
・戦車大隊（3個中隊　Ⅲ号およびⅣ号戦車約60両）
・砲兵連隊：2個軽砲兵大隊（うち1個は自走砲大隊）および1個重砲兵大隊
・工兵大隊
・軍直轄高射砲大隊
・通信大隊
・後方支援部隊：第29機甲擲弾兵師団と同様

■シシリー島における1943年7月10日時点での戦車師団

HG

A．人事配置

師団長：コンラート中将
首席参謀Ⅰa：フォン・ベアゲングリューン中佐
次席参謀Ⅰb：ボブロヴスキー中佐（W）
師団副官Ⅱ：バインホーファー少佐
軍事裁判官Ⅲ：ヤゴフ上級軍事裁判官（博士）
師団主計官Ⅳa：ケレプフェル上級主計官
師団軍医長Ⅳb：上級野戦軍医（名前は不明）
車両技術担当官Ⅴ：シュムートラッハ少佐

B．戦力編成

1．１９４３年７月10日（侵攻開始日）時点

a）師団固有部隊

戦車師団ＨＧ本部
師団地図小隊ＨＧ
軍楽隊ＨＧ
特別編成機甲擲弾兵旅団ＨＧ
機甲擲弾兵連隊ⅠＨＧ

連隊本部
第Ⅰ大隊（ＳＰＷ）
大隊本部
第１～３機甲擲弾兵中隊（装甲化）
第４（重装備）中隊（装甲化）
第Ⅱ大隊（自動車化）
第５～７機甲擲弾兵中隊（自動車化）
第８（重装備）中隊（装甲化）
第Ⅲ大隊（自動車化）
第９～12中隊（第Ⅱ大隊と同様）

戦車連隊ＨＧ　Ⅲ号およびⅣ戦車約35両
連隊本部
戦車整備工場中隊
第Ⅰ大隊
大隊本部
第１～４戦車中隊
第Ⅱ大隊
大隊本部
第５～８戦車中隊
第Ⅲ大隊（突撃砲大隊ＨＧ）
第９～11突撃砲中隊

機甲偵察大隊ＨＧ
大隊本部
第１（偵察装甲車）中隊
第２（オートバイ狙撃兵）中隊
第３（擲弾兵）中隊（ＳＰＷ）

機甲砲兵連隊ＨＧ
連隊本部
第Ⅰ大隊
大隊本部
第１～２中隊（10・５cm榴弾砲各４門）
第Ⅱ大隊
大隊本部
第４～５中隊（15cm榴弾砲各４門）

第６中隊（10㎝長砲身野砲各４門）
第Ⅲ大隊
第７～９中隊（第Ⅱ大隊に同じ）

高射砲連隊ＨＧ
連隊本部
第Ⅰ大隊
大隊本部
第１～３中隊（８・８㎝高射砲各４門）
第４～５中隊（２㎝高射砲各12門）

機甲工兵大隊ＨＧ
大隊本部
第１～３工兵中隊

機甲通信大隊ＨＧ
大隊本部
補給段列
第１（電話）中隊
第２（無線）中隊

補給大隊ＨＧ
大隊本部
第１～３車両中隊
補給中隊

整備大隊ＨＧ
大隊本部
第１～２整備中隊
機材補給基地部隊
予備品（スペアパーツ）補給段列

衛生隊ＨＧ
第１～２衛生隊
第１～３救急車両小隊

糧秣隊ＨＧ
糧秣中隊（旧師団兵担局）
パン焼き中隊
屠殺中隊

野戦憲兵隊ＨＧ

野戦郵便局ＨＧ

ｂ）増強部隊

擲弾兵連隊マウケ：3個大隊、非機動部隊、戦車師団HGの補給段列部隊により一時的に自動車化。連隊は後に第15機甲擲弾兵師団への補充部隊となった。
建設大隊〝メッシナ〟
擲弾兵大隊〝レッジオ〟（非機動的な行軍大隊）
第504重戦車大隊／第1中隊
1個軍直轄重砲兵大隊：3個中隊編成で各中隊は15cm野砲各4門を装備。

c）師団固有部隊の状況
すべての部隊は定員には達していないが、完全に自動車化されている。戦力定数指標と比較して欠けている部隊については、ナポリ北方地区（サンタマリカプアヴェテーレ）にてまだ編成中であり、侵攻開始後に空輸された。

2．1943年7月10日以降に補充された部隊（概ね7月30日まで）

a）師団固有部隊
3個重高射砲中隊（8・8cm砲）
4個軽高射砲中隊（2cm砲）
戦車数両
補給段列容量

b）その他の部隊
第1降下猟兵師団の約3分の2にあたる下記の部隊は、7月12日午後18時頃と翌日以降の2日間に渡り、カタニア南方へ空輸された。
第3降下猟兵連隊（ハイルマン中佐）
連隊本部
通信小隊
工兵小隊
自転車小隊
第13迫撃砲中隊
第14戦車猟兵中隊
第I大隊
大隊本部
通信小隊
第1～3猟兵中隊
第4（機関銃）中隊
第II大隊（第I大隊と同様）
第III大隊（第I大隊と同様）
第4降下猟兵連隊（ヴァルター大佐）
（第3降下猟兵連隊と同様）
第1降下猟兵機関銃大隊

大隊本部
通信小隊
工兵小隊
第1～3機関銃中隊

第1降下猟兵工兵大隊
大隊本部
通信小隊
第1～3工兵中隊
第4（機関銃）中隊

第1降下砲兵連隊／第Ⅰ大隊
大隊本部
第1～3中隊：7・5cm山岳野砲各4門

第1降下戦車猟兵大隊
大隊本部
通信小隊
第1～3中隊：7・5cm対戦車砲（自動車牽引式）各12門
第1行軍大隊
1個砲兵中隊：17cmカノン砲2門装備
カタニア北方地区に展開する空軍高射砲部隊

3．1943年7月10日時点での戦闘団の編成
a）戦闘群〝カルタジローネ〟：
師団本部ＨＧ
機甲通信大隊ＨＧ
機甲擲弾兵連隊1ＨＧ（ＳＰＷ大隊欠）
機甲工兵大隊（1個中隊欠）
機甲偵察大隊ＨＧ（1個中隊欠）
機甲砲兵連隊ＨＧ
戦車連隊ＨＧ
高射砲大隊ＨＧ
ティーガー中隊（第504重戦車大隊／第2中隊）
建設大隊〝メッシナ〟

b）戦闘群カタニア〝戦闘団シュマルツ〟
特別編成機甲擲弾兵旅団ＩＩＧ
擲弾兵連隊〝マウケ〟
重砲兵大隊
1個工兵中隊ＨＧ
機甲擲弾兵連隊第1ＨＧ／第Ⅰ大隊（ＳＰＷ大隊）
1個機甲偵察中隊ＨＧ

ヴァルター・モーデル元帥（右）と談話するシュマルツ少将。

国家元帥が帝国労働奉仕団（RAD）の庁舎を訪問した際の一葉。左がシュマルツ少将。その隣はフォン・ベーア大佐、国民突撃隊のフレファート予備役大尉（上級営林署長）、フォン・オンダーツァ（博士）上級軍医。

第6章

降下戦車師団
〝ヘルマン・ゲーリング(ＨＧ)〟突撃砲大隊

その創設――技術、戦術および戦闘

この章で紹介する詳細報告は、前述したシシリー島における戦闘描写の補完となるべきものであり、イタリア本土への撤退を仔細に説明したものである。

各連隊ＨＧが戦車師団ＨＧへ改編されている最中の１９４２年２月／３月、１個突撃砲中隊の基幹要員の選抜が行われた。指揮官のプロイス少佐とパウルスおよびリュープケ両中尉の下で、後の元帥となるフォン・マンシュタインによって創設されたこの陸軍の防御兵器のために、若い兵士が動員されて戦車師団ＨＧにおいても教育訓練が開始された。ベルリン-ライニッケンドルフにおいて、戦車操縦手、照準手、無線手および装塡手の教育課程が設けられたが、最初のうちは戦闘車両として、５cm短砲身装備のIII号戦車３両とＫｗＫ７・５cm短砲身装備のIII号戦車シャーシを流用した突撃砲２両が使用された。連隊ＨＧ／第13中隊の編成準備は、リュープケ中尉の下で開始された。１９４２年５月３日には、この中隊の将校団は次の通りであった。

・ハイドリヒ中尉（突撃砲）
・シュトロンク少尉（突撃砲）
・ラーホウゼン少尉（戦車）
・ブロンク少尉（戦車）

この時期には小隊群の編成も開始され、各小隊は５cmＫｗＫ装備のIII号戦車５両以上を有し、その他に各１両の指揮戦車と予備戦車を装備していた。

基本的な編成終了後、中隊はポンティヴィ、ルーデアックおよびシャンドゥミュコンへと移動した。

ここで部隊は正式に、プロイス大尉を指揮官とする狙撃兵連隊ＨＧ／第13戦車中隊と命名されたが、中隊要員数は１５０名を超す程度であった。

この狙撃兵連隊ＨＧ／第13戦車中隊は、師団ＨＧに将来配属されるすべての機甲部隊の最初の教育中隊であり、連隊ＨＧから来た志願兵全員の最初の時間は突撃砲教育に充てられた。志願兵はあらゆる階級で構成されており、すでにロシアにおいて実戦経験を有していた。その他にも陸軍および空軍の志願兵が、ブロック少尉の下で教育訓練がなされた。

彼らの行状は決して褒められたものではなかったが、無気力でだらしないということはなく、自ら進んで何事も行い、責任を持って任務を果たした。とりわけ、ここで新しく編成された偵察装甲車小隊やオートバイ狙撃中隊の兵士はそうであった。

シャンドゥミュコンの宿営地は軽く傾斜した森林地帯にあり、近くの集落からは８００ｍほど離れていた。兵舎の上の方には、兵士達には「監視の丘」として知られている丘がそびえており、各種の演習にはもってこいの地形であった。兵舎を突っ切って道路へ出る古い田舎道は、このために拡張された。

　その拡張された道の左右には、全部で8棟の木造バラックが設けられており、その端には将校用の宿舎として石造りの建屋が、キッチン、衛兵詰め所や留置所を有する補助建屋と一緒に建っていた。

　最初のバラックは、酒保と〝リュープケ社製戦術机上演習用砂盤〟中尉とあだ名されたハイドリヒ中尉の宿営室が設けられていた。その他のバラックは、すべて突撃砲要員のためのものであった。ミュコンにおいては夜間緊急出動訓練が順次行われ、その際には3分間以内に乗員は自分の突撃砲の前に整列していなくてはならなかった。

　宿営地の右手のそう遠くない森林に覆われたところには、大きな床面積を持つ長方形のトイレ建屋があり、中には〝12気筒〟の簡易トイレ（12便座）が備えつけられていた。（＊70）

注（＊70）：原典は〝Donnerbalukenn〟。二本の支柱を地中に打ち込み、その上に梁を渡して背後に穴を掘った簡易トイレのこと。

　宿営地を回り込む道路の左側には、古い栗の木が生い茂る教練用の牧草地があった。その後方にはブルターニュ風の石垣で農地と区分けされた田舎道が伸びており、この道には突撃砲、整備部隊や戦車の一部が駐車していた。

　宿営地にはヴァンヌまでの軽便鉄道が敷かれていたが、これは宿営地が１９４０年夏からフランス軍捕虜収容所として使用された時、フランス軍捕虜によって造られたものであった。

　野外走行、射撃訓練、実戦演習およびいわゆる夜間緊急出動訓練も含めたその他の教育訓練が、シャンドゥミュコンにおける毎日の糧であった。

　重要な訓練の一つに個々の突撃砲における戦闘準備の任務に関するものがあったが、これは突撃砲あるいは戦車内での任務分担訓練であった。下記に、突撃砲用にアレンジされ、戦車乗員用にも有用であった任務分担とフローの概要を掲げる。

砲長：敵目標指示、敵の位置把握の命令。

操縦手へ：方向、掩蔽、観測、射撃停止および走行速度の命令。

操縦手から：砲長へ復命。

砲長から照準手へ：敵までの距離、野外における目印、目標指示。砲弾の種類と数。

〝撃ち方自由〟の命令。

照準手から：光学装置、補足説明。目標確認。戦車用望遠照準眼鏡。敵目標捕捉（ターゲットオン）、高低および方向射界制御装置による射程調整。射撃準備完了の復命。

安全装置解除。
砲長から装填手へ：装填手は砲弾の種類を聞き、決められた砲弾を砲弾ホルダーから取り出して尾栓から砲身へ押し込み、ヒューズ付トリガースイッチをセット。目標指示と機関銃操作の命令、履帯調整のための車外脱出の命令。
装填手から：砲長へ復命。

毎週土曜日の技術役務においては、すべての兵士は特別な作業メニューが与えられ、集合点呼の下準備として監督将校へ報告がなされた。

砲長：武器および弾薬の員数確認
照準手：光学機器、尾栓を含むカノン砲、電気式トリガー装置および高低・方向射界制御装置の機能確認
操縦手：エンジン、ブレーキ、変速機の機能確認と工具類の員数確認
装填手：無線装置の機能確認、弾薬および機関短銃用弾薬、履帯ブロックと履帯ピンの員数確認。
共通：戦闘室、走行装置のチェック、カノン砲の保守整備と清掃

集合点呼はすべての締めくくりであり、その際には師団長就任予定のコンラート少将による〝不安にさいなまれる〟査閲が待ち受けていた。これは、この指揮官一流のやり方であった。団結と規律により連隊ＧＧは鍛錬されたが、これと同様に特別に選抜された志願兵のみが連隊や師団へ配属された。メガネ着用の者やザクセン出身者は、選抜からははねられた。（＊71）

注（＊71）：〝不安にさいなまれる〟査閲とは重箱の隅をつつくような厳格な査閲という意味である。また、ザクセン出身者が選抜からはねられた理由は、プロイセンやバイエルン出身者などに比べてザクセン出身者は軟弱という根強い偏見があったためである。日本の旧帝国陸軍においても、九州や東北の兵団は強いが関西の兵団は弱いというのが通説であった。

コンラート少将は将校に対しても厳しく臨んだが、それでも互いに多少なりとも融和していた。しかしながら、彼が批判的な将校と対立すると、結果して将校団と同じく兵士との間も徐々に疎遠な関係となっていった。

すでに前述した通り、最初に連隊ＨＧ／第13中隊は、旧オートバイ狙撃兵中隊のＫｗＫ２㎝砲搭載の装甲偵察車〝ザイトリッツ〟および〝デアフリンガー〟を受領した。その他に、ＫｗＫ７・６２㎝長砲身を装備する対戦車自走砲３両、24口径７・５㎝ＳｔｕＫ37短砲身を装備する突撃砲２両、すなわちＳｄ．Ｋｆｚ１４２の製造番号２番および４番が装備された。（＊72）

注（＊72）：これが事実であるとすれば、連隊ＨＧ／第13中隊は

２cm砲搭載８輪重装甲偵察車２両、７・６２cm対戦車自走砲マーダーⅡ型３両とⅢ号突撃砲Ａ型のシャーシ番号９０００２および９０００４を装備していたことになる。

回収小隊には８ｔハーフトラック２両が配備され、突撃砲および戦車用の積載プラットホームを有する30ｔフラットベットトレーラー各1両が装備されていた。

2個整備部隊、炊事、給与、酒保、食堂、燃料、武器／弾薬。

無線車両としてシュタイアーＫｆｚ15 1両、中隊長用ＶＷキューベルヴァーゲン1両、携帯用無線装置を有する無線下士官機動用のＢＭＷサイドカー。

第13戦車中隊における将校の定数は10名。パウルス中尉が中隊長で、代理はリュープケ中尉。

小隊長は次の通り：ジーガー少尉、ラーホウゼン少尉、シュトロンク少尉、ミュンスター少尉。

突撃砲小隊の指揮官はハイドリヒ中尉で、代理はブロック少尉。

砲長：下士官のハイネマン、ベーム、カナート。

照準下士官：下士官のシュールテ、ペアス、メーネル、ライム、ライス、バルク、ハウスマン。

操縦手：シューバウアー、イエーガー、アーヴェ、ヴィットマン、アイヒホルン。

整備部隊：ローデルほか。

機動無線下士官：レッシェンコール、レーデル。

１９４２年11月1日、1個突撃砲大隊と1個戦車猟兵大隊からなる戦車連隊ＨＧが、ヴァンヌ／ボルドーで新たに編成された。また、第13から第15中隊（１９４３年５月25日まで存続）からなる砲兵連隊ＨＧ／第Ｖ大隊（突撃砲）が１９４２年11月8日に公式編成され、同日にはボルドー地区へ移動した。これは北アフリカへの連合軍上陸後、南フランス沿岸に上陸する危険性が高まったために採られた措置であった。緊急出動命令により砲兵連隊ＨＧ／第Ｖ大隊の新たな宿営地はサンジャンブレヴレイとなったが、この時点では突撃砲はまだ装備されていなかった。

11月11日、７・５cm長砲身装備のⅢ号戦車（＊73）とＫｗＫ７・５cm長砲身装備のⅢ号突撃砲22両が、マクデブルクから鉄道輸送されて大隊に到着した。3個中隊には各突撃砲7両が配備され、22番目の突撃砲車両はシュモック大尉の指揮型突撃砲であった。緊急輸送により、ほぼ完全装備の大隊がボルドー、コニャック、リュフェック地区に移動した。

注（＊73）：７・５cm短砲身装備のⅢ号戦車の誤記であろう。

翌日、大隊は鉄道輸送によりイタリアへと移動した。大隊の構成は次の通り。

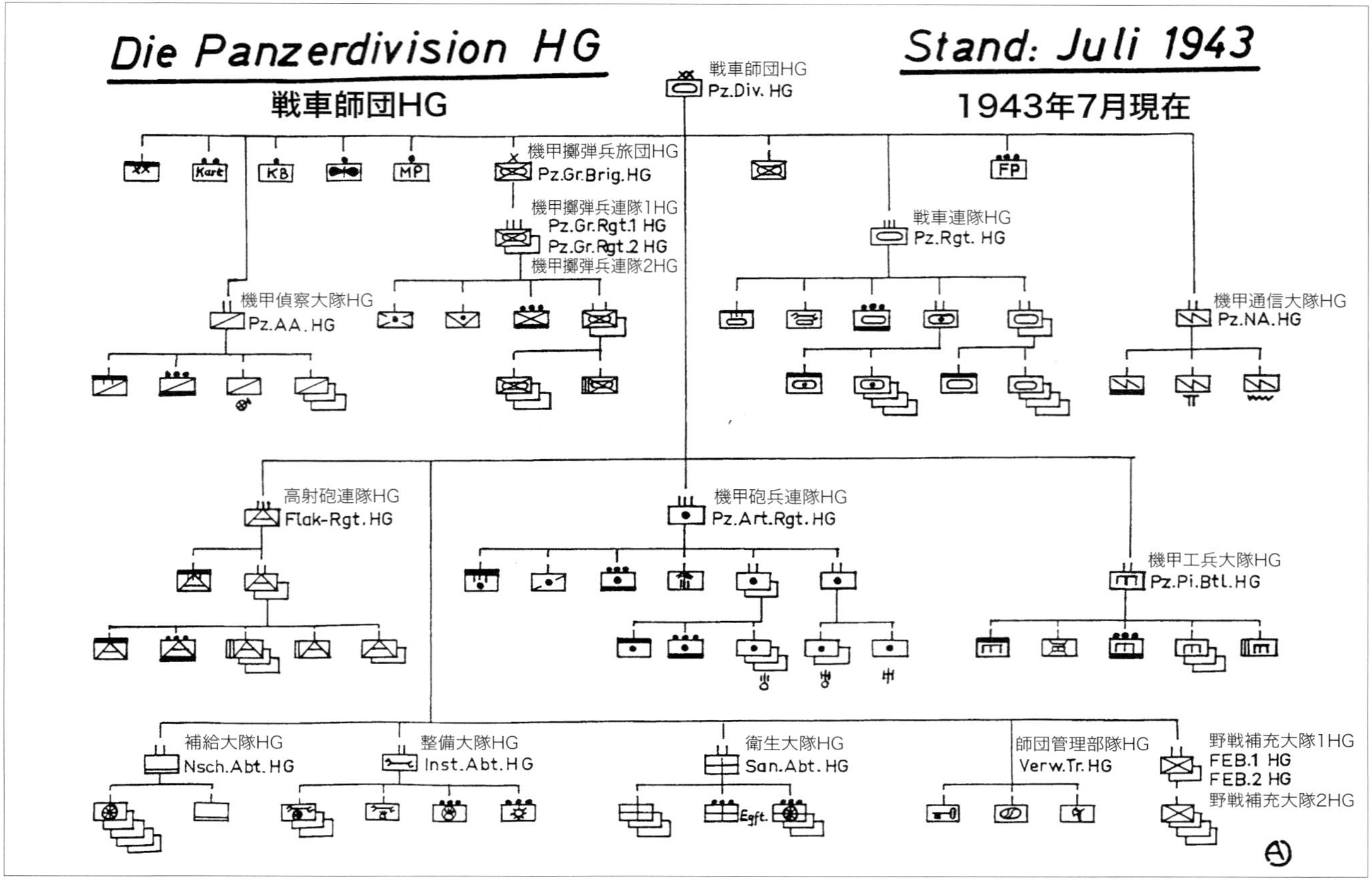
Die Panzerdivision HG
戦車師団HG
Stand: Juli 1943
1943年7月現在
戦車師団HG
Pz.Div. HG
Kart
KB
MP
機甲擲弾兵旅団HG
Pz.Gr.Brig.HG
FP
機甲擲弾兵連隊1HG
Pz.Gr.Rgt.1 HG
Pz.Gr.Rgt.2 HG
機甲擲弾兵連隊2HG
戦車連隊HG
Pz.Rgt. HG
機甲偵察大隊HG
Pz.AA.HG
機甲通信大隊HG
Pz.NA.HG
高射砲連隊HG
Flak-Rgt.HG
機甲砲兵連隊HG
Pz.Art.Rgt.HG
機甲工兵大隊HG
Pz.Pi.Btl.HG
補給大隊HG
Nsch.Abt.HG
整備大隊HG
Inst.Abt.HG
衛生大隊HG
San.Abt.HG
Egft.
師団管理部隊HG
Verw.Tr.HG
野戦補充大隊1HG
FEB.1 HG
FEB.2 HG
野戦補充大隊2HG

大隊長：シュモック大尉
副官：イェコシュ中尉
伝令将校：メーリング少尉
大隊軍医：ベッカー本部軍医（博士）／シュライプ上級軍医
歯科医：エルファーフェルト
砲長：ヒンシュ、レーシェンコール、ベートケ、ニーナーバー、バイホフ、バイアー、タック、グレーテ、ケーニヒ、グロース、ツァールト、シュルツェ＝オストヴァルト、ラスト、シュルツェ、リュッカート、メーネル、ツヴァンツィヒ、シュレースジンガー、ラッシェンドルファー、カナート

1943年1月から3月まで砲兵連隊HG／第V大隊（突撃砲）は、サンタマリアヴェテレ周辺に駐留した。ここで大隊は、ロシア戦線からの陸軍戦車および突撃砲部隊と主にシュヴァインフルトとナイセの突撃砲補充大隊により増員を受けた。

教育訓練期間終了時の3個中隊における人員構成は次の通り。

第13中隊：ヴィルムスケッター中尉
第1小隊：シャッパー少尉
第2小隊：ケーニヒ少尉
第3小隊：ペーター少尉
第14中隊：ハイドリヒ中尉
第1小隊：ブロック少尉
第2小隊：シュトロンク少尉
第3小隊：シュトゥルム上級曹長
第15中隊：ハーゲマン中尉
第1小隊：ヴィッツベルト少尉
第2小隊：ヴィットショーンケ少尉
第3小隊：ヴァルホイサー少尉

さらなる教育訓練がサンタマリアヴェテレ、カプアおよびカゼルタ地区で行われた。

1943年5月4日に緊急出動準備が発令され、2日後にアフリカへの輸送のために突撃砲が積載されたが、すでにアフリカ軍集団は崩壊の危機が忍び寄っていた。

シシリー島への鉄道輸送は南イタリアのバッティパリアで中止となり、すぐカゼルタへの帰還命令が出された。そこで荷降ろしが行われ、陸路でサンタマリアヴェテレの旧兵舎へ再び戻った。突撃砲の一部は、カプアの駐車場に駐留した。

5月9日には大隊兵士はヴォルトゥルノの野営テントへと移動した。砲長のグレーテ、カナートおよびその他は、5月10日に鉄道輸送によりユトレヒトの補充連隊へと向かった。彼らの任務は、その地で欠員の照準手と装填手を捜して選び出すことにあった。そこから選ばれた戦友を受け入れ中隊へ

入隊させるためにベルリン－ライニッケンドルフへと向かい、そこで教育訓練を受けた兵士を受領した。この大勢の段列はさらにマクデブルク－ケーニヒスボルンまで足を伸ばし、そこで陸軍戦車局から10・5㎝KwK長砲身装備の突撃榴弾砲10両を受領してイタリアまで運び、そこからさらにシシリー島へ渡ってカタニアのベルパッソ地区へとたどり着いた。

この間、大隊名は改名されることとなり、新しい名称は第9～11中隊（以前は第13～15中隊）から構成される戦車連隊HG／第Ⅲ大隊（突撃砲）となった。突撃榴弾砲は各3両装備の重装備小隊としてまとめて運用された。突撃榴弾砲は第二次戦線まで進出し、中隊の他の突撃砲の頭越しに砲撃を行って作戦上の支援攻撃を実施し、特に敵の準備陣地を3000mの距離から砲撃を浴びせ、岸に近づいた連合軍の上陸支援艦隊に対しても、砲兵技術を駆使して砲撃することとされていた。しかし残念ながら、この10両の重兵器が1個中隊にまとめられて作戦投入されることはなかった。

1943年7月10日に連合軍がシシリー島に上陸した際には、突撃砲大隊はシメト平野に位置するアウグスタ、レンティーニ、カルレンティーニ、アグノネ、およびジェルビーニ、カタニア付近で防御戦闘へ投入された。上陸した敵部隊との戦闘よりも、部隊の全兵力の30％が跳梁跋扈するマラリアにより戦闘不能となった。突撃砲部隊は戦車連隊の戦闘団の中で模範的に戦い、戦闘において人員の15～20％が戦死および負傷した。

突撃砲兵はアウグスタ前面に位置していた師団戦闘団の中にあって、擲弾兵と砲兵と肩を並べて戦った。突撃砲22両と10・5㎝長砲身突撃榴弾砲を装備する第9～11中隊は、戦闘の中で撃破、擱座、爆破を通じてその35％が失われた。突撃榴弾砲は、第2次戦線から砲撃して戦果を得るという期待の数倍にも上る成果を挙げた。すなわち、歩兵の準備陣地だけでなく、敵のトラック輸送隊、機関銃座および対戦車砲陣地を制圧することに成功したのであった。僅か1両の突撃榴弾砲のみが砲身破裂により失われたが（＊74）、敵が圧倒的に優勢なこともあり、実戦経験の不足も手伝って兵員の損害を招き、シュモック大尉、ハイドリヒ中尉とブロック少尉が負傷した。

注（＊74）：後述するが、1943年7月17日に損失した第10中隊所属のハンス・ベトケ軍曹の突撃榴弾砲である。

個々の戦闘地点と時期は次の通り：

7月10日から14日まで第9～11中隊はアウグスタおよびシラクザ付近の上陸地点前面で激しい戦闘を繰り広げた。戦況は不透明で混乱を極めた。7月14日および15日、アグノネおよびレンティニ付近で敵のパラシュート部隊を殲滅。パラシュートおよび貨物グライダーで降下したイギリス兵は、日中はハリネズミの陣地を構えて防戦し、夜襲により目標とターゲットを奪取しようとした。

7月17日になると、突撃砲もコルナルンガ、ディッタイノ河を渡河してシメト河まで一歩ずつ後退を開始し、そこで停止して敵の渡河を阻止した。この戦闘ではドイツ降下猟兵も介入したが、(前章で述べたように) 橋を爆破することには失敗した。7月24日まで突撃砲部隊は、モッタ、サンタアナスターシア地区およびカタニア平原のシメト河沿いの陣地を防衛した。ここで再三に渡って敵の攻撃と突破が行われ、時には白兵戦によって敵を撃退した。7月28日にはジェルビーニ飛行場へ撤退し、8月2日まで陣地を死守した。このような戦況の中では、敵の進撃を食い止めて特に歩兵や味方降下猟兵を援護することが重要な任務となった。詳細に計画されたメッシナ海峡、そしてそこからイタリア本土への撤退が8月6日に開始され、突撃砲はミステルビアンコ、ベルパッソそしてトレカスターニへと退却した。ここで退却作戦の計画が見直され、撤退準備陣地を環状に防衛することとなり、8月8日まで持ち堪えた後、トレカスティーニ、フィウメフレッドおよびタオルミーナを経てメッシナへの橋頭堡陣地へとさらに退却した。この追撃して来る敵との迎撃を伴う撤退戦においては、ラングハイツおよびヴィルムスケッターという戦友を失った。

1943年8月8日の午後、突撃砲部隊はすべての装備と武器と伴にジーベルフェリーへ乗船し、メッシナ海峡を経てイタリア本土のレッジオディカラブリアへと渡った。

ニーパー大佐指揮するメッシナ海峡の〝高射砲の打鐘〟(*75)は、この死の領海へ空から接近しようとするあらゆる敵を撃退した。なお、シュモック大尉が負傷したため、新しい大隊長はザンドラック大尉となった。

注(*75):メッシナ海峡に展開した高射砲部隊のこと。

8月9日から10日にかけて、段列を伴う大隊本部もパテルノ、アドラーノ、ブロンテ、フィウメフレッドを経てメッシナへと退却した。

カラブリア山地へ移動した突撃砲大隊は、8月9日および10日まで休養および再編成を行った後、8月15日には陸路により東海岸に沿ってカタンツァーロまで移動し、そこから方向転換して西海岸への連絡道路を通ってナポリへと向かい、8月末にはポッツォーリ地区まで移動して休養することができた。

突撃砲部隊の兵士達が、シシリー島でどのように戦ったのかは次に記載する。

シシリー島におけるハンス・ベトケ軍曹の報告

全般的な戦況を補完するために、突撃砲指揮官の一人であるハンス・ベトケ軍曹の話を聞くこととしよう。

「シュモック大尉指揮の我々の突撃砲大隊は、戦車連隊HG

の第Ⅲ大隊を構成していた。第９、第10および第11中隊の指揮官は、ヴィルムスケッター、ハイドリヒおよびハーゲマンの各中尉であり、私は第10中隊の10・５cm突撃榴弾砲３両からなるブロック少尉の小隊に所属していた。

７月11日に我々がレッジオディカラブリアからフェリーに乗船してメッシナ海峡を渡った時には、すでに師団の一部はシシリー島の南部および南東海岸において米英部隊と防衛戦を展開していた。

エトナ山塊の麓《ふもと》に大隊は集合し、２日後にブロック少尉の小隊はレンティニの出撃準備陣地へと移動した。敵との接触はまだなかった。数をも知れないイタリア軍行軍部隊が、我々の前面のアウグスタから北方のカタニアおよびメッシナ方面へ移動していた。

７月14日の早朝、我々はメリッリへの街道を通ってカルレンティーニ南方３kmの地点に陣地を移動し、そこで初めて約８km離れた海上にいる敵艦船を見ることができた。

昼過ぎにイギリス軍前衛部隊が大隊の陣地に到達し、我々は10・５cm砲により榴弾を歩兵群へ浴びせかけた。前進して来たイギリス兵は、戦場に点在する多数の石垣の後ろへ隠れた。

この砲撃により我々の位置は暴露することとなり、夕方には敵の艦砲射撃が降り注いだが、我々はジグザク走行によりこれを回避することができた。強力な砲撃にもかかわらず、幸いにも物的、人的損害は無かった。日が暮れて、我々はカルレンティーニへと移動したが、数時間後に陣地の上空を敵貨物グライダーとパラシュート部隊が飛行し、カルレンティーニの東縁にパラシュート兵が降下し、平地にグライダーが着陸した。

降下した敵との戦闘で、突撃榴弾砲の砲長であるケアバー軍曹が戦死した。７月15日の早朝、我々はレンティニ北方の新たな迎撃陣地へ移り、戦闘がないまま夕方にはそこから撤退し、ピナーディの平原へと退却した。ここで私は自分の突撃榴弾砲をもってレンティニ～スコルデアの道路分岐地点を保持し、後衛として留まるという任務を受領した。状況は不利であり、土地に不案内で使える地図もなくドイツ軍兵士は一人も見あたらなかった。

すでにレンティニ地区からドイツ軍は撤退していたのである。しかし幸いなことに、日中の戦闘で損害を蒙った敵の進撃は遅かった。

真夜中の少し前、我々は命令通りに退却し、パラゴニアとラマッカを経てジェルビーニへと向かった。そして７月16日の昼頃、そこの森林地帯で我々は中隊と出会うことができた。

給弾と給油のための休養が与えられ、砲弾57発とガソリン４００リッターにより我々は再び出撃可能となり、カタニア平原へ移動して対戦車壕を構築した後の掘り出した盛り土の山に沿って陣地を張った。

そこには第3降下猟兵連隊の降下猟兵が塹壕に立て篭もっており、これにより初めて我々は連続した戦線を構築することができた。

突撃榴弾砲の3個小隊は、降下猟兵にとっては願ってもない援軍であった。

この陣地への移動直後に我々は敵艦砲射撃に見舞われたが、この集中砲撃の援護下でも敵は戦線を突破することはできなかった。7月17日の午後遅くなってから、ようやく砲撃は止んだ。そのすぐ後、我々は向こう側で敵戦車の動向を感知したので、小隊は斜面の陣地へと移動した。私は操縦手へ方向を告げると、装填手にHL砲弾（対戦車特殊砲弾）を装填するよう命令した。我々の右側には、第11中隊の小隊長であるシュルツェ＝オストヴァルト特務曹長が突撃砲と伴に配置についていた。彼は我々と同じ目標、すなわちこちらへ向かって来るイギリス戦車5両を認めた。

指揮官が号令するとすべての突撃砲4両が同時に発砲し、狙われた敵戦車4両が炎上した。5両目は右に回れをして全速力で物陰に隠れて逃げようとした。照準がロックされ、私が砲撃命令を下すと同時に、恐ろしい爆発音が鳴り響いた。もうもうと煙が戦闘室に立ち込め、私は「脱出！」と叫んだ。

火炎と破片により照準手は頭部、装填手は左下腕を負傷した。突撃榴弾砲の砲身は筒内破裂により粉々になり、砲栓しか残されていなかった。

この事故の原因は、車体が地面に沈降しているのに斜面で土塁へ水平射撃をしようとして向きを変えたために起こったものであった。

私と操縦手のヴォールゲムート伍長は、負傷者2名を安全に運ぶため、再び乗車しようとしたが、砲弾が我々の前方に弾着し、弾片が私の左下腕を粉砕した。操縦手は、我々3名の負傷者と戦力を失った突撃砲と伴に段列部隊まで引き返した。私はそこから野戦包帯所へ行き、その日メッシナで負傷した大勢の戦友と伴にイタリア軍病院船でリヴォルノへと向かった。私にとって、シシリー戦はこの日で終わりを告げた」

ブルーノ・カナート軍曹の苦難

「すでに7月9日の早朝、我々はメッシナ海峡を渡った。味方重高射砲からのもの凄い射撃は敵との距離を十分に分かち、敵爆撃機は目標に達しないうちに爆弾投下をする結果となった。

島へ上陸して行軍途中、我々はカタニア手前で港を狙った空襲に遭遇した。その夜、我々は大きなバオバオが生い茂る林の中で野営し、ヴァルホイザー少尉が突撃砲の割り振りを行った。

7月10日の朝、戦車連隊HG／第Ⅲ大隊の第11中隊は、グレーテ特務騎兵曹長率いる突撃榴弾砲3両の小隊と伴に、間道を通って山岳地帯を越えてベルパッソからレンティニ方面へと進出した。部隊はヤーボや偵察機の空襲に遭ったが損害は無く、7月11日4時にはアウグスタ地区へと到達した。アウグスタの手前18㎞の小さな街ヴィラスムンドで部隊は停止し、そこで攻撃命令を待つこととなった。

グレーテ特務騎兵曹長と私は、各々の突撃砲と伴にアウグスタ港の眺望が望める高地へと移動した。グレーテ特務騎兵曹長は、陸軍の古参砲兵ですでにドイツ黄金十字章を授与されており、大隊の中で最も経験豊富な兵士の一人であった。（＊76）

注（＊76）：グレーテ特務騎兵曹長のドイツ黄金十字章授与は公式記録にはないので、おそらくは候補者として推挙されたことを混同したと思われる。

その地点からアウグスタ港からは約8㎞であり、折からの濃い朝霧のために何も見えなかった。〝戦場の第六感〟により、我々はイタリア軍の被服補給所を発見し、そこで黒シャツとズボンを徴収することができた。そこには船員の荷物袋があり、番号式の錠前が掛けてあった。

7月11日の丸一日、2両の突撃榴弾砲はその地点に留まった。グレーテ本部付特務曹長は良く視認できる敵艦船を砲撃することを決意し、2発目の砲撃の後に敵艦船が応戦して来た。敵偵察機の方位・距離測定により、近くに弾着することがしばしばであった。我々はすでに爆撃された場所を息を殺してそろそろと移動し、深い峡谷に架かったグラグラする危なっかしい橋を一両ずつ渡り、別な海岸に出るとホッと一息つくことができた。そして、峡谷の後方に新しい陣地を構築した。

アウグスタへ敵が上陸した際、ここに展開していた強力なイタリア軍沿岸砲兵は何の反撃もせず、労せずして敵は内陸部に進撃を開始した。このため、我々の突撃榴弾砲はもう一度前進し、最初に姿を現した敵戦車と歩兵を数発の砲撃で撃退することができた。

我々の前方にある戦区で、上陸した敵が前進して7・5㎝対戦車砲1門が包囲され、無線を通じて助けを求めて来た。グレーテと私の突撃榴弾砲2両は、トラックに乗車した擲弾兵と供に救援のため全速力で前進した。グレーテは張り切って油断している敵中へ突っ込んで機関銃の銃撃を加え、随伴歩兵は包囲地点へ進むために下車して敵を接近戦で駆逐し、対戦車砲を爆破した対戦車猟兵達を跨乗させて引き返した。

7月12日、ケッセルリング元帥が戦車連隊HGの突撃砲部隊を訪れ、まもなくフランスから降下猟兵部隊が到着する旨を告げた。

その日の夜遅く、突撃砲大隊は再び後方へ移動し、レンティニとカルレンティーニの中間にある盆地で宿営した。7月13日の早朝、ヴァルホイザー少尉が兵士達をたたき起こした。

連合軍の偵察機1機が大隊の上空で円を描いている。エンジン始動後の数分後、突撃砲は街道へと前進すると、突然、カルレンティーニの山腹斜面へイギリス軍の強力な艦砲射撃が加えられ、周辺集落の建物は甚大な損害を蒙った。

　暖気運転した突撃砲が、次の斉射に捕まらないように宿営地から前進した。突撃砲は3m半径でカーブを切り、2m半径で旋回しながら細い道を進む。カナートの突撃砲は、さらに3人の乗員を受け入れた。街道に着くとハーゲマン中尉に止められ、負傷者を見つけて救助するよう命令を受けた。イタリア空軍戦闘機が敵偵察機を撃墜し、艦砲射撃はようやく止んだ。

　7月13日の午前中、小麦畑に舞い降りた第3降下猟兵連隊の降下猟兵は、レンティーニとカルレンティーニの中間にある新しい陣地へと移動した。この時、突撃砲はヴァルホイザー少尉指揮の下で、さらなる敵の上陸地点であるアグノネ地区へ前進した。ヴァルホイザー少尉は連続速射により敵戦車4両を撃破し、砲長および小隊長として類まれな才能をここで示した。

　グレーテと私の突撃榴弾砲は、昼ごろにレンティニ手前の斜面にあるアグノネの陣地へ移動した。ここでグレーテ特務騎兵曹長は腕を負傷し、私と48時間一緒に行動した突撃榴弾砲から離れることとなった。

　22時頃、敵の15cm野砲1個中隊が2両突撃砲榴弾砲の陣地の近くに展開してアグノネへ砲撃を開始し、市街へ照明弾を撃ち込んだ。7月14日の真夜中の2時、ハーゲマン中尉が突撃榴弾砲の陣地に現れてこう言った。「諸君らが平和にご就寝の間に、敵のパラシュート兵がそこらじゅうに降下しているぞ！」

　ハーゲマン中尉は、私から短機関銃と弾帯を受け取ると、運転手と伴にさらに敵の方向へ向かったが、そのまま帰還することはなかった（後でわかった話しであるが、彼は敵と接触して負傷してそのまま捕虜となったのだった）。

　7月14日、私は突撃榴弾砲2両を指揮し、レンティニへ前進するよう命令を受けた。市街周辺まで来たところで、我々は道が放射状に伸びている円形花壇がある広場に行き当たった。そこで私は、アグノネへと伸びている道路上に砲撃方向を定めて自分の突撃砲を停止し、2両目は150m後方のカタニアへの幹線道路に陣取った。

　15時30分頃、アグノネへと通じる道路上に装甲車両が姿を現した。それはある大尉が指揮するイタリア製突撃砲であり、イギリス軍はアグノネからレンティニへと進撃しているとのことであった。ここで一緒に防衛線を敷くという要求に対して、私が拳銃を突きつけても従おうとはせず、大尉は「撃たないで下さい！」と言いながらさらに先へと走り去った。

　数時間が過ぎ、突然、150m後方に位置する突撃砲のエンジンが咆哮した。突撃砲の上には照準手がいて私に手を振って、後からついて来るよう合図した。我々は方向転換し、彼に従って３㎞ほど進んで停止した。照準手は、市街へ侵入して来るイギリス軍を認めたのである。

我々が次なる対策を相談している時、レンティニから味方の７・５㎝対戦車砲２門が姿を現した。小隊長は戦闘団を形成してカタニアまで護衛することを要求した。しかしながら、手持ちの燃料は十分ではなく、対戦車部隊から分けてもらった合計40リッターの燃料缶２個もそう多くはなかった。

我々はレンティニにある燃料ドラム缶の集積所を思い出し、装填手と私は、まだそこに燃料があるかどうか確認するために出発した。集積所に着くと入り口から入ってドラム缶を捜し回ったが、その時、茂みの下に監視兵が倒れているのに気がついた。さらに我々は円形花壇の地点まで進んだが、そこで敵の機関銃の銃撃を受けた。

オレンジとオリーブの木の下で、我々は迂回して銃撃を避けようとした。道路から外れて左へ曲がって斜面を登り始めると、我々は敵の戦闘爆撃機に見つかってしまい、燐酸爆弾の爆撃を受けた。敵機は何度も飛来したが、その都度、後方の岩影に隠れてやりすごすことができた。

そしてついに、三角のペナントをアンテナに付けた戦車が、我々の進撃路上に一列に並んでいるのが見えた。イギリス軍だ！その後方には歩兵を満載したトラックが続いている。

突撃砲までは９００ｍ近くあり、斜面に沿って敵戦車の列の前に出て、我々の突撃砲２両へ危険を知らせようと試みたが、無駄であった。戦車の先頭が曲がり角へ来た時、我々の突撃砲が砲撃し、先頭戦車が火に包まれた。残りのすべての戦車は停止し、両突撃砲は退却した。我々はさらに歩いて、夕方にはヴァルサヴォイアの停車所に辿り着いたが、ここにもドイツ軍部隊の痕跡はなかった。

７月14日から15日にかけての夜、我々はドイツ軍の偵察装甲車に出くわしたが、この車両は我々がそれに気づく直前に出発してしまった。ここで野営しているイタリア部隊から、敵部隊が輸送用グライダーで降下したことを知らされた。我々は真っ暗闇にもかかわらず、敵のすぐ近くを忍び足で通り、道路を外れて戦場とは反対方向へと進むことができた。

午前中に乾上った河（涸谷）で短い休息をとった後、さらに我々は進んだ。ある集落の手前で、着陸した輸送用グライダーを見つけた。「解放者」はすでにここまで来ており、まず手近のプランテーション農場へひとまず避難し、そこから尾根伝いにさらに歩いた。

昼頃、ようやく道路に出たので、我々は待ち伏せすることにした。履帯の音が聞こえたので物陰に隠れると、装甲車両部隊が我々の前を通り過ぎた。それはドイツ軍のＳＰＷであり、手を振って合図をして停止した戦友に走り寄り、ＨＧ師団の後衛部隊指揮官の将校へ申告することができた。この部隊は敵から離脱し、通過した橋はすべて後方で爆破するよう命令されていた。

我々は爆薬と地雷が入った木箱の上に座ったが、ようやく味方部隊と出会った嬉しさでまったくそれは気にならなかった。

午後になって我々が疲れ果てて寝てしまっていると、揺り起こされた。あそこに突撃砲がいるぞ！と戦友の兵士が言った。我々は起き上がってそちらを見ると、偽装して茂みの後方に10・5㎝突撃榴弾砲が潜んでいた。それは我が第11中隊のベトケ軍曹の突撃榴弾砲であった。

ここで聞いた話によると、我々の中隊長ハーゲマン中尉と操縦手は、7月14日、すなわち短機関銃を携えて偵察に出るべく私から弾帯付のベルトを借りた日、包囲されたシュトゥリュース騎兵曹長の7・5㎝突撃砲小隊を救出しようと試みたが、短時間の戦闘の末に敵に制圧されたとのことであった。シュールテ軍曹と中隊の兵士ハーゲアト上等兵のみが脱出することに成功し、その顛末が報告されたのであった。シュールテ軍曹は我々の突撃榴弾砲中隊の照準手として迎えられ、第11中隊はそれまで大隊副官であったイェコシュ中尉が指揮を執り、シュモック大尉は引き続き大隊を指揮していたが、この後しばらくしてマラリアにより隊を離れることになったとのこと。その次の日（7月12日）、新たに構築した防衛線において中隊はイギリス軍戦車部隊の進撃を停止させることに成功し、7月15日の夜遅くに敵と突撃砲との間で戦車戦が演じられ、味方の損害なしに敵戦車数両を撃破した」

ニーンアーバーとカナートの両砲長は、道路上を近寄って来るすべての敵戦車へ砲撃できる地点まで前進するため、彼らの突撃榴弾砲と伴に無人地帯へと投入された。夜になって、遠くで爆発音とそれに続いて砲火が確認された。

遅滞戦闘の中で連続した防御線を構築するため、突撃砲は7月16日にがら空きとなった側面へ移動した。隣接部隊との連携はピタリとうまくいった。50度の熱暑の中で、突撃砲の鋼鉄製戦闘室は料理ができるほど熱くなった。操縦手は一張羅の熱帯用短パンをはいて来る日も来る日も座り続け、その擦り切れた布の細かい繊維が走行変速機にふりかかった。イタリア本国に居た時以来、郵便はまったく送付されず、暖かい食事も稀であった。

7月16日から24日の間、全大隊はカタニア平原において広く展開して第3降下猟兵連隊の戦友と伴に肩を組んで戦った。進撃して来た敵はここで撃退された。

毎夜、敵による伝単（プロパガンダ用ビラ）が飛行機からばら撒かれ、連合軍は圧倒的に優勢であって抵抗は無意味であることが強調され、脱走を呼びかけているものであった。シシリー島にいる兵士たちは、誰もこの誘いには応じなかった。（もっとも、よく状況がわからない行方不明者2名については、脱走した可能性も否定できない）敵は今やある種の機動防御線に突き当たった。第9および第10中隊はカタニア平原の自然の障害物を利用した〝対戦車壕〟に沿って堅陣を敷き、しぶとく抵抗した。歩兵を伴った何波にも渡る戦車攻撃において、敵の損害は甚大であった。

これによる味方の損害も皆無とは言えず、これは激しい戦闘にとって避けては通れない結果であった。第9中隊長のヴィルムスケッター中尉は、7月16日に警告にもかかわらず味方地雷原へ前進し、突撃砲は破壊されて彼と乗員は戦死を遂げた。

第10中隊長のハイドリヒ中尉と小隊長ブロック少尉は、敵砲撃により負傷した。もっともシシリー島における大隊の最大の人的損失原因は、マラリアによるものであった。突撃砲の戦闘重点地区は、シメト河に沿ってジェルビーニ飛行場方向へさらに内陸へと移動した。イェコシュ中尉はより一層の軍紀粛正を求め、あえて兵士に不人気の兵器整備と員数確認を徹底させた。

ジェルビーニ平原において、突撃砲はカナダ軍と初顔合せとなった。カナダ軍歩兵コマンド部隊が飛行場の北側に沿って準備作業を行い、ドイツ軍防御線の内部へと浸透して来たが撃退された。飛行場の運用は中止され、敵は激しく追撃して来た。戦闘団〝コンラート〟は、すでにここからカタニア平原まで撤退しており（前章参照）、師団の一部はカルタジローネを通過してコルナルウンガおよびシラクザ河を渡り、ジェルビーニ方面まで退却していた。常に師団ＨＧの良き相棒である第15機甲擲弾兵師団の一部は、ジェルビーニ手前の陣地まで移動していたが、その中に対戦車砲部隊も含まれていた。

ジェルビーニ飛行場の状況を偵察するため、ニーンアーバーとカナートの突撃榴弾砲がそこへ差し向けられた。2両の突撃榴弾砲は、シメト河の支流に沿った道路上を高速で前進した。10ｍのアーチを持つ木造橋梁まで来た時、突撃砲は機関銃座を発見して停車した。彼らは橋の後方に対して警戒していたのだ。報告では敵はいないはずであったが……。

まず最初の突撃砲が橋を渡り、2両目が続いた。偵察のために一瞬停車して砲隊鏡を覗くと、防盾にドイツ軍の戦術マークが描かれており、左側にはジェルビーニを示す方向表示板が見えた。そして飛行場の周囲のバラック群が確認された。

再び、ブルーノ・カナートに登場願おう。

「さらに我々は互いに前進し、Ｍｅ１０９の格納庫を見つけて飛行場の手前でスピードを落とした。我々は爆撃で所々壊れたバラックめがけて前進した。バラックに着いたところで突撃砲の乗員2名が確認したが、バラックは空であった。ニーンアーバーの突撃砲が警戒にあたる間に格納庫内をチェックしたが、爆撃で破壊された航空機が数機あるだけであった。

帰り道の途中、橋にある機関銃座に我々の偵察結果を報告した。橋がまだ見える地点で、弾薬と燃料を我々に届ける命令を受けた補給部隊の弾薬輸送車に行き当たった。道路を隔てたはす向かいに、ペナントを付けたKfz15（無線通信車両）がいるのを発見し、私は弾薬輸送車のすぐそばで停車した。

あれはシュマルツ大佐だ！　と弾薬輸送車の運転手が私にささやき、後ろを向いてひそひそ話しを続けた。

「大佐はここで偵察結果を聞くためにお前たちが来るのを待っておられたのだ」

私は突撃砲から飛び降りると、熱帯用半ズボン、イタリア軍の黒シャツと体操靴という格好で指揮車両の前まで行き、直立不動でシュマルツ大佐へ申告した。

「突撃砲大隊HG第11中隊の砲兵軍曹カナートおよびニーンアーバーは、ジェルビーニ飛行場の偵察から帰還。敵影は見えず。飛行場は放棄された模様」

シュマルツ大佐はうなずくと幾つかの質問をし、それから気さくにこう言った。

「弾薬輸送車へ戻りたまえ。運転手のところに君たちのためにタバコとショカコーラ（＊77）をとってある。彼がそいつを分けてくれるはずだ。ありがとう、カナート！」

注（＊77）：カカオ、カフェインとコラの実などが原料のチョコレートで、疲労回復剤としてドイツ軍で多用された。なお、〝Scho-Ka-Kola〟は1935年に商標登録されたもので、現在でも販売されている息の長い商品である。

だらしない軍規から外れた服装に関しては、何の言及もなかった。もし、我らがコンラート少将が見たとしたら、どうなったことやら？　きっと少将は、即刻任務を解除して処罰したに違いない。

弾薬と燃料は弾薬輸送車から受け取ってしばらくすると、突然、機関銃座から警告の叫び声が聞こえた。

「戦車だ！」

その刹那、全く別な砲塔番号を持つ1両の装輪式偵察装甲車が、ほとんど気が付かれずに橋まで接近して奇襲的に砲撃を開始し、凄い射撃音が轟き渡った。そして、我々の突撃榴弾砲が方向を変えるために旋回している間に素早く姿を消してしまった。

シュマルツ大佐は機関銃座まで前進すると、偵察装甲車がどちらの方向へ立ち去ったか報告させ、短時間の間に地図上で検討した後にさらに前進して敵を追撃させた。さすがだ！　このようにすることができる指揮官はそういるものではない」

以上がカナートからの報告である。突撃砲大隊の翌日以降の概況について、さらに記することとしよう。

撤退

焼け付けるような暑さの下でのシメト河に沿った防御戦は、すべての兵士にとって困難を極めた。敵は再三に渡りこの戦区へ新手の歩兵部隊を投入したが、補給路はドイツ軍の厳重な監視下に置かれていた。荷降ろし作業に対しては、２０００ｍの距離から榴弾を突撃榴弾砲から砲撃を加え、ここから前進して来たトラック群は四散した。撤退戦およびモッタ〜サンタアナスターシア／ミステルビアンコへの退却は、ほとんどが夜間に行われた。この際に、突撃砲1両が爆撃のクレーターの中にはまり込んで行動の自由を失い、そこで一旦放棄された。

メルツァー曹長指揮の第11中隊の重装備中隊は、女子修道院に沿った道路で宿営した。ここはある年老いた尼僧によりすべてが維持されており、食料を提供すると聖母マリアのメダル1枚が付与され、各自が好みのやり方でそれを保管した。

夜間のうちに放置された突撃砲の回収が指示され、操縦手がイェーガー軍曹およびホップ軍曹の突撃砲がそのために指名された。砲長の一人はバイホフ軍曹であった。突撃砲にたどり着くと、敵の偵察部隊によって無線機が取り外されていることが確認された。敵は2両の突撃砲が来たのを察知し、砲兵により回収作業を妨害しようとした。イェーガー軍曹とバイホフ軍曹が負傷したが、なんとか突撃砲を回収して帰還することができた。

8月7日にベルパッソからトレカスターニへのさらなる撤退が行われ、そこで到着した部隊すべてが集合した。夕方になると大隊は乗船の港メッシナへと向かったが、第11中隊の砲長メルツァーおよびカナートの突撃砲2両は撤退の後衛として残置された。

真夜中になると、2両の突撃砲はその後を追い、沿岸街道を経由してフィウメフレッドへと進んだ。ジャルディーニの手前で彼らは海岸から銃撃を受け、突撃砲2両は信号弾を発射してから小さな集落の建物の後方へと隠れた。

8月8日の早朝、2両の突撃砲はシュタウフェン時代の古城がそびえる丘のそばを通り過ぎた。渓谷の下を密閉された左右の視界が効かない車両で走行すると、ヤーボから銃撃される危険性が大きいことは明白であったが、突撃砲2両は無事に通り過ぎることができた。そして、彼らはメッシナの遥か手前でパトロール隊によって停止させられ、命令された休養地域へと誘導された。

ここでもう一度、ブルーノ・カナートに直接話を聞くことにしよう。

「そんなに時間はかかりませんでした。我々は大声で呼ばれてフェリー船着場へと進みました。味方の組織力は素晴しいものでした。士気は高くあせって怒鳴る声もなく、戦車や歩兵用車両はそれぞれ乗船するジーベル型フェリーへと誘導され、数分で積載されていました。装甲車両2両とトラック1両が、乗員と伴にフェリーへと収容されました。

ちょうど30分間かかる航行の間に、両サイドから味方の高射砲が砲撃音を轟かせていました。爆撃機の編隊が飛来したが、空には高射砲の弾幕が濃密に覆っており、侵入してくる敵はいません。ついにこの編隊は自分の爆弾を海へ投下し、敵は魚を攻撃することしかできずに引き返しました。

　こうして無事に我々は、レッジオディカラブリア付近で再び大陸の土を踏みしめたのです。

　午後になってから、後から来るすべての部隊に十分なスペースを確保するため、我々はさらに内陸方向へと移動しました」

　8月9日、大隊はカラブリアの山岳地域へと行軍し、ガンバリーエを経由して標高約1200mの高地まで上がった。

　朝の点呼の際、突撃榴弾砲の装填手であるカナートは、踵を鳴らせて不動の姿勢をとったが、この時、すでに1回目のマラリアの発作に襲われていた。8月10日の午後になって2回目の発作に見舞われ、カナートは他の突撃砲兵4名と伴に病院輸送車でガンバリーエの第610（自動車化）野戦病院へと輸送された。

　この臨時収容野戦病院からすべてのマラリア罹病兵はコゼンツァの野戦病院へと回送され、トラックや一部は鉄道貨車に積み込まれて、コゼンツァからシバリを経てタラントへと運ばれた。さらに輸送は続き、ローマ近郊のゼッテバーニ、フィレンツェ、ボローニャを経由して予備野戦病院Ⅱからミュンヒェンのアイゴルフィンガー学校へ、そしてそこからイン河を望むガルスの予備野戦病院へと送られた。

　一方、突撃砲大隊はナポリへと移動した。イタリア崩壊後、武装パルチザンが逃げ込んだ各村を掃討中に燃料輸送部隊が奇襲され、オルファーマン中尉とハウシルト軍曹を含む数人の戦友が捕虜となった。大隊は村へ突進して白兵戦により戦友を解放することができた。

　突撃砲大隊ＨＧ／第11中隊は、なお可動状態の突撃砲を7両有しており、ヴェズヴィオ山の山腹に沿って機動防御戦を行いながら、ポンペイを経て連合軍が上陸したサレルノ付近へと向かった。この戦闘でレーピング少尉が戦死し、イェコシュ中尉が足を負傷した。また、突撃榴弾砲1両が多数の命中弾を受けて爆破されたほか、7・5㎝突撃砲1両も同様に失われた。

　第11中隊はサンタマーリア近郊のカゼルタ、カプアヴェテーレを経て、ヴォルツゥーノ北方の渡河点へと運ばれた。その後、中隊は激しい戦闘を繰り広げ、10月13日には中隊長のヴィッベルト少尉とドレヴゼン上等兵が偵察から戻らず行方不明となった。

　ベアナー曹長が戦死し、バッヒャー軍曹とハイレス上等兵が重傷を負いゾーラの野戦病院へ収容された。

　第11中隊の残った突撃砲は他の中隊へ譲渡され、中隊はオルファーマン中尉が指揮を執ることとなった。兵員のみとなった中隊はまずローマ前面で休養を採り、新たな突撃砲を受領するまでに再編成時期に充てられることとなった。

第11中隊はシシリーおよび南イタリアでの戦闘において、合計で戦車63両と装甲車11両を撃破し、トーチカ5基を粉砕し、その他車両51両、上陸用舟艇20隻、高射砲1門、迫撃砲16門と対戦車砲11門を破壊することができた。

ここで、師団HGのその他の部隊に話題を戻し、サレルノおよびその後のアンツィオ－ネッツーノにおける戦闘について述べることにしよう。

戦車連隊HG――その編成と戦闘

シシリー島の章で述べた通り、すでに戦車連隊は戦車連隊HGと命名され、その第I大隊をもってジェーラ付近で戦闘を行った。なぜ連隊全体を島へ投入することができなかったのか、もしそうだったら果たしてジェーラにおいて敵を海へ追い落とすことができたのかどうか、ここで連隊の編成とその戦闘について概要を報告する。

１９４３年1月26日にロスマン大尉は、ベアゲン－ベルゼン演習場において戦車兵として教育訓練して師団固有の戦車連隊の編成の基幹となる志願兵を募集するよう師団から命令を受けた。

ロスマン大尉はすでに中尉のときに、戦闘高射砲連隊GG／第16中隊長としてロシア戦線へ投入され、１９４１年11月12日付で騎士十字章を授与されており、戦車兵を多数集めるにはうってつけのHG兵士であった。

１９４３年2月1日にこれらの志願兵はベアゲン－ベルゼンで鉄道へ乗車し、無事にミュージンゲン演習場（兵隊用語で〝シュヴァーベンのシベリア〟と名づけられていた）に到着し、戦車連隊HG／第4中隊として編成された。まだ使用できる戦車は無く、差し当たりは一般の中隊任務を〝靴下から煙が出るまで〟（訳者注：徹底的にという意味）やらされた。

１９４３年2月10日、新たに部隊は鉄道に積載されてフランスへと向かい、2月15日にモンドマルサンで降車した。次の日、第4中隊はガーリンで宿営し、ロスマン大尉率いる第I大隊本部はアレスアドゥールに宿営した。それから１９４３年5月25日までの間、戦車兵および歩兵としての実地訓練が行われた。

シュミット大尉が戦車連隊HG／第4中隊の指揮官となり、中隊将校はシュタープ少尉、ツォッター少尉（シシリー島で戦死）およびペチュケ少尉（オストプロイセンで戦死）であった。ここで熱帯服が支給されたが、これはロシア戦線ではなく太陽が照りつける南方戦線へ投入されることを意味した。

5月26日に鉄道に乗車してベルリンまで移動し、5月29日までHG兵士の〝母なる城〟、すなわちベルリン－ライニッケンドルフの連隊GGの兵舎に宿営した。白い襟章付の黒い戦車兵服が支給され、6月7日まで数少ない車両を使用して戦車訓練が実施された。

新品の長砲身Ⅳ号戦車が受領され、それにはアフリカ仕様の迷彩が施されていた。戦車兵は新たに熱帯服を着ることとなり、6月8日から鉄道輸送が開始されて、その時までにはイタリアへ行くことが明白となった。

6月11日には最初の目的地であるナポリ近郊のカネッロエアルノーネに到着し、さらに陸路でヴォルトゥルノ河の河口にあるカステルヴォルトゥルノへと向かった。そこで戦車を固定砲台として埋設し、沿岸哨戒が実施された。

6月21日、カネッロエアルノーネまで戻り、そこで再び積載されて翌日には鉄道で南へ出発。6月26日にレッジオ／カラブリアで降車し、次の日にヴィラサンジョヴァンニ、すなわちメッシナ海峡の最も狭い箇所の対岸へと向かった。その日のうちに中隊はシシリー島に渡り、メッシナの集合地点へと行軍し、そこから沿岸街道を通ってレトイアンニ、ジャルディーニ、アチレアーレを経てカタニアへと向かい、さらに街道を南西方向へ進んで島の最南端であるカルタジローネに達した。ここで7月10日まで陣地構築に従事し、戦車は再び埋設されて固定砲台とされた。

7月10日の朝に警戒警報が発せられ、戦闘中隊はジェーラ方面の沿岸へと前進した。戦車連隊ＨＧ／第1中隊はすでに北アフリカで戦闘に参加し、そこで投入された師団の残余部隊と伴に全滅した。現在の中隊は、シシリー島の残留部隊と帰休兵や補充兵などにより増強されたものであった。

戦車連隊ＨＧ／第4中隊は7月10日に最初の損害を受けた。中隊はジェーラ付近において、敵を再び海へ追い落とすべく師団規模の部隊の一員として投入された。しかしながら、大損害を蒙り、戦闘中隊と戦車を失った搭乗員で構成する兵員部隊とに分かれることとなった。

その後のシシリー島における戦闘でも、第4中隊の損害は増える一方であった。7月18日にはブロンテにおいてエステル中尉により、第I大隊の戦車を失った兵員から構成する特別編成中隊が編成され、7月19日にはパテルノまで撤退した。

特別編成中隊はジェルビーニ付近で歩兵戦闘へ投入され、中隊の兵士たちは戦車もないままレガルブートで攻撃してきた敵歩兵に大損害を与え、この攻撃を撃退することに成功した。

その後の後衛戦闘が続く中で、8月9日までジャッレーリポスト付近で沿岸警備を行うこととなり、その日の夕方に特別編成中隊は鉄道へ積載され、翌日早朝にはイタリア本土へと渡り、山岳地域の受け入れ施設に宿営した。8月12日から16日までの間、特別編成中隊の志願兵からゴムボート戦隊が編成され、突撃ボートでゴムボートを曳航することにより、最後の部隊をイタリア本土に撤退させるために何度も島に渡り、まだ残っている師団の兵士を可能な限りイタリア本土に連れ戻した。

第4中隊の残った戦車は、ブローロにおいて最後の戦闘を行い、そこに上陸して来た敵を撃滅することができた。

1943年8月17日4時頃、ジーベル型フェリー1隻と突撃ボートが曳航するゴムボート1隻に、最後のシシリー島の戦士達が乗船してイタリア本土へ渡った。

次の日、第1中隊の残余と島から撤退してきた第4中隊の兵士から新たな戦車連隊HG／第1中隊が編成され、指揮官はフライ中尉となった。7両から8両の戦車がシシリー島から帰還することができ、この残った戦車とオートバイ部隊は陸路で北方へ向かい、ナポリ地区まで撤退した。

ロクリ、カタンツァロ、コゼンツァ、クロトーネ、ラゴネグロおよびパドゥラを経て、9月4日にはサレルノ-ポンペイ地区へと到着し、ここで緊急に必要な整備作業が行われた。突然のイタリア降伏は兵士達を驚かせたが、すぐにイタリア軍部隊の武装解除に参加することとなった。

サレルノ橋頭堡における師団の戦闘においては、新生の戦車連隊HG／第Ⅰ中隊もまた投入された。

防御戦とカゼルタとカプアへの撤退後、第Ⅰ大隊は1943年10月9日に休養をとることができた。第1中隊の戦車の残余は第Ⅱ大隊へ譲渡され、10月20日までヴォルトゥルノで防衛戦を展開した後に、テアーノ地区へと撤退した。ここで残っていた第Ⅰ大隊の車両は第Ⅱ大隊へ譲渡され、第1中隊の戦車兵はローマ北方のカンタルーポ近くの聖なる椅子で有名な神学校にある第Ⅰ大隊本部へと帰還した。

10月22日から11月7日の休養期間中に第Ⅰ中隊の再編成が計画され、この時点で7・5㎝短砲身Ⅲ号戦車（シュトゥンメル）10両が装備された。この10両は数年前にヒットラーが盟友のムッソリーニへ贈ったものであったが、これらの戦車は整備を一から始めなければならなかった。中隊は11月8日にフィレンツェ南方のトリッチェへ移動し、12月12日から1944年1月18日までガエタからフォルミアの地域で沿岸警備任務に就いた。1個小隊の戦車が埋設される一方、残余はイティリ付近の準備陣地内のキャンプに留め置かれた。ここには段列部隊も駐留していた。なお、この時点で第1中隊の中隊先任下士官は、ラスクツェニ特務曹長であった。

1月19日、フライ大尉が連隊副官として中隊を離れることとなり、後任はペンチュケ少尉が指揮を引き継いだ。

その夜に警戒警報が発せられ、戦車はフォルミアの南方地区へと前進した。ミントゥルノの墓地への敵の攻撃は撃退され、墓地の南方への反撃が実施された。

この戦区には戦車連隊HG／第Ⅲ大隊（突撃砲大隊）も投入され、撤収する際の道路を確保した。イタリア本土における戦車師団HGの戦闘は、次章に譲ることとする。

〈下巻に続く〉

［補足資料］

1.連隊〝ゲネラール・ゲーリング〟（RGG）の兵員（将校）配置

現存する1937年10月1日付の連隊GG将校兵員配置計画の交付書には、連隊GG書類整理番号Ⅱa Nr．9／37軍機1937.10.4.が付与されているが、おなじみの名前が多数掲載されており、1937年秋の改編後の連隊GGの編成を適確に捉えている。

・連隊〝ゲネラール・ゲーリング〟（RGG）

指揮官　フォン・アクストヘルム中佐
本部付き少佐　フォン・オッペルン＝ブロニコフスキー大尉
副官　ベアトラム大尉
機関銃（MG）担当将校　ゲーツェル大尉
オートバイ担当将校　マイアー尉
特別任務担当将校　クルーゲ中尉

本部中隊
指揮官　リューデッケ大尉
通信担当将校　上級士官候補生1名

・第Ⅰ（重）高射砲大隊

指揮官　フルマン大尉
本部付き大尉　シュムートラッハ中尉
副官　エッティング少尉
事務担当将校　ローレンツ大尉（E）
兵器及び器材管理担当　当時未着任

・本部中隊
指揮官　フォン・ヤブロノフスキー中尉
通信担当将校　ミュンヒェンハーゲン中尉

・第1中隊
中隊長　レースナー大尉
中隊付き将校　ゼーヴァルト中尉
中隊付き将校　ブランデンブルク少尉
中隊付き将校　上級士官候補生1名

・第2中隊
中隊長　ガイケ中尉
中隊付き将校　シュタウフ中尉（空軍総司令部における副官と兼任）
中隊付き将校　グストマン少尉
中隊付き将校　ベッカー（カール＝ハインツ）少尉

・第3中隊
中隊長　シュレーダー中尉
中隊付き将校　ヴィルトハーゲン少尉
中隊付き将校　上級士官候補生1名

・第4中隊
中隊長　ティム大尉
中隊付き将校　フンク中尉
中隊付き将校　シュライバー中尉
中隊付き将校　上級士官候補生1名

・第II（軽）高射砲大隊
指揮官　コンラート少佐
本部付き大尉　当時未着任
副官　ゲッテ（リヒャルト）少尉
事務担当将校　キュール大尉（E）
武器及び器材管理担当　コモロフスキー中尉（WE）（連隊本部要員と兼任）

・本部中隊
指揮官　シュルツ（ロベアト）中尉
通信担当将校　ヴァルター（エルヴィン）中尉

・第5中隊
中隊長　バルク大尉
中隊付き将校　ヤコビー中尉
中隊付き将校　エーメ少尉

・第6中隊
中隊長　ミュラー大尉
中隊付き将校　ヴァイデマン中尉
中隊付き将校　ホフマン中尉

・第7中隊
中隊長　ノイバウアー中尉
中隊付き将校　ヴィッテ中尉
中隊付き将校　士官候補生1名

・第III（警備）大隊
指揮官　フォン・ザイドウ少佐
副官　セラヴェッツ中尉
オートバイ担当将校　未着任

・騎馬小隊
指揮官　ブロイス中尉

・第8中隊（オートバイ狙撃兵）
中隊長　ヴェーバー大尉
中隊付き将校　シュミット中尉
中隊付き将校　シュペヒト少尉

・第9中隊（警備中隊）
中隊長　ゼーガー大尉
中隊付き将校　クロジンスキー中尉
中隊付き将校　プラーテ少尉
中隊付き将校　ゲスナー少尉

・第10中隊（警備中隊）
中隊長　ツォアン中尉
中隊付き将校　イルグナー少尉
中隊付き将校　バラノフスキ少尉
中隊付き将校　ベアクマン少尉
中隊付き将校　リューブケ少尉

・第Ⅳ（降下狙撃兵）大隊
指揮官　ブロイアー少佐
副官　ヘアマン少尉
本部付き大尉　ヴァルター（エーリヒ）大尉
Ⅰ／Ｆ降下担当将校　コッホ中尉
オートバイ担当将校　当時未着任
通信担当将校　当時未着任
工兵担当将校　当時未着任

・第11中隊
中隊長　ゲリッケ中尉
中隊付き将校　パウル少尉
中隊付き将校　ユング少尉
中隊付き将校　キース少尉

・第12中隊
中隊長　フォーゲル中尉
中隊付き将校　グレーシュケ中尉
中隊付き将校　上級士官候補生1名

・第13中隊
中隊長　メアテン中尉
中隊付き将校　ゲッテ（ヴィルヘルム）少尉
中隊付き将校　上級士官候補生1名

・第14中隊（機関銃中隊）
中隊長　ノスター中尉
中隊付き将校　シュミット（ヘアベアト）少尉

中隊付き将校　　上級士官候補生1名
・第15中隊（工兵中隊）
中隊長　シュルツ（カール＝ローター）大尉
中隊付き将校　ドゥンツ中尉
中隊付き将校　当時未着任

名前が記載されていない上級士官候補生を含めて、この配置計画に掲載された将校のうち、６名（アクストヘルム、ブロイアー、コンラート、ゲリッケ、ヴァルター）が国防軍、共和国軍／国境警備隊の将軍職まで昇進し、少なくとも剣付柏葉付騎士十字章が２名（シュルツ、ヴァルター）、柏葉付騎士十字章が５名（ベッカー、コンラート、ゲリッケ、グレーシュケ、ロスマン）、そして騎士十字章が11名（フォン・アクステレム、ベアトラム、ブロイアー、グラーフ、ヘアマン、クルーゲ、マイアー、パウル、シュライバー）に授与された。

第２中隊に記載されているグストマン少尉は、二人乗りボートの金メダリストであり、連隊ＧＧ／第Ⅱ（猟兵）大隊の一等兵として、シュトイアーマンと伴に１９３６年のベルリン・オリンピックにおいて金メダルを獲得した。彼が空軍最高司令部に申告した数時間後、司令部は彼を少尉に特別昇進させた。

新兵入隊前のちょうど良いタイミングの１９３７年９月に、新しい兵舎施設がベルリン-ライニッケンドルフに完成した。美しく洗練された中隊看護室、広々として親しみがある整備された管理事務所、多目的な車両、砲および器材ホール、体育館、屋内プール、10ｍ飛び込み台が設備された野外プール――これらのすべては、毎日広大なテーゲル錬兵場で繰り広げられる厳しい教育訓練を容易にさせた。さらに帝国首都ベルリンを訪れて気分転換を図り、そして再び厳しい任務に服するといった効用もあった。

２．兵力および装備状況

アルフレート・オッテ：部隊兵力――数字から見た連隊〝ゲネラール・ゲーリング〟

平時の戦力定数指標によって定められた以外の各年の連隊ＧＧの兵力編成は、その時の任務、個々の部隊編成の重点や大きさによって絶えず変化している。旧州警察集団ゲネラール・ゲーリングの任務と編成は、空軍へ連隊〝ゲネラール・ゲーリング〟（ＲＧＧ）として移管される直前の１９３５年10月１日時点では、陸軍の歩兵連隊（自動車化）に相当していた。移管時点で空軍特別部隊として計画された編成は、少しずつ段階的に行われたに過ぎず、人員は１９３６年秋の新兵入隊後に充足された。連隊ＧＧの主要任務は、第一に帝国航空省本部および空軍最高司令部の警備であり、戦時の際、連隊は敵機の低空攻撃を防衛しなければならなかった。また、2個猟兵大隊のうち1個大隊はドイツ降下部隊創設に伴って降下猟兵大隊が秘密裏に分遣された。2年後、1937年末になると、防空任務は新たに編成された警護大隊が専任する一方、連隊GGは2個高射砲大隊と1個降下狙撃兵大隊に拡大された。後者の秘匿名称《コードネーム》は今や取り払われ（＊78）、大隊は公式に部隊標識を用いることとなった。しかしながら、1年後になると任務の重点は4個高射砲大隊を伴う防空任務へと完全に移行し、降下狙撃兵大隊は連隊GG内では不必要な存在となり引き揚げられた。大隊は、1938年4月1日より独立した新しい兵科である「降下猟兵」の最初の大隊となり、第1降下猟兵連隊／第I大隊と呼称されてシュタンデールが新たな駐屯地となった。警備任務は引き続いて警護大隊が担った。なお、編成は公文書館――軍事公文書館フライブルクの資料から作成された。

注（＊78）：連隊は1個降下猟兵大隊を有していたが、これを秘匿するために「降下」の文字を削除して「猟兵大隊」と呼称していた。

1936年現在の連隊GG

注目すべき点は、連隊GGは馬匹を有している空軍唯一の部隊であったということである。平時の戦力指標によって計画された編成によれば、騎馬小隊を除き乗馬を所有していたのは次の通りである。連隊の場合：連隊長、本部付少佐、連隊副官、機関銃（MG）担当将校、武器担当将校および通信担当将校。両猟兵大隊の場合：大隊長、大隊副官および中隊長。

第13オートバイ狙撃兵中隊の2㎝高射砲3門は、装甲戦闘車両（後の識別：装甲偵察車）3両、すなわち〝デアフリンガー〟、〝ザイトリッツ〟および〝ツィーテン〟の2㎝車載カノン砲であった。騎馬小隊の兵士は、サーベルおよび拍車並びに種々のドイツ騎馬記章を携行していた。1937年の第Ⅳ降下狙撃兵大隊の編成以降も、彼らは記章を携行して自尊心を満足させた。大隊編成時には、すでに1937年4月1日に編成されていた第16警護中隊に編入された。

1937年現在の連隊GG

連隊GGの軍楽隊は空軍の中で最大規模であり、当時は本部付楽隊長パウル・ハーゼが率いていた。軍楽小隊は、組織上、軍楽隊には所属していなかった。本部付ラッパ手（鼓手長）は計画上警護大隊に属しており、吹奏者40名は部隊の任務人員から除外されていた。編成時、第11警護中隊はまだ配属されておらず、1938年の編成でようやく警護大隊の第3中隊として姿を現した。この時期の降下狙撃兵大隊の平時――戦力指標に定められた定員数の欠員は、後の降下猟兵大隊の兵力にまで影響を与えている。

１９３８年現在の連隊ＧＧ

　連隊本部の人員は、志願兵の一時受け入れ収容所を除いて上級本部付軍医1名、衛生兵３名と民間雇用者12名から構成されていた。本部中隊には1個特別護衛戦隊（オートバイを有する下士官９名）と特別防護戦隊（警護犬16頭を有する下士官17名）が編入された。１９３９年7月1日に第9中隊（2cm）が自動車牽引式高射砲中隊として編成されたが、第7中隊と同様に護衛中隊として計画された。警護大隊について前年に比べて注目すべき点は、オートバイ狙撃兵中隊はもはや含まれておらず、騎馬小隊が騎馬中隊へ拡大され、第Ⅳ降下狙撃兵大隊が分離されたことであった。さらに注目する点として、警護大隊は部隊番号に関して他の大隊の異なっている点が挙げられるが、これは動員の場合、４個高射砲大隊については自律的にその駐屯地点において任務を果たすことが計画されていたためである。従って、本来ならば連隊本部に所属する連隊-車両整備工場が警護大隊に所属している。多数の民間人、特にパートタイムの賃金労働者が１０００両を超える車両を管理する車両整備工場の専門労働者として従事していた。警護大隊のすべての車両は、本部中隊の車両グループが統括し、警護中隊は1台の車両も有していなかった。

　連隊ＧＧには官吏44名が就労しており、特に大隊の主計参謀（Ⅳａ）および車両担当参謀（Ｖ）並びに会計、給与や炊事管理、宿営管理、武器管理や車両整備工場などで任務に就いていた。戦力指標に表れていないザイドフ少佐指揮の連隊ＧＧ／空挺大隊は、１９３８年夏に訓練部隊として編成された。この部隊は大隊本部、工兵小隊、２個狙撃兵中隊、重装備中隊および野砲中隊から構成されており、両狙撃兵中隊は空軍の連隊ＧＧには属さない警護大隊から、重装備中隊と野砲中隊は連隊ＧＧ／警護大隊から、さらに解隊された連隊ＧＧ／第8オートバイ狙撃兵中隊の人員から編成された。野砲中隊はスコダ16型山岳砲6門が装備され、後の降下砲兵部隊の母体となった。連隊ＧＧ／空挺大隊は１９３９年12月1日に連隊ＧＧから引き抜かれ、第1降下猟兵連隊／第Ⅲ大隊として降下猟兵部隊へ移譲された。今一度の連隊ＧＧの拡大は、９ヵ月後の１９３９年8月16日の自動車化、すなわち戦時組織への移行時に行われ、多数の自動車化部隊が編成された。兵力数に関する完全な資料は、残念ながらここでは捜し出すことはできなかった。

1936年現在の連隊“ゲネラール・ゲーリング”（RGG）

	兵員数					武器および器材				
	将校	下士官	兵士	官吏	計	軽機関銃	重機関銃	高射砲	重火器	馬匹
連隊本部／本部中隊	6	13	54	3	76					6
軍楽隊		29	10		38					
騎馬小隊	1	12	51		64					62
装甲車両小隊を伴う第13オートバイ狙撃兵中隊	6	49	174		229	12		3		
第14工兵中隊	5	72	112		189	9				
第15警護中隊	5	37	157		199					
RGG ／本部および連隊直属部隊小計	23	211	558	3	795	21		3		68
RGG ／第 I 猟兵大隊／本部	3	16	19	4	42					2
通信小隊	1	4	39		44					
工兵小隊	2	25	53		80	3				
第1猟兵中隊	4	50	129		183	9				1
第2猟兵中隊	4	50	129		183	9				1
第3猟兵中隊	4	50	129		183	9				1
第4機関銃（MG）中隊	4	46	110		160		12			1
RGG ／第 I 猟兵大隊小計	22	241	608	4	875	30	12			6
RGG ／第 II 猟兵大隊／本部	3	16	19	4	42					2
通信小隊	1	4	39		44					
工兵小隊	2	25	53		50	3				
第5猟兵中隊	4	50	129		183	9				1
第6猟兵中隊	4	50	129		183	9				1
第7猟兵中隊	4	50	129		183	9				1
第8機関銃（MG）中隊	4	46	110		160		12			1
RGG ／第 II 猟兵大隊小計	22	241	608	4	875	30	12			6
RGG ／第 III 高射砲大隊／本部および通信小隊	8	15	43	8	74					
第9高射砲中隊（3.7cm）	5	24	99		128			6		
第10高射砲中隊（2cm）	4	32	135		171			12		
第11高射砲中隊（2cm）	4	32	135		171			12		
第12高射砲中隊（探照灯）	4	23	97		124				6	
RGG ／第 III 高射砲大隊小計	25	126	509	8	668			30	6	
1936年10月1日現在のRGGの兵員数	92	819	2283	19	3213	82	24	33	6	80
1937年4月1日より第16警護中隊増強	5	37	157		199					
1937年4月1日現在のRGGの兵員数	97	856	2440	19	3412	82	24	33	6	80

1937年現在の連隊“ゲネラール・ゲーリング”（RGG）

連隊“ゲネラール・ゲーリング”所属部隊	将校	下士官	兵士	官吏	雇用者	パートタイム	計
連隊本部／本部中隊	9	37	68	3	25	6	148
軍楽隊	1	46	14				61
本部中隊	9	50	118	9	11	14	241
第1高射砲中隊（8.8cm）	4	35	132			3	174
第2高射砲中隊（8.8cm）	4	35	132			3	174
第3高射砲中隊（8.8cm）	4	35	132			3	174
第4高射砲中隊（3.7cm）	5	32	168			3	208
第Ⅰ重高射砲中隊小計	26	187	682	9	11	56	971
本部中隊	8	42	79	9	11	44	193
第5高射砲中隊（2cm）	6	37	181			3	227
第6高射砲中隊（2cm）	6	37	181			3	227
第7高射砲中隊（2cm）	6	37	181			3	227
第Ⅱ軽高射砲大隊小計	26	153	622	9	11	53	874
本部中隊	6	61	55	6	17	117	262
騎馬小隊	1	13	51				65
第8オートバイ狙撃兵中隊	6	59	180			3	248
第9警護中隊	5	37	157				199
第10警護中隊	5	37	157				199
第Ⅲ警護大隊小計	23	207	600	6	17	120	973
本部中隊	7	53	84	7	8	29	188
第11降下狙撃兵中隊	4	56	154			2	226
第12降下狙撃兵中隊	4	56	154			2	226
第13降下狙撃兵中隊	4	56	154			2	226
第14降下機関銃中隊	4	52	163			2	221
第15降下工兵中隊	5	37	157			2	201
第Ⅳ降下狙撃兵大隊小計	28	310	896	7	8	39	1288
1937年10月1日現在のRGG兵員数	113	940	2882	34	72	274	4315

1938年現在の連隊“ゲネラール・ゲーリング”（RGG）

	将校	下士官	兵士	官吏	雇用者	パートタイム	計	機関銃	高射砲	重火器	車両	トレーラー	オートバイ	サイドカー付オートバイ	馬匹
連隊本部／本部中隊	9	37	68	3	25	6	148				30		16	7	
軍楽隊	1	46	14				61								
本部中隊	9	50	118	9	11	44	241				28	1	10	2	
第1高射砲中隊（8.8cm）	4	35	132			3	174		6		22	10	10	3	
第2高射砲中隊（8.8cm）	4	35	132			3	174		6		22	10	10	3	
第3高射砲中隊（8.8cm）	4	35	132			3	174		6		22	10	10	3	
第4高射砲中隊（2cm）牽引式	6	37	181			3	227		12	4	41	18	19	4	
第5高射砲中隊（2cm）牽引式	6	37	181			3	227		12	4	41	18	19	4	
第I重高射砲中隊小計	33	229	876	9	11	59	1217		42	8	176	67	78	19	
本部中隊	8	42	79	9	11	44	193				19	1	8	2	
第6高射砲中隊（3.7cm）牽引式	5	32	168			3	208		9	4	35	15	16	4	
第7高射砲中隊（2cm）自走式	6	37	181			3	227		12	4	41	5	19	4	
第8高射砲中隊（2cm）自走式	6	37	181			3	227		12	4	41	5	19	4	
第9高射砲中隊（2cm）牽引式	6	37	181			3	227		12	4	45	18	19	4	
第II軽高射砲大隊小計	31	185	790	9	11	56	1082		45	16	177	44	81	18	
本部中隊	8	41	77	8	11	44	189				20	1	5	2	
第11探照灯（サーチライト）中隊	5	38	191			3	237			9	47	29	16	6	
第12探照灯（サーチライト）中隊	5	38	191			3	237			9	47	29	16	6	
第13探照灯（サーチライト）中隊	5	38	191			3	237			9	47	29	16	6	
第III探照灯（サーチライト）大隊小計	23	155	650	8	11	53	900			27	161	88	53	20	
本部中隊	8	42	79	9	11	44	193				19	1	8	2	
第15高射砲中隊（3.7cm）牽引式	5	32	168			3	208		9	4	35	15	16	4	
第16高射砲中隊（2cm）牽引式	6	37	181			3	227		12	4	41	18	19	4	
第17高射砲中隊（2cm）牽引式	6	37	181			3	227		12	4	41	18	19	4	
第IV軽高射砲大隊小計	25	148	609	9	11	55	855		13	12	136	52	62	14	
本部中隊	6	61	55	6	17	117	262	14			45		21	9	
騎馬中隊	2	33	135			6	176	9			4		1	1	152
第1警護中隊	5	37	157				199	13							
第2警護中隊	5	37	157				199	12							
第3警護中隊	5	37	157				199	11							
警護大隊小計	23	205	661	6	17	123	1035	59			49		22	10	152
1938年11月1日現在のRGG兵員数	145	1005	3668	44	86	350	5298	59	110	63	729	251	312	88	152

兵士4862　民間人436

3. 部隊編成の変遷と歴代指揮官および騎士十字勲章拝領者

■部隊編成

1933年2月23日　ベルリン-クロイツベルクに警察大隊〝ヴェッケ〟が編成

1933年7月17日　州警察創設の際に特別編成（z.b.V.）州警察集団〝ヴェッケ〟に改称

1934年1月12日　州警察集団GGに改称

1935年9月23日　1935年10月1日付でRGGとして空軍へ移管

1942年3月1日　RGGから増強連隊（自動車化）HGへ拡大

1942年10月17日　南フランスにて旅団HG創設

1943年5月21日　北アフリカでの師団HG壊滅後、南フランスおよびイタリア（ナポリ）にて師団（自動車化）HGおよび特別編成（z.b.V）旅団HGが新編成

1943年7月15日　シシリー島にて戦車師団HGへ改編

1944年1月6日　降下戦車師団HGへ改称

1944年9月24日　モドリンにて以下の部隊からなる降下戦車軍団HGの創設

・司令部および師団規模の軍団直轄部隊
・降下戦車師団1HG
・降下機甲擲弾兵師団2HG
・降下戦車補充および教育旅団HG（ヴェストプロイセン／リッペン駐留）

1945年3月14日　グラウデンツにて壊滅した降下戦車補充および教育旅団HGの補充として、フェルデンおよびマルク・ブランデンブルク／ヨアヒムシュタールにて降下戦車補充および戦車旅団2HGが新編成

1945年5月9日　国防軍の降伏とそれによるオランダ、ラインラント、バイエルン、オーデル戦線、ベルリンおよびザクセンで作戦中のすべてのHG部隊の解隊。生き残りの大部分は捕虜となりソ連に抑留

■部隊指揮官

特別編成（z.b.V）警察大隊〝ヴェッケ〟

1933年2月23日　ヴェッケ予防警察少佐

特別編成（z.b.V）警察集団〝ヴェッケ〟

1933年6月1日　ヴェッケ予防警察中佐

州警察集団〝ヴェッケ〟

1933年7月17日　ヴェッケ州警察大佐

州警察集団ＧＧ　１９３４年１月12日　ヴェッケ州警察大佐
州警察集団ＧＧ　１９３４年６月６日　ヤコビー州警察中佐
ＲＧＧ　１９３５年９月23日　ヤコビー中佐
ＲＧＧ　１９３６年８月22日　アクステルム参謀幕僚少佐／
中佐／大佐
ＲＧＧ　１９４０年６月１日　コンラート大佐
増強連隊（自動車化）ＨＧ
１９４２年３月１日　コンラート大佐
旅団ＨＧ　１９４２年７月21日　コンラート大佐
師団ＨＧ　１９４２年10月17日　コンラート大佐／少将
アフリカへの師団分遣隊
１９４３年１月１日　シュミット大佐／少将
師団（自動車化）ＨＧ　１９４３年５月21日　コンラート少将
特別編成（z.b.V）旅団ＨＧ
１９４３年５月21日　コンラート少将
戦車師団ＨＧ　１９４３年７月15日　コンラート少将／中将
降下戦車師団ＨＧ　１９４４年１月６日　コンラート中将
降下戦車師団ＨＧ　１９４４年４月16日　シュマルツ少将
降下戦車軍団ＨＧ軍団長
１９４４年９月24日　シュマルツ少将／中将
降下戦車師団１ＨＧ
１９４４年９月24日　ネッカー大佐／少将
降下戦車師団１ＨＧ
１９４５年２月９日　レームケ（陸軍）大佐／少将
降下機甲擲弾兵師団２ＨＧ
１９４４年９月24日　ヴァルター大佐／少将
降下戦車補充および教育旅団ＨＧ
１９４４年９月24日　マイアー大佐
降下戦車補充および教育旅団２ＨＧ
１９４５年３月14日　ブロイアー大佐

■騎士十字勲章拝領者

ここに掲載したのはＨＧ部隊に所属していた期間に騎士十字章を授与された兵士である（階級は授与時のもの）

〈剣付柏葉付騎士十字章〉

１９４５年２月２日　ヴァルター、エーリヒ　大佐（第１３１番の兵士として）

〈柏葉付騎士十字章〉

１９４３年８月21日　コンラート、パウル　少将（第２７６番目の兵士として）
１９４３年12月23日　シュマルツ、ヴィルヘルム（大佐　第３５８番目の兵士として）
１９４４年６月24日　フリッツ、ヨーゼフ　少佐（第５１１番目の兵士として）

1945年2月1日　ロスマン、カール　少佐（第725番目の兵士として）
1945年2月28日　フォン・ベーア、ベアン　参謀幕僚大佐（第761番目の兵士として）
1945年4月15日　オスターマイアー、ハンス　少佐（第834番目の兵士として

〈騎士十字章〉

1941年9月4日　コンラート、パウル　大佐
1941年10月6日　グラーフ、ルドルフ　中尉
1941年11月12日　ロスマン、カール　中尉
1941年11月23日　イツェン、ディアク　少尉
1943年5月7日　シェーファー、ハインリヒ　上級曹長
1943年5月8日　キーファー、エデュアート　大尉
1943年5月21日　シュミット、ヨーゼフ　少将
1943年6月21日　シュライバー、クアト　大尉
1943年6月21日　シャイト、ヨハネス　上級曹長
1943年8月2日　クルーゲ、ヴァルデマー　少佐
1943年8月2日　レープホルツ、ロベアト　少佐
1944年4月5日　キュートナフ、フリッツ　大尉
1944年4月5日　クナーフ、ヴァルター　少尉
1944年5月18日　ヴィッテ、ハインリヒ　伍長
1944年6月9日　ハーン、コンスタンティン　少佐
1944年6月24日　フォン・ネッカー、ハンス＝ヨアヒム　大佐
1944年6月25日　フォン・ハイデブレック、ゲオルク＝ヘニング　大佐
1944年9月5日　クルプ、カール　曹長
1944年9月30日　ベリンガー、ハンス＝ヨアヒム　大尉
1944年9月30日　トーア、ハンス　大尉
1944年10月6日　シュミット、フリッツ＝ヴィルヘルム　大尉
1944年10月10日　レーマン、ハンス＝ゲオルク　中尉
1944年10月18日　ザントロック、ハンス　少佐
1944年10月18日　シュトロンク、ヴォルフラム　大尉
1944年10月19日　ビアンバウム、フリッツ　上級曹長
1944年10月20日　フランコイス、エドムント　大尉
1944年10月29日　カロフ、ジークフリート　軍曹
1944年10月31日　シュスター、フランツ　中尉
1944年11月20日　シュトゥーフリック、ヴェアナー　大尉
1944年11月30日　クールヴィルム、ヴィルヘルム　中尉
1944年11月30日　クラウス、ルパアト　中尉
1944年11月30日　ヴァルホイザー、カール＝ハインツ　少尉
1944年11月30日　グルンホルト、ヴェアナー　軍曹

1944年11月30日　プラッパー、アルベアト　上等兵
1944年11月30日　シュティーツ、コンラート　上等兵
1944年12月6日　レンツ、ヨアヒム　大尉
1944年12月6日　チーアシュヴィッツ、ゲアハート　中尉
1945年1月14日　ブリーゲル、ハンス　少佐
1945年1月15日　フォン・マーヤー、ハンス　少尉
1945年1月15日　ケッペン、エックハート　曹長
1945年1月28日　ヴィマー、ヨハン　大尉
1945年2月7日　カンプマン　大尉
1945年2月8日　ケーニヒ、ハインツ　少尉
1945年2月11日　ハンゼン、ハンス＝クリスチャン　大尉
1945年2月18日　シュヴァイム、ハインツ＝ヘアベアト　参謀幕僚少佐
1945年2月19日　シアナー、ロータ―　上等兵
1945年2月23日　ハーテルト、ヴォルフガング　上級士官候補生
1945年2月28日　クラップマン、ハインリヒ　伍長
1945年3月12日　クライン、アーミン　中尉
1945年3月26日　ヘアプスト、エアハート　上級曹長
1945年3月26日　リッペ、ハンス　少尉
1945年3月26日　プロプスト、ハインツ　軍曹

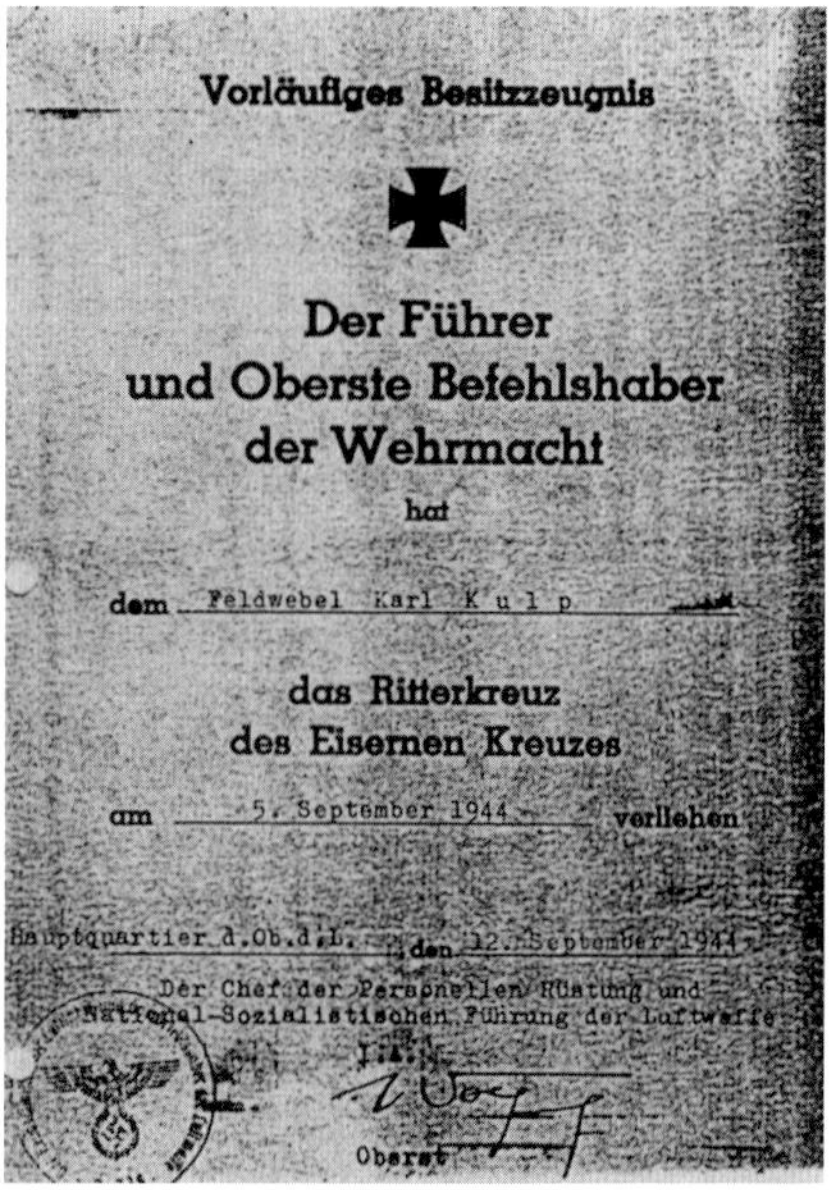
Vorläufiges Besitzzeugnis

Der Führer
und Oberste Befehlshaber
der Wehrmacht
hat

dem Feldwebel Karl Kulp

das Ritterkreuz
des Eisernen Kreuzes

am 5. September 1944 verliehen

Hauptquartier d.Ob.d.L., den 12. September 1944

Der Chef der Personellen Rüstung und
National-Sozialistischen Führung der Luftwaffe
I.A.

Oberst

BESITZZEUGNIS

DEM

Gefr. Paul Schneider
5./Fsch.Pz.Aufkl.Abt. H.G.

VERLEIHE ICH DAS
ERDKÄMPFABZEICHEN
DER LUFTWAFFE

St.Qu., 4.3.44

Generallt.u.Div.Kdr.

1945年3月26日　ベアトラム、エリック　大佐
1945年4月5日　シュルツェ＝オストヴァルト　大尉
1945年4月17日　ライテンベアガー、ヘルムート　少尉
1945年4月28日　ツァンダー、ヴォルフガング　曹長
1945年4月（日付不明）　ロマイス、ゲアハート　大尉
1945年5月9日　マイアー、フリードリヒ　大佐
1945年5月9日　ベーレ、フリードリヒ　少尉

ドイツ空軍《ルフトヴァッフェ》

ゲーリング元帥への総統告示

総統兼国防軍最高司令官は空軍最高司令官ゲーリング元帥に対して、次のような告示を発布した。

空軍最高司令官宛

空軍は1939年3月15日および16日のベーメン・メーレン占領の際、悪天候にもかかわらずその作戦を通じて、最高の出撃準備態勢と各兵士の個人的勇気を示した。

余は将校および兵士のこの業績と士気に対し、特別に賞賛するものである。

署名　アドルフ・ヒットラー

空軍最高司令官の日々命令

戦友諸君！　　　　　ベルリン　1939年3月21日

総統が3月16日にプラハ宮殿に姿を現して世界中を驚愕させ、翌日にはドイツ系住民の熱狂的歓迎の中でブリュンに到着できたことは、ひとえに我々の地道な教育訓練と当意即妙な出撃準備態勢によるものである。

オストマルク、ズデーデンラントに続き、旧ドイツ領ベーメンおよびメーレンも大ドイツ帝国の一部となった。我が民族は、実力行使により歴史的発展を経験した。総統と民族の力が民族の死活問題に対して結集し、戦いは勝利した。

先週の決定的な日に行動の自由が担保できたのは、強力なドイツ国防軍のお陰であり、友好的な手段で目標を達成することができたことに対し、我々は心から感謝する次第である。

空軍最高司令官として、小官は我が航空部隊、高射砲部隊および空軍通信部隊に対して、先月来成し遂げた我が帝国の安全保障に関わる功績に感謝すると伴に、ベーメン・メーレン保護領への進撃における空軍の精力的な作戦遂行および模範的な士気に対して特別に賞賛するものである。また、これらの感謝および賞賛は、本国において誠実に与えられた義務を遂行して空軍の出撃準備態勢を高め、ドイツ民族の生存圏（レーベンスラウム）を維持することに貢献した者達にも、当てはまるものである。

この歴史的日を共に体験できることを、我々は喜びかつ誇ろうではないか。

総統は我々を作戦投入して威厳を示し、厳しい状況の中で我々は信頼を勝ち得た。気候と道路状況は空軍を必要としていたのである。総統は小官に対して、ここで示されたように我々に対する賞賛を述べられた。

ベーメンおよびメーレンの我がドイツの兄弟並びにすべてのチェコ民族は、威風堂々とした我が誇るべき空軍を先日見たばかりであるが、彼らは我が空軍によって永遠に守られるであろう。

空軍の出撃準備態勢は不変であり、我々は以前と同様にドイツおよびドイツ民族を守護するために我が義務を遂行する決意である。

我が総統兼最高司令官アドルフ・ヒットラー　勝利万歳

署名　ヘルマン・ゲーリング

Deutsche Luftwaffe

Erlaß des Führers an Generalfeldmarschall Göring

Der Führer und Oberste Befehlshaber der Wehrmacht hat an den Oberbefehlshaber der Luftwaffe, Generalfeldmarschall Göring, folgenden Erlaß gerichtet:

An den Oberbefehlshaber der Luftwaffe

Die Luftwaffe hat am 15. und 16. März 1939 bei der Besetzung Böhmens und Mährens durch ihren kühnen Einsatz trotz ungünstigster Wetterverhältnisse höchste Einsatzbereitschaft und persönlichen Mut bewiesen.

Ich spreche Offizier und Mann für ihre Leistung und Haltung meine besondere Anerkennung aus.

gez. Adolf Hitler

Tagesbefehl des Oberbefehlshabers der Luftwaffe

Der Reichsminister der Luftfahrt und Oberbefehlshaber der Luftwaffe, Generalfeldmarschall Göring, hat folgenden Tagesbefehl an die Luftwaffe erlassen:

Kameraden! Berlin, 21. März 1939

Durch eure gewissenhafte Ausbildung und schlagfertige Einsatzbereitschaft habt ihr dazu beigetragen, daß der Führer am 16. März zur Überraschung der ganzen Welt auf der Prager Burg erscheinen und am nächsten Tage unter dem Jubel der deutschen Bevölkerung in Brünn einziehen konnte.

Nach der Ostmark und dem Sudetenland sind nun auch die alten deutschen Länder Böhmen und Mähren Teile des Großdeutschen Reiches geworden. Unser Volk hat einen Zeitabschnitt gewaltigsten geschichtlichen Ausmaßes erlebt. Der Kampf wurde gewonnen, als der Führer seine und des Volkes Kraft für die Lebensinteressen des Volkes einsetzte.

Wir danken dem Schicksal, daß dieses Ziel auf friedlichem Wege erreicht werden konnte. Garant für die Erhaltung des Friedens in den entscheidenden Tagen der vorigen Woche war die starke deutsche Wehrmacht.

Als Oberbefehlshaber der Luftwaffe sage ich meiner Fliegertruppe, Flakartillerie und Luftnachrichtentruppe Dank für die in den letzten Monaten geleistete Arbeit zur Sicherung unseres Reiches und spreche meine besondere Anerkennung für euren tatkräftigen Einsatz und eure vorbildliche Haltung beim Einmarsch in das Protektorat Böhmen und Mähren aus. Dieser Dank und diese Anerkennung gilt aber auch denen, die in treuer Pflichterfüllung von der Heimat aus ihren Teil zur Hebung der Einsatzbereitschaft der Luftwaffe und zur Sicherung des deutschen Lebensraumes beigetragen haben.

Seid froh und stolz, daß ihr diese geschichtlichen Tage miterleben durftet.

Unter schwierigsten Verhältnissen habt ihr euch des Vertrauens, das der Führer in euch gesetzt hat, würdig gezeigt. Wetter und Wege haben das äußerste von euch verlangt. Der Führer hat mir seine Anerkennung hierfür ausgesprochen.

Unsere deutschen Brüder in Böhmen und Mähren und das ganze tschechische Volk haben die imponierende Stärke unserer stolzen Luftwaffe in den letzten Tagen gesehen, sie sollen durch die Kraft unserer Waffe für ewig beschirmt sein.

In steter Einsatzbereitschaft werden wir wie bisher zum Schutz von Volk und Vaterland unsere Pflicht erfüllen.

Unser Führer und Oberster Befehlshaber Adolf Hitler Sieg-Heil.

gez. Hermann Göring

陸軍第3集団司令官

プラーグ（プラハ）　1939年4月15日

陸軍第３集団の兵士諸君！

今般、ベーメンで確立された統治権を陸軍の帝国保護領に移管し、これにより保護領の平和を実現して守るということに際して、一言諸君達の業績と士気に感謝するものである。小官は、次の言葉以上にうまくそれらを評することはできない。

「その一翼を担ったということについて、諸君は誇ってかまわない！」

常に準備し、新たな総統の命に従い、再び我々は我が最高司令官の意志を実現することができた。

総統アドルフ・ヒットラー万歳！

ヨハネス・ブラスコヴィッツ歩兵大将

配布対象：ベーメンへの行軍時、陸軍第３集団の部隊に所属していた部隊限り

Der Oberbefehlshaber
der Heeresgruppe 3

Prag, den 15. April 1939

Soldaten der Heeresgruppe 3!

In dem Zeitpunkt, an dem ich die vollziehende Gewalt in Böhmen an den Herrn Reichsprotektor übergebe und damit zum Ausdruck bringe, daß die Befriedung des Landes durchgeführt und gesichert ist, danke ich Euch für Eure Leistungen und Eure Haltung. Beides kann ich nicht besser würdigen, als durch die Worte:

„Ihr könnt stolz darauf sein, dabei gewesen zu sein!"

Wieder einmal haben wir dem Willen unseres Obersten Befehlshabers Geltung verschafft, jederzeit bereit, seinem neuen Rufe zu folgen.

Es lebe unser Führer Adolf Hitler!

General der Infanterie.

Verteiler:

Bis zu den Einheiten der am Einmarsch in Böhmen beteiligten Verbände der Heeresgruppe 3.

連隊“ゲネラール・ゲーリング”／第IV大隊　指揮官

大隊本部　1939年10月9日

大隊指令第20号

帝国航空大臣および空軍最高司令官から第1高射砲軍団の第102高射砲連隊の連隊長への命令により、その先頭に立って快活に誇りある日々を過した連隊“ゲネラール・ゲーリング”／第IV大隊の指揮官を、小官は心ならずも本日をもって離任する。

小官にとってこの異動は顕彰を意味することは理解しているが、旅立ちにあたっての心は重い。諸君と一緒に創設して全霊を傾けた我が第IV大隊より大切なものは、小官にとっては存在しなかった。

喜ばしき最初の時、我々は一緒になって行進して互いに分かち合った。そして小官は、多くの将校、下士官と砲手と親しく付き合い良き戦友となった。

小官の思いは未だに第IV大隊にあり、望むらくは我が大隊の諸君の武運長久を願うばかりである。我が古き愛すべき大隊の諸君からの口頭、あるいは手紙による送迎の挨拶は、この後の日々において常に小官にとって大いなる喜びとなるであろう。

この別れの時にあたり、大隊のすべての将校と官吏諸君、すべての下士官および兵士諸君に対して、その模範的な業績を心から賞賛し、示された努力と有能な古き良き軍人としての心意気に敬意を表する次第である。第IV大隊の気風、すなわち任務における私心なき献身、忠実な義務の遂行と濃密な戦友愛をいつまでも持ち続け、将来において輝かしい成果を得られんことを念じて、小官の別れの言葉とする。

配布対象　大隊限り

フォン・ヒッペル　中尉および指揮官

IV./Rgt.General Göring

\- Kdr. -

Abt.Gef.St., den 9.10.1939

Abteilungsbefehl Nr. 20.

Durch Verfügung des Reichsministers der Luftfahrt und Oberbefehlshaber der Luftwaffe zum Regiments-Kommandeur des Flak-Regiments 102 im Flakkorps I ernannt, lege ich mit dem heutigen Tage bewegten Herzens das Kommando über die IV./Rgt.General Göring, an dessen Spitze ich arbeitsfrohe und stolze Tage verleben durfte, nieder.

Ich weiß, daß es für mich eine Auszeichnung bedeutet, aber trotzdem begebe ich mich schweren Herzens auf die Reise. Es gab nichts, das mir höher stand als meine IV.Abteilung, die ich mit Euch aufgestellt habe und an der ich mit ganzem Herzen hänge.

Frohe und ernste Zeiten sind an uns gemeinsam vorübergezogen, wir haben sie gemeinsam geteilt. Mancher Offizier, Unteroffizier und Kanonier ist meinem Herzen nähergetreten und mir guter Kamerad geworden.

Meine Gedanken werden oft und gern bei der IV.Abteilung weilen. Meine besten Wünsche begleiten jeden Angehörigen meiner alten Abteilung auf seinen ferneren Lebenswegen. Ein schriftlicher oder mündlicher Gruß aus den Reihen meiner alten, lieben Abteilung wird in späteren Tagen stets eine große Freude für mich sein.

Es liegt mir in dieser Stunde des Abschieds am Herzen allen Offizieren und Beamten, allen Unteroffizieren und Mannschaften der Abteilung meine volle Anerkennung für die vorbildliche Leistung, meinen Dank für das bewiesene Streben und die bewährte alte militärische Gesinnung auszusprechen. Ich scheide mit dem Wunsch, daß der Geist der IV.Abteilung, der Geist voller selbstloser Hingabe an den Dienst, treuester Pflichterfüllung und enger Kameradschaft erhalten bleibt und wünsche Ihnen allen viel Erfolg und für die Zukunft das Beste.

Verteiler A.

Oberstleutnant und Kommandeur.

【翻訳者紹介】

高橋 慶史（たかはしよしふみ）

1956年、岩手県盛岡市生まれ。慶応義塾大学電気工学部卒業後、ベルリン工科大学エネルギー工学科へ留学。帰国後の1981年から電力会社に勤務。オール電化住宅の普及と営業に勤しむ傍ら、第２次大戦を中心としたドイツ・ミリタリー史を研究。著書に『ラスト・オブ・カンプグルッペ（正・続）』、訳書に『軽駆逐戦車』、『パンター戦車』、『突撃砲(上・下)』、『ケーニッヒス・ティーガー重戦車1942-1945』などがあり、監修書も多数にのぼる(いずれも大日本絵画刊)。現在、「武装SS師団全史（仮題）」を執筆中である。

ヘルマン・ゲーリング戦車師団史〈上巻〉

発行日　2007年5月3日　初版第一刷

著　者　フランツ・クロヴスキー
翻　訳　高橋 慶史

発行者　小川 光二
発　行　株式会社大日本絵画
〒101-0054　東京都千代田区神田錦町1-7
電話03-3294-7861(代表)　Fax03-3294-7865
http://www.kaiga.co.jp
編　集　株式会社アートボックス
電話03-6820-7000(代表)　Fax03-5281-8467
http://www.modelkasten.com

監　修　小川 篤彦
装　丁　八木 八重子
DTP　小野寺 徹
印　刷　大日本印刷株式会社
製　本　株式会社関山製本社